rowohlt
POLARIS

Bildnachweis

Tafelteil

Bild 1, 4, 5, 6, 8, 9, 10, 11, 12, 13, 14, 15, 16, 18, 19, 20, 26, 27, 28, 31:
Elephant Special Tours

Bild 2, 17, 21, 22, 24, 32: B. Linnhoff

Bild 3, 25, 30: Julian Jeromin

Bild 7, 23, 29: K. Hoeltzenbein

Innenteil

Seite 18, 24, 224, 301, 311: B. Linnhoff

Seite 55, 58, 105, 107, 148, 181, 196: Elephant Special Tours

BODO FÖRSTER

MIT BERND LINNHOFF

EIN LEBEN
FÜR DIE ELEFANTEN

Wie ich mir in Thailand meinen
Traum erfüllte

Rowohlt Polaris

Originalausgabe
Veröffentlicht im Rowohlt Taschenbuch Verlag, Hamburg, November 2019
Copyright © 2019 by Rowohlt Verlag GmbH, Hamburg
Redaktion Ulrike Gallwitz
Karten © Peter Palm
Fotos Innenklappen © Elephant Special Tours
Covergestaltung HAUPTMANN & KOMPANIE Werbeagentur, Zürich
Coverabbildung und Foto des Autors Roger Förster
Satz aus der Mercury Text G3
bei Pinkuin Satz und Datentechnik, Berlin
Druck und Bindung CPI books GmbH, Leck, Germany
ISBN 978-3-499-00041-6

Für meine Kinder Roger, Anja und Sinah
Eure Liebe macht mich größer!

Ich singe, weil ich ein Lied hab,
nicht, weil es euch gefällt.

Ich singe, weil ich ein Lied hab,
nicht, weil ihr's bei mir bestellt.

Konstantin Wecker

Inhalt

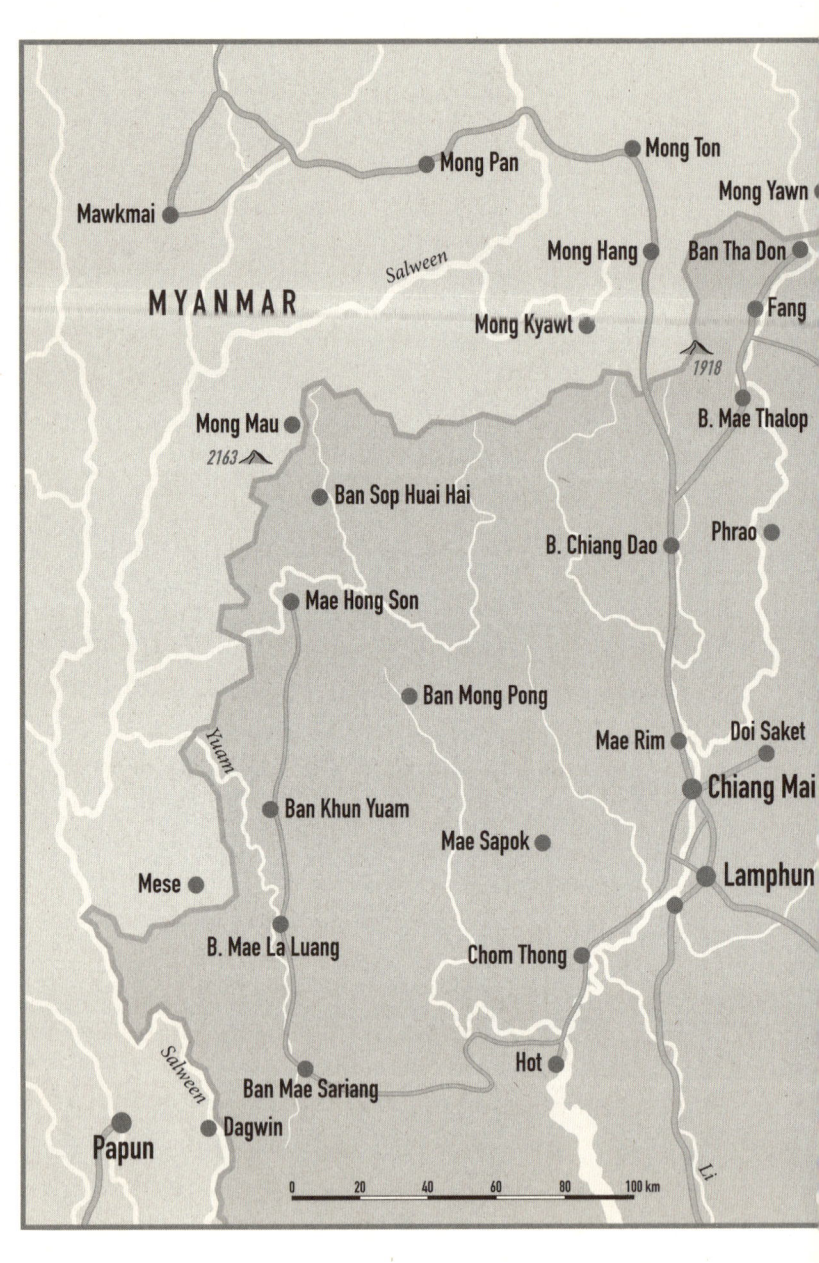

Mong Ton

Mong Yawn

Mong Pan

Mawkmai

Mong Hang

Ban Tha Don

Salween

Fang

MYANMAR

Mong Kyawl

1918

Mong Mau

B. Mae Thalop

2163

Ban Sop Huai Hai

B. Chiang Dao

Phrao

Mae Hong Son

Ban Mong Pong

Yuam

Mae Rim

Doi Saket

Chiang Mai

Ban Khun Yuam

Mae Sapok

Mese

Lamphun

B. Mae La Luang

Chom Thong

Salween

Hot

Ban Mae Sariang

Dagwin

Li

Papun

0   20   40   60   80   100 km

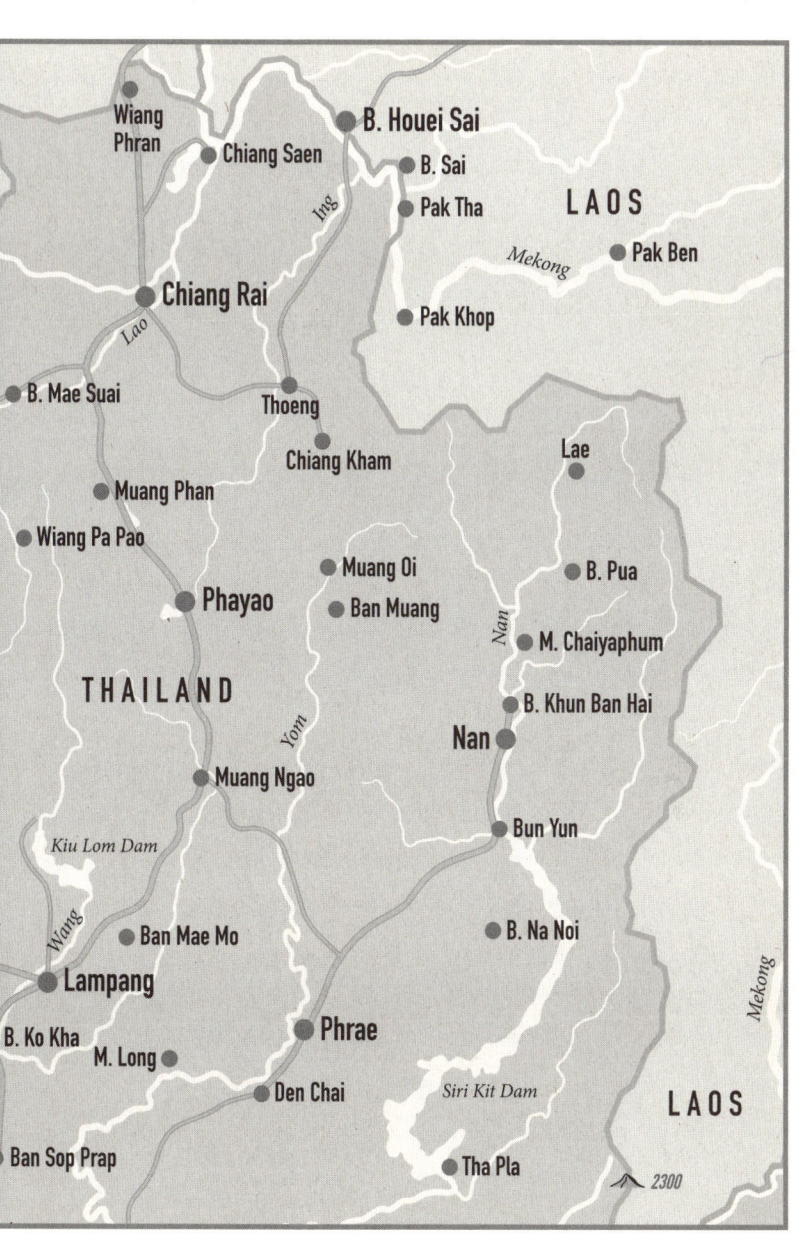

Wiang Phran

Chiang Saen

B. Houei Sai

B. Sai

Pak Tha

LAOS

Mekong

Pak Ben

Ing

Chiang Rai

Pak Khop

Lao

B. Mae Suai

Thoeng

Chiang Kham

Lae

Muang Phan

Wiang Pa Pao

Muang Oi

B. Pua

Ban Muang

Nan

M. Chaiyaphum

Phayao

THAILAND

Yom

B. Khun Ban Hai

Nan

Muang Ngao

Bun Yun

Kiu Lom Dam

Wang

Ban Mae Mo

B. Na Noi

Lampang

Mekong

B. Ko Kha

Phrae

M. Long

Siri Kit Dam

Den Chai

LAOS

Ban Sop Prap

Tha Pla

2300

Kannst du dir eine Welt ohne Elefanten vorstellen? Diese Welt ist näher, als du denkst. In Asien gibt es noch zwischen 30 000 und 40 000 wilde Exemplare. Machen wir uns nichts vor: Dem Asiatischen Elefanten droht die Auslöschung.

Müssen wir also bald alte TV-Dokumentationen ausgraben, um diese Tiere in Bewegung zu sehen? Werden wir Museen besuchen, wo sie eine neue Heimat gefunden haben, gleich neben den Dinosauriern?

In meinem Leben ging es mir immer nur um die Elefanten. Wenn du vor dem Elefanten stehst, wenn du ihm in die Augen schaust und dich wirklich auf ihn einlässt – das ist wie eine Melodie der Natur. Seit langem lebe ich im Norden Thailands. Dort, wo unser Unternehmen «Elephant Special Tours» zu Hause ist, mittlerweile geführt von meinem Sohn Roger. Dort, wo die Karen leben, die traditionellen Meister der Elefantenausbildung. Auch sie akzeptieren mich, den «Weißen», den Außenseiter. Wenn sie nicht mehr weiterwissen, ziehen sie mich zu Rate.

Davon konnte ich nicht einmal träumen, als ich 1990 erstmals nach Thailand reiste, um von ebenjenen Karen mein Handwerk zu lernen. Von Menschen, die manchmal weder lesen noch schreiben konnten, aber das Wissen von Jahrhunderten in sich trugen. In den letzten dreißig Jahren habe

ich mehr als 200 Elefanten trainiert. Du kannst sie nach dem
Prinzip Angst trainieren oder mit Vertrauen. Für mich ist Vertrauen die Basis jeder Beziehung.

Wir verdienen unser Geld mit Elefanten im Tourismus und
sind daher auch im Fokus vieler Tierschützer, die unsere Elefanten lieber im Wald sähen als in einem Camp, lieber frei als
in Menschenhand. So sind wir auch zu Hause zwischen Baum
und Borke: Hier unsere Gäste, die ihre Erlebnisse mit den Elefanten oft als die schönsten und intensivsten ihres Lebens beschreiben, und dort unsere Kritiker. In einer oft hitzigen Auseinandersetzung haben die Elefanten keine Stimme.

Doch worum geht es eigentlich? Um unsere Wunschvor-
stellungen vom Elefanten oder darum, wie der Elefant wirklich ist? Um lieb gewordene Mythen oder das reale Leben?
Natur ist nicht Disneyland, mit Heidschibumbeidschi ist dem
Tier nicht gedient.

Jeder, der mit Tieren umgeht, sollte auch Tierschützer sein.
Realismus ist da jedoch eher gefragt als Romantik. Es geht ja
nicht nur um die Elefanten. Es geht auch um die Menschen,
deren Existenz von ihnen abhängt, um die Mahuts, die Elefantenführer, und ihre Familien. Um die Menschen, deren Existenz von den Elefanten bedroht wird, um die Bauern zum Beispiel, deren Ernten zertrampelt werden.

Die Lage ist komplexer, als viele denken. Lebensräume
schrumpfen. Selbst wenn der Schutz wilder Elefanten greift,
wird es noch enger für Tier und Mensch – mit manchmal fa-
talen Folgen.

In diesem Buch erzähle ich von Elefanten und Menschen.
Von ihrer ungewöhnlichen Beziehung und von unvermeid-
baren Konflikten. Von Mut, Schicksalsschlägen und von Hoff-

nung. Von Emotionen, der Realität und ihrer Versöhnung. Und von meinem langen Weg von Thüringen nach Thailand. Von der Rolle, die ein gewisser Michail Gorbatschow dabei spielte und die Postkarte eines Schweden.

Dabei drücke ich mich auch nicht vor den kontroversen Themen: Menschen, die Elefanten reiten. Elefanten, die malen. Elefanten in Freiheit. Elefanten in Ketten. Dieses wunderbare Tier hat mein Leben geprägt. Das nenne ich Glück. Ich werde alles dafür tun, dass aus seiner stolzen Geschichte und seiner schwierigen Gegenwart eine hoffnungsvolle Zukunft wird.

Bodo Förster

Die Legende von Ganesha

In den bergigen Regionen des Himalaya lebte einst der Gott
Shiva zusammen mit seiner geliebten Frau, der Göttin Parvati.

Obwohl Parvatis Liebe zu Shiva keine Grenzen kannte, war
sie ein wenig schüchtern. Wenn sie ein Bad nahm oder duschte,
sorgte sie sich um ihre Intimsphäre. Eines Tages kam Shiva
ohne Ankündigung ins Bad. Parvati war das peinlich, aber nur
für kurze Zeit.

Sie hatte sich schon immer einen Sohn gewünscht, und einen Beschützer brauchte sie auch. Als Shiva aus dem Haus war, formte sie aus Lehm, Schlamm, Rinde und anderen Elementen einen Jungen und hauchte ihm Leben ein. Der Junge erwachte und nannte Parvati «Mutter». So waren sie von Beginn an Mutter und Sohn, und Parvati war überglücklich. Sie gab ihrem Sohn den Namen Ganesha.

Bevor Parvati das nächste Mal ins Bad ging, schärfte sie Ganesha ein, niemanden ins Haus zu lassen.

Wenig später kehrte Shiva heim. Zu seiner Überraschung traf er auf einen Jungen, den er noch nie gesehen hatte. «Wer bist du?», fragte Shiva. «Ich bin der Beschützer von Mutters Haus», antwortete Ganesha. «Das ist unmöglich, dies ist mein Haus», sagte Shiva. «Entferne dich, Junge!»

Ganesha trat Shiva in den Weg. «Bist du verrückt?», rief der. «Weißt du nicht, wer ich bin? Ich bin Gott Shiva! Lass mich sofort in mein Haus!»

Shiva trat einen Schritt nach vorn, doch Ganesha schlug ihn mit einem Knüppel. Voller Zorn zückte Shiva sein Schwert und schlug Ganesha den Kopf ab. Dann entfernte er sich wutentbrannt.

Als Parvati aus der Dusche kam, sah sie den enthaupteten Ganesha. Nun war es an ihr, in Zorn zu geraten. Sie kündigte an, die Stadt zu terrorisieren, zu brandschatzen und ihre Bürger zu drangsalieren, bis einer den Mord an ihrem Sohn gestehen würde.

Shiva wollte seiner Frau die Tat gestehen, doch er schämte sich. Brahma aber, auch er ein Gott, riet Shiva, sich Parvati zu offenbaren, um die Gewalt im Ort zu beenden. Shiva gestand.

Parvati trauerte. Doch Shiva hatte eine Idee. Er werde Ganesha ins Leben zurückholen, sagte er zu seiner Frau.

Mit Brahmas Unterstützung wanderte Shiva tief in den Dschungel hinein und entschied, das erste Tier zu enthaupten, das ihm begegnen würde, und den Kopf auf Ganeshas Körper zu setzen.

Das erste Tier war ein Elefant.

Und wieder wurde Parvati von Freude überwältigt. Ihr Sohn lebte, nun mit einem Elefantenkopf.

Der geheimnisvolle, gutmütige und naschsüchtige Elefantengott Ganesha stieg zu einer der höchsten und populärsten Hindugottheiten auf – als Gott der Weisheit, des Neubeginns und des Erfolgs, als Entferner von Hindernissen, Zerstörer des Bösen, des Stolzes und der Eitelkeit, als Schutzpatron der Reisenden und der Schreibenden.

Doch niemand erwähnte je den Elefanten, der für Ganesha gestorben war.

Es mag fünf oder sechs Uhr morgens sein, als der Nachtzug aus Bangkok den Bahnhof von Lampang im Nordwesten Thailands erreicht. Eine Stunde früher, eine Stunde später – es ist mir völlig egal. Ich habe den Tunnelblick, denke nur an mein Ziel.

80 sportliche Kilogramm, verteilt auf freundliche 1,90 Meter, die Haare schulterlang – so sehe ich aus an diesem Novembermorgen 1990, als ich mein Gepäck aus dem Waggon hieve. Die wenigen Thais auf dem Bahnsteig, eher klein, eher zierlich, schauen schüchtern an mir hoch. Vielleicht glauben sie nun, dass es den Yeti gibt.

An diesem Morgen liegen ziemlich exakt 9000 Kilometer zwischen mir und dem Osten Berlins, wo ich mit meiner Frau Beate und unseren Kindern Roger und Anja lebe.

Mit einem One-Way-Ticket bin ich zunächst nach Bangkok geflogen. Als ich den Beamten am Flughafen Don Mueang meinen blauen DDR-Pass gab, schauten sie skeptisch. «What's that?», fragten sie. «Der deutsche Kommunistenpass», antwortete ich. Auf Deutsch. Einer der Uniformierten bellte mich daraufhin an: «Come with me!» *Den Ton kenne ich doch*, dachte ich, *das ist ja wie zu Hause.*

Wieder frei, schlug ich mich durch die Khao San Road, Bangkoks Backpackermeile. Auch in den Neunzigern schon ein Mythos, aber noch nicht so laut, so kommerziell, so alko-holisiert wie heute. Zwei Tage lang hielt ich dort Augen und Ohren offen. Fragte mal hier, erkundigte mich dort. Ich inves-tierte ein paar thailändische Baht-Münzen in eine Briefmarke mit Chang-Motiv, Chang ist das Thai-Wort für Elefant. Dann legte ich die nächste Etappe fest: Bangkok – Lampang, 600 Ki-lometer mit der Bahn, Holzklasse.

Mein XXL-Rucksack wiegt gefühlte 50 Kilo. Was packt man ein, was lässt man weg, wenn man nur weiß, wohin die Reise geht, aber nicht, wie lange sie dauert? Auf einen Reiseführer habe ich verzichtet. Mein Kompass ist ein Traum, ein ziemlich konkreter sogar, auch der im XXL-Format. Darunter tue ich es nicht.

In der Hand halte ich die Postkarte, die meinen Traum ge-zeugt, mein Ziel fixiert und geografisch bestimmt hat. Zwei kleine Arbeitselefanten sind darauf zu sehen. Ein Kollege aus Stockholm hat sie geschrieben, Dan Albert Koehl, unterwegs in Thailand. Auch knappe Texte können ein Leben verändern: «Ich hoffe, dass wir uns hier mal treffen. Dan Koehl, Young Elephant Training Center, Pang Lah, Ngao District, Lampang.»

Mehr als zwei Jahre sind vergangen, seit ich die Karte ent-deckt und gelesen habe, mit der Hand geschrieben und ans Schwarze Brett gepinnt im Tierpark Friedrichsfelde im Osten Berlins. Dort lernte ich den Beruf des Elefantenpflegers. Auch meine Kollegen lasen die Karte. Doch nur ich sagte: Da will ich hin. Für einen, der im Frühsommer 1988 in der DDR lebte und arbeitete, war das eine forsche Ansage. Ins sozialistische Laos hätte ich reisen dürfen, zum südlichen Nachbarn und USA-Verbündeten Thailand auf keinen Fall.

Doch die Postkarte wurde mein Fixstern, der mich seither leitet.

Im Herbst 1988 schon hatten wir alle ein ganz eigenartiges Gefühl, und dieses Gefühl hatte einen Namen: Michail Gorbatschow. Im Westen sang Madonna vom «Material Girl» in einer «Material World»; wir aber träumten zaghaft von «Freedom», von Freiheit. In Berlin machten wir unser Zeug, unsere Hippiesachen. Der Widerstand in der DDR kam aus der Kirche, mit der hatte ich nichts zu tun. Doch wir fühlten: Was da in unserem Land seit Jahrzehnten vor sich ging, konnte nicht richtig sein. Freiheit ist immer auch die des Andersdenkenden. Perestroika und Glasnost, diese Zauberworte schafften es natürlich auch in unseren Tierpark. Zu Hause allerdings schwiegen wir sie tot. Am 9. November 1989 fiel die Mauer, einen Tag vor meinem 27. Geburtstag. Der Weg nach Südostasien war frei.

Ein Jahr später stehe ich in Lampang am Gleis. Ich bin nicht allein. Barbara begleitet mich, eine Freundin und Kollegin aus dem Tierpark. Obwohl sie keine Elefanten betreut, sondern Kamele. In Thailand eher eine Rarität. Und doch hat sie gesagt: «Ich will mit. So einen Verrückten wie dich finde ich nicht mehr.» Meine Freunde behaupten, Barbara habe mich damit en passant ziemlich präzise und zeitlos beschrieben.

Auch in Lampang bin ich noch immer 60 Kilometer entfernt von meinem Ziel, dem Young Elephant Training Center, Pang Lah, Ngao District. 60 Kilometer entfernt vom Glück. Der letzte Abschnitt meiner Reise ins Ungewisse wird der kürzeste sein und der schwierigste, das weiß ich.

Es heißt, man könne sein Leben nur vorwärts führen und rückwärts verstehen. Schöner Spruch. Rückblickend sollen

selbst die Umwege und Sackgassen ein logisches Muster er-
geben. Ich wollte damals nur eins: mein Handwerk lernen. An
der Quelle, bei den Meistern meiner Zunft. Für meine Elefanten in Berlin. Ich konnte ja nicht ahnen, dass ich noch weitere
zwanzig Jahre brauchen würde, um dahin zu kommen, wo ich
heute bin.

«Das Geheimnis des Glücks ist die Freiheit,
das Geheimnis der Freiheit der Mut.»

Perikles

Kapitel 1 Scheitern ist keine Option

Lampang wirkt zur Morgendämmerung noch verschlafener als ich. Wo bin ich hier gelandet? Ich bin ja kein Tourist. Exotische Sehenswürdigkeiten interessieren mich nicht. Auf dem Bahnhofsvorplatz steht eine alte Lokomotive. Was soll's. Viel später werde ich erfahren, dass Lampangs Bahnhof um 1912 vom Ingenieur Karl Döring erbaut wurde, einem Deutschen. Auch in Ordnung.

Im Zwielicht des frühen Tages suche ich den Ausgang. Habe keinen Blick für die Pagoden und Chedis der buddhistischen Tempel Lampangs. Es ist angenehm frisch in Thailands Norden. Der Winter steht bevor. Ein Winter, der in Deutschland ein Jahrhundertsommer wäre: meist 25 bis 30 Grad am Tag, sonnig, trocken, abends und morgens schon mal unter 20 Grad kühl. Angenehm für mich. Für die Thais hingegen eine Zitterpartie, denn ihre Häuser und Wohnungen haben keine Heizung. Provinzen in dieser Region werden zu Katastrophenzonen erklärt, wenn das Thermometer unter 15 Grad fällt.

Als ich mit Barbara den Bahnhof verlasse, entdecken wir direkt gegenüber eine Polizeistation. Meine Freunde, meine Helfer! Das kann in Thailand eine naive Einschätzung sein, an diesem Morgen jedoch deckt sie sich mit der Realität. Die Polizisten helfen uns auf freundliche, pragmatische Art.

Die Verständigung hakt. Thai kann ich nicht. Englisch hatte ich zwar vier Jahre lang in der Schule, doch meine Lehrerin war nicht so der Renner. Drei Wörter sind übrig geblieben als leises Echo aus fernen Schultagen: breakfast, umbrella, elephants. Immerhin! Genug für eine Mahlzeit am Tag, einen Schutz gegen Regen, dazu der Hinweis, warum ich überhaupt hier bin.

Mir war schon klar, dass ich mit diesem knappen Bestand an Englisch nur schwer ans Ziel kommen würde. Daher habe ich noch vor dem Trip mein Repertoire erweitert und ein Sprüchlein auswendig gelernt: «I am Bodo from East Germany and I want to ride elephants.»

So stehen wir nun in der Tür der Polizeistation. Ich muss mich ducken, um mir nicht den Schädel zu stoßen, habe Barbara im Schlepptau, und wir sprechen beide in fremden Zungen. Die Thais reiben sich die Augen und die Ohren gleich mit. Sie verstehen, wie es scheint, nur Bahnhof. Dann aber spiele ich meine Trümpfe aus. Die Postkarte von Dan Albert Koehl. Die Chang-Briefmarke aus der Khao San Road.

Die Männer in Dunkelbraun wechseln Blicke. Verstehen. Rufen ein Songthaeo, das ist eine Art Sammeltaxi, ein umgebauter Pick-up mit zwei Sitzreihen auf der Ladefläche. Unsere Freunde und Helfer nennen dem Fahrer das Ziel, es ist ein Befehl: Young Elephant Training Center. 900 Baht für 60 Kilometer – schweineteuer, finde ich, das sind 60 Deutsche Mark. Immerhin muss ich nun nicht weiter mit der thailändischen Sprache in den Ring steigen. Für alle Fälle hatte ich in Bangkok noch einen Satz Thai gelernt, um die letzte Etappe notfalls auch ohne fremde Hilfe zurückzulegen: «Pom tong gran cha rod motorcy» – Ich möchte ein Motorrad mieten.

Gegen Mittag erreichen wir das Trainingszentrum in Pang Lah. Es ist heiß. Meine Seele, anders kann ich es nicht ausdrücken, schlägt sofort Wurzeln. Erstmals sehe ich live die Männer vom Bergvolk der Karen. Die Elefanten-Meister. Züchter und Mahuts, stolz auf ihr Können.

Klein, leichtgewichtig und behände sitzen sie ihren Tieren auf dem Kopf und geben ihnen mit den Füßen Kommandos hinter die Ohren. Als seien sie genau dort bereits zur Welt gekommen: in luftiger Höhe auf einem riesigen Schädel.

Im Camp in Pang Lah sind die Rollen an diesem Tag klar verteilt. Hier die Experten vom Volk der Karen, dort zwei Deutsche, mit denen keiner etwas anfangen kann. Alle zusammen unterwegs auf verbalen Einbahnstraßen direkt in die Sackgasse. Die Karen sprechen Karen, wir sprechen Deutsch. Ich bleibe gelassen. Elefanten brauchen auch keine Wörterbücher. Ich vertraue auf Gestik und Mimik, vieles passt weltweit. Für «Schlafen» legen wir die Handflächen zusammen und schmiegen sie an die Wange; für «Riechen» fassen wir uns an die Nase und ziehen die Luft ein.

Um erst gar keine Missverständnisse aufkommen zu lassen, wähle ich aus dem nonverbalen Angebot das Ein-Mann-Sit-in. Setze mich in die pralle Mittagssonne und rühre mich nicht mehr vom Fleck. Die Karen halten mich für durchgeknallt. Einer aber tritt näher, er spricht fünf Brocken Englisch, wir treffen uns also auf Augenhöhe. «What you want?», fragt der Mann.

«I am Bodo from East Germany and I want to ride elephants.»

Kurz und knackig, danach wieder lange Pause. Am Nachmittag kommt der Chef des Trainingszentrums, schaut sich

die Aliens aus Deutschland an und zeigt in Richtung des Songthaeo, mit dem wir hergekommen sind. Zum Abschied aber setze ich noch einen drauf. Ich lasse mein Gepäck im Camp. Soll
sagen: Ich bin zwar mal weg, aber bald wieder da. Die Karen
sehen die Botschaft, doch ihnen fehlt noch immer der Glaube.
Unser Fahrer erwartet uns in Embryo-Haltung. Sein Name
ist Angst. Die Polizisten haben ihm offenbar gesagt, er solle gut
auf uns aufpassen. Welches Karma hat ihm diese Passagiere
eingebrockt? Verzweifelt sucht er nach Sünden, die er in einem
früheren Leben begangen haben könnte. Er kriecht hinters
Steuer, streichelt die um den Innenspiegel gewundenen, nach
Jasmin duftenden Girlanden. Bittet er Buddha um ein schnelles Ende des Albtraums? Barbara und ich sitzen entspannt im
Rückraum. Ich ahne nicht einmal, dass mich nur noch wenige
Stunden von der Erfüllung meines Traums trennen.

Mittlerweile hat der Chef vom Young Elephant Training
Center den Veterinär Preecha Phuangkum in Lampang ange-
rufen und ihn über die seltsamen Gäste informiert. Deshalb
stehen wir einige Zeit später vor Dr. Preechas Tür. Ich erkläre
Barbara kurz die Rollenverteilung: «Ich rede, du hältst dich
raus!» Dann klopfe ich an die Tür. Der Doktor öffnet, und ich
sage mein Gedicht auf: «I am Bodo from East Germany and I
want ...»

Was mag der Mann nur von mir gedacht haben? Da steht so
'ne langhaarige Type aus Europa in der Tür und will Elefanten
reiten. Was der Tierarzt in diesem Moment wirklich von mir
hält, werde ich nie erfahren. Asiens Menschen lieben die Harmonie, Urteile stören da nur.

Dr. Preecha versteht sich auf die Rolle des Gastgebers und
bittet uns wie selbstverständlich in sein Haus: «Heute Nacht

schlaft ihr hier, und morgen früh fahren wir zurück ins Young Elephant Center.» Den Doc finden wir ausgesprochen spannend. Im Laufe des Abends entpuppt er sich als einer der größten Elefantenmänner Thailands. Zuständig sogar für die Gesundheit der verehrten Tiere des Königshauses, die nahe Lampang in den Ställen des Thai Elephant Conservation Center (TECC) stehen. Mehr Verantwortung geht nicht, mehr Anerkennung kaum. Ist doch der Chang das Nationaltier Thailands; bis 1916 zierte ein Elefant die Flagge des Landes, das damals noch Siam hieß.

Nach kurzem, aber intensivem Schlaf werden wir um sechs Uhr morgens geweckt. Wir löffeln die traditionelle Reissuppe, und auf geht's. Drei Stunden später nehme ich mein Gepäck im Trainingscenter wieder in Empfang. Meine Zuversicht wächst.

Um elf Uhr beginnt die Show. Eine Show, wie sie den Besuchern von Elefantencamps bis heute geboten wird. Die Tiere ziehen Baumstämme oder schieben und stapeln sie synchron. Sie demonstrieren den klassischen Job der Arbeitselefanten im Holz, «timber elephants» im Englischen. So, wie sie es über Jahrhunderte getan haben als unverzichtbare Helfer der Menschen in Südostasien. Für sie waren die Elefanten keine exotischen Preziosen, sondern zunächst einmal Nutztiere wie bei uns in Europa die Pferde.

1989 verbietet Thailand das Abholzen im Primärwald per Gesetz, um wenigstens einen Teil der noch vorhandenen Wälder zu retten. Das Verbot fördert den illegalen Holzeinschlag beim Nachbarn Kambodscha, aber in Thailand stehen von einem Tag auf den anderen 6000 Elefanten ohne Job im Wald. Die Timber-Elefanten, wie ich sie ab jetzt nennen werde

(Holz-Elefanten klingt seltsam in meinen Ohren), kämpfen ein Jahr später, zur Zeit meines Besuchs, um ihre nackte Existenz. Trotz ihrer herausragenden Ausbildung, trotz ihrer erstaunlichen Fähigkeiten.

Doch die jungen Tiere in Pang Lah lernen unbeirrt weiter, «im Holz zu arbeiten». Um ihre Existenz zu sichern, ihre 220 bis 250 Kilogramm Futter täglich, ihre Pflege, ihren Lebensraum. Die Arbeitgeber allerdings wechseln. Statt der Holzhändler und Möbelfirmen sind es künftig Touristen. Dann werden es immer dieselben Baumstämme sein, die vor zahlendem Publikum gezogen, geschoben und gestapelt werden.

Aufmerksam verfolgen wir die Show. Wir hören Kommandos, die wir nicht kennen. Wir sehen den Eifer der jungen Elefanten, wir beobachten die Karen. Nichts deutet in diesem Moment darauf hin, dass die Hauptrolle an diesem sonnigen Tag für einen gewissen Bodo Förster vorgesehen ist.

Offensichtlich zweifeln nun auch die Karen nicht mehr daran, dass ich es ernst meine mit meinem Mantra: «I want to ride elephants!» Jetzt wollen sie anscheinend mal sehen, was der junge Mann zu bieten hat und was er aushält. Jede Hundertstelsekunde der folgenden Minuten hat sich mit der Sonne in mein Hirn gebrannt, sie kommen mir länger vor als der Flug von Berlin nach Bangkok.

Die Karen zeigen mir einen Elefanten, natürlich einen Bullen, Kühe kann jeder. So ein Vieh habe ich bis dahin noch nie gesehen. Gefühlte zehn Meter hoch. Den soll ich reiten? Ich kann kein Kommando, nichts. Jetzt ist wirklich Showtime.

Es gibt Situationen im Leben, da brauchst du keine Sekunde bis zur Entscheidung, ob du dich lächerlich machst oder nicht. Und hätte ich mich lächerlich gemacht, hier, vor den Karen, alle so um die vierzig, fünfzig Jahre alt, mit Elefanten von Geburt an vertraut, dann hätten sie mich von da an immer wieder auf diese eine Situation reduziert.

Also packe ich den Bullen am Ohr und trete ihm vors Bein, wie ich es in Berlin von meinem russischen Kollegen Sascha gelernt habe. Daraufhin hebt der Bulle das Bein, allerdings ist jetzt das Knie etwa auf Höhe meines Kopfes. Wie da hochkommen? Ich habe das Gefühl, dass mein Leben abhängt von diesem Moment.

Ich bin total aufgeregt, krabbele aber hoch, völlig außer Atem; da laufen Dinge ab in deinem Körper, die kannst du nicht beschreiben.

Und dann sitze ich drauf.

Der Chef der Elefantentrainer bedeutet mir: Reite nach vorn und wieder zurück. Ich drücke dem Kameraden die Füße hinter die Ohren, um ihn lenken zu können, und der Bulle geht ab.

Ich weiß nicht, wie anhalten. Meine Kuh Frosja schießt mir durch den Kopf, von ihr bin ich im Tierpark immer wieder von 2 Meter 40 runtergeflogen und habe mir den Haken, unser Werkzeug, circa hundert Mal in den Körper gerammt. Nun sitze ich einem drei Meter hohen Bullen im Nacken, ohne Leine zum Festhalten, und rase mit 20 Stundenkilometern durchs Camp. Und ich weiß sehr wohl: Wenn ich diese Situation nicht in den Griff kriege, kann ich wieder gehen. Aus der Traum.

Wieder haue ich dem Bullen die Füße kräftig hinter die Ohren, und er steht. Nun muss ich auf der Stelle drehen. Kein Kommando zur Verfügung. Kein Haken, um ihm die Richtung anzuzeigen. Ich habe nur meine Hände und meinen Körper. Wenn du in solchen Momenten länger als eine Sekunde überlegst, bist du verloren.

Der Bulle dreht. Offenbar habe ich intuitiv das Richtige gemacht. Was es auch immer war.

Wir dürfen bleiben.

Zum Mittagessen gibt es rohes Büffelfleisch – daheim in Berlin
selten auf der Karte. Natürlich schlinge ich den Büffel runter.
Den Karen entgeht nichts. Auch nicht, dass ich danach drei
Tage lang Durchfall habe.

Barbara und ich bekommen einen Bungalow. Ganz schön
luxuriös, oder? Ich hätte auch auf der Erde geschlafen. Denn
abends beim Bier realisiere ich erst so richtig: Jetzt fängt der
Traum an. Ich bin im Paradies auf Erden.

Damals ging das los mit dem Gerede vom Elefantenflüsterer:
Da ist ein Weißer, der kann das, obwohl er es nie gelernt hat.
Dabei hatte ich nur Glück.

«Sich selbst nach draußen stoßen,
über die Grenze des eigenen Wissens hinaus.
Ins Unbekannte hinein. Wie tut man das?
Ganz einfach: Man tut es.»

Harvey Keitel

Kapitel 2 Frösche, Opium und Herpes

Es ist ein neues Leben. Im alten hat mich die westliche Kultur
geprägt, eine Kultur des Verstehens. Nun erlebe ich die asiatische, eine Kultur des Erlebens. Willst du Asien verstehen und
die Asiaten, musst du leben wie sie und essen, was sie essen.
Musst dich auf sie einlassen, mit jeder Faser deines Körpers,
mit deiner Seele. Alles andere ist abstrakt, bleibt Theorie.

Ich mag es konkret, auch im Garten Eden. Zur Belohnung
bekomme ich die volle Dröhnung. Jeden Morgen um vier gehe
ich in den Wald, hole noch vor der Morgendämmerung einen
Elefanten aus seinem Schlafquartier. Zur Orientierung dient
die Glocke, die er trägt. Ihren dunklen Klang hörst du, alle anderen Geräusche verschluckt der nächtliche Wald.

In der Regenzeit gibt es viel Futter in der Nähe des Camps,
frischen Bambus zum Beispiel. Doch jetzt ist Trockenzeit, da
ist das frische Futter weiter weg und damit auch der Elefant.
So bin ich zwei Stunden unterwegs, löse seine Kette und be-
gleite ihn über weitere zwei Stunden zurück ins Camp.

Dort esse ich irgendetwas Undefinierbares; nach drei Tagen
frage ich nicht mehr, was ich da gerade in mich hineinstopfe.
Ich neige zu Herpes und zähle Millionen Bläschen. Dann set-

zen mir meine Gastgeber Frösche vor. Frösche? Ach, du Schei-
ße!, denke ich, und würge die Dinger runter. Um acht Uhr beginnt die Arbeit der Elefanten, um halb drei
nachmittags ist Schluss. In Asien steht die Sonne gegen zwei
Uhr am höchsten, zu viel Hitze ist gefährlich für den Elefanten. Danach bringen wir die Tiere wieder in den Wald, damit
sie in Ruhe fressen und ausruhen können. Sie brauchen diese
Phasen, in denen sie nichts anderes machen.

Ich lerne die Lektionen des Waldes, fernab der Zivilisation.
Nach drei Tagen werfe ich das Moskitospray weg – ich werde
mich nie wieder einsprühen. Die Canon-Kamera lege ich nach
fünf Tagen aus der Hand. Schiebst du zwischen dich und andere
eine Maschine, ist das Ergebnis nicht wahrhaftig. Bist du auch
noch mit dem Handling beschäftigt, siehst du nicht, was ist.

In den Dschungel gehe ich, wie die Karen, ohne Wasser-
flaschen – viel zu schwer. Aber trinken muss ich natürlich. Im
versifften Teich sehe ich die Mückenlarven, die das manchmal
tödliche Dengue-Fieber übertragen. Ich mache es den Karen
nach. Schneide Bambus am Stück, dann oben und unten die
«Deckel» des Rohrs ab und ramme es zwei Meter vom Teich
entfernt in den Boden. Das Wasser, das da rauskommt, ist klar
und sauber.

Barbara durchlebt eine schwierige Zeit. Sie ist durchaus ge-
ländegängig, keine empfindliche Stadtpflanze in diesem rusti-
kalen Ambiente. Aber sie ist die einzige Frau im Quartier und
wenig beschäftigt. Ganz im Gegensatz zu mir.

Mit den Karen gehe ich auf die Jagd, in Flip-Flops durch
den Wald und über die Berge. Einmal läuft vor mir einer mit
geschultertem Vorderlader, die Mündung immer schön auf seinen Hintermann gerichtet, und das bin ich. «Was ist, wenn du

stolperst?», frage ich ihn pantomimisch. Er bleibt stehen und zeigt an: «Geh du doch vorne!» Ich habe keine Ahnung vom Weg, aber ich haue uns mit der Machete einen Pfad durchs Dickicht. Immer schön Stärke demonstrieren. Der Sinn der Jagden erschließt sich mir nie. Nach fünf Stunden Marsch sind endlich Wildschweine und Muntjaks in Sicht- und Schussweite. Drei Stunden verharren wir an Ort und Stelle. Irgendwann feuert einer einen Schuss ab, die Wildschweine und Muntjaks verdrücken sich verärgert, und dann geht es fünf Stunden zurück. Ich kann mich nicht erinnern, dass je einer was getroffen hat. Kein Wunder, dass der kleine Muntjak-Hirsch nicht zu den gefährdeten Arten zählt, obwohl sein zartes Fleisch vielen Asiaten als Delikatesse gilt.

Die härtesten Prüfungen warten nach Sonnenuntergang auf mich. Eine Hälfte der Karen füllt mich mit Lao Khao ab, einem selbstgebrannten Reisschnaps. Das dauert – in meinem großen Körper ist viel Platz für «Kurze». Wenn ich den Schnaps überhabe, frage ich: «Kann ich wenigstens mal ein Bier haben?» Bier ist teuer und muss aus dreißig Kilometern Entfernung geholt werden, ebenso das gestoßene Eis zur Kühlung. Die Karen holen die Sachen, die Rechnung geht auf mich. Obwohl ich alles mitmache, bin ich mir meiner Stellung immer bewusst: Für meine Gastgeber bin ich der reiche Europäer. Reich wie ein Scheich – schon deshalb, weil ich mir den Flug leisten konnte.

Die zweite Hälfte der Karen hält sich abends vom Alkohol fern. Döst stattdessen auf Opium. Sie bitten mich zur mündlichen Zwischenprüfung: Komm in die Mitte und sei unser Gast. Also setze ich das Pfeifchen an. Erst Alkohol, dann Opium. Nicht gerade die Kombination, zu der mir der Arzt meines Vertrauens geraten hätte.

In diesen Wochen brauche ich eigentlich keine unterstützenden Mittel, und mein Bewusstsein will ich auch nicht erweitern. Ich bin eins mit der Welt, euphorisch, voller Adrenalin, muss mich weder entspannen noch ausklinken aus der Realität. Vor allem aber kann ich mit Drogen nicht umgehen. Nach dem Opiumrauchen bin ich zwar klar im Kopf, aber ich kann mich nicht bewegen. Das macht mich aggressiv. Es hat mir noch nie gefallen, die Kontrolle zu verlieren bei klarem Verstand.

Vier Wochen dauert mein erster Aufenthalt im Camp. Schritt für Schritt erkämpfe ich mir den Respekt der Karen – in Gummilatschen. Ich esse alles, probiere alles aus, mache alles mit. Vor allem erlerne ich das Grundgerüst für meinen Beruf. Deswegen bin ich ja da.

«Deine Bestimmung kannst du nicht finden,
sie findet dich, wenn du bereit dazu bist.»

Asiatisches Sprichwort

Kapitel 3 Ein Bulle für Bodo

Von den Mahuts, den Elefantenführern, lerne ich die ersten
Kommandos und speichere sie schnell: «Huh» – Vorwärts!
«Hau» – Halt! «Melo» – Hinlegen! Häufig wiederholt, stellen
auch die nächsten Lektionen kein Problem dar: Wie binde ich
dem Elefanten das Holzgeschirr auf, mit dem er die Baumstämme aus dem Wald zieht? Wie lerne ich die ganzen Knoten
und all die Techniken, die ich brauche?
Generell gilt: Der Elefant gibt vor, seine Sprache ist uni-
versell. Das meiste lerne ich durch Hinschauen und Zuhören.
Auch die ersten Alltagsbegriffe. Zwar sprechen die Karen noch
immer Karen, und ich spreche nach wie vor Deutsch. Doch ich
kombiniere Hören und Sehen: Was hat einer gesagt, was hat er
danach getan? So erschließe ich mir in kleinen Schritten meine
neue Welt.
Fast täglich bekomme ich es mit einem Bullen in der Musth
zu tun. Das Wort Musth, aus dem Persischen entlehnt, bedeutet eigentlich «unter Drogen» oder «im Rausch». Es bezeichnet
treffend die Symptome, die ein männlicher Elefant in diesem
Zustand zeigt. Die Phase der Aggressivität, ausgelöst durch
Testosteronschübe, kann Monate dauern. Durch erhöhte Urin-
ausscheidung und Sekretabsonderungen aus den Schädeldrü-
sen senden die Tiere Geruchssignale an ihre Artgenossen.

In solchen Phasen werden die Bullen meist weggesperrt. Sie gelten als gefährlich, unberechenbar, nicht zu bewegen. Im Young Elephant Training Center lerne ich, dass manche dem gängigen Bild entsprechen, andere hingegen auch in der Musth friedlich und berechenbar agieren. Das ist eine Lektion, die ich ganz tief verinnerliche und künftig beherzigen werde: *Schere die Elefanten nicht über einen Kamm. Dafür sind sie zu groß und vor allem zu verschieden. Respektiere ihre Individualität. Versuche, das Tier zu verstehen. Es ist jedoch ein Verstehen jenseits des Verstandes – es geht nur über Intuition.*

Nach vier Wochen reise ich mit Barbara für vierzehn Tage auf die Insel Koh Phangan im Golf von Thailand, weltbekannt für ihre Full-Moon-Partys. Im Boom's Café am Ban Kai Beach erholen wir uns von einer schönen, lehrreichen und auch strapaziösen Zeit. Barbara fliegt anschließend zurück nach Deutschland. Ich ziehe weiter gen Süden nach Malaysia, um ein neues Visum für Thailand zu bekommen. Offiziell bin ich immer noch Tourist. Auch wenn ich mich längst nicht mehr so fühle. Eher wie ein hart arbeitender Praktikant, doch dafür gibt es keine Visa-Kategorie.

Ich bleibe also in Asien und nutze meinen kompletten bezahlten Urlaub plus abzufeiernde Überstunden. Setze mich in Malaysia in den Zug und fahre zur zweiten Schicht hoch in Thailands Norden. Zwei weitere Wochen im Young Elephant Center. Endlich darf ich das Gelernte umsetzen. «Richtig» arbeiten mit den Elefanten, im Holz, in einem Arbeitscamp. Zunächst mit einer Kuh, bei der ich nichts falsch machen kann.

Ich spüre, dass ich Fortschritte mache, besser werde. Wichtiger noch: Die Karen spüren es auch. Und dann teilen sie mir einen großen Bullen zu. Bullen sind stärker, können mehr, bewegen schwerere Hölzer. Ein Bulle für Bodo: Ich empfinde das als Ritterschlag meiner Meister. Das macht mich stolz, denn diese Art Kompliment ist nur wenigen «Weißen» vergönnt. Aber was heißt das schon. Zwar hatte ich in Berlin gelernt, einen Elefanten zu reiten, doch Timber-Elefanten bewegen sich anders als Zoo-Elefanten und wieder anders als Palast-, Kriegs- oder die heutigen «Tourismus»-Elefanten. Timber-Elefanten verstehen 30 bis 40 Kommandos und 70 bis 80 Wortverbindungen; «Schieben» ist das Kommando, und die entsprechende Wortverbindung lautet «Schieb den Stamm nach rechts» oder «Schieb den Stamm mit dem linken Fuß nach vorne» – es gibt meist wenig Platz an den Waldhängen, da ist es nicht so einfach, die optimale Lösung zu finden. Die Elefanten bewegen sich auf Pfaden, auf denen wir kaum gehen können.

Als die Tiere noch zum Arbeiten eingesetzt wurden, waren es fast ausschließlich Bullen, die genügend Kraft hatten für diesen Job. Die Arbeit im Holz war Jahrzehnte lang ein fein abgestimmtes Zusammenspiel zwischen Mahut und Elefant. So komplex, dass sogar die Außerirdischen davon erfahren sollten. Als die Raumsonde Voyager I 1977 mit einer Titan-III E-Rakete ins All startete, um das äußere Planetensystem und den interstellaren Raum zu erforschen, reiste eine goldene Schallplatte mit. Sie enthielt Ton- und Bilddateien – falls die Sonde im All auf intelligentes Leben stoßen würde, sollten sich die Aliens eine Vorstellung machen können vom Leben auf der Erde. Eines der Bilder zeigte einen Karen mit einem Elefantenbullen bei der Arbeit im Holz – als Beispiel für eine der höchsten Formen der Kooperation zwischen Mensch und Tier.

Oben im Wald wurden die Bäume geschlagen, die anschließend hinunter zum Fluss rollten oder gezogen und geschoben wurden. Der Fluss spülte die Stämme zu den Auffangstationen, doch auf dem Weg dahin verkeilten sich manche Stämme in diversen Wasserfällen. Dann schlug die Stunde der absoluten Spezialisten: Zeit für den Einsatz des A-Teams. Die Elefanten gingen in die Wasserfälle rein und zogen die verkeilten Stämme einzeln heraus, auf den Zentimeter, mit ihrem ganzen Gewicht im Wasser stehend, auf rutschigem Untergrund. Mikado-Elefanten habe ich diese Künstler für mich getauft, sie spielten Mikado für Riesen. Doch wenn sie den schwarz markierten Stamm aus dem Wasserfall ziehen sollten und dabei den blauen berührten, hatten sie nicht einfach das Spiel verloren, sondern wurden womöglich von mehreren Stämmen getroffen und schwer verletzt. Diese extrem gut ausgebildeten Bullen sollen vor fünfzig Jahren schon eine Million Mark wert gewesen sein, so hat man es mir erzählt.

In diesen Tagen in Thailand sehe und erlebe ich Sachen, von denen ich vorher nicht einmal eine Vorstellung hatte. Einmal stehe ich mitten unter 28 Bullen, alle mehr als drei Meter hoch und fünf Tonnen schwer. Es ist laut, und es ist zugleich ganz still. Und ich weiß: Das will ich wieder erleben, genau das. Ich bekomme eine Ahnung davon, was es bedeutet, ein Elefantenmann zu sein – ich will einer von ihnen werden.

Nach insgesamt acht Wochen kehre ich nach Berlin zurück. I've got you under my skin: Thailand ist mir unter die Haut gekrochen. Ich weiß und fühle plötzlich mit allen Sinnen, wie riesig er ist für die Elefanten, der Unterschied zwischen Zoo und Heimat. Für mich erkenne ich einen ähnlichen Unterschied: Den zwischen der Arbeit im Zoo und der Arbeit in der Natur.

Und wie empfangen mich meine Kollegen im Tierpark? «Ach, du lebst noch!» Was Männer so sagen, wenn sie von ihren Gefühlen überwältigt werden. Ich nehme meine Arbeit wieder auf, doch Asien arbeitet in mir, gibt keine Ruhe. Ich habe keine konkreten Vorstellungen von der Zukunft, doch das, was da unter meiner Haut puckert, flüstert mir zu: Aufbruch! Denkste, sagt der Berliner.

Schon bald nach der Rückkehr erfahre ich, dass Mauerfall und Einheitsvertrag noch andere Konsequenzen hatten als die neue Bewegungsfreiheit, die ich zum Asien-Trip nutzte. Die Rechtsform des Tierparks hat sich geändert, von einer Körperschaft zur Tierpark Berlin-Friedrichsfelde GmbH. Viele Mitarbeiter wurden übernommen, ich nicht. Wohl auch, so vermute ich, wegen meiner wochenlangen Abwesenheit. So legitim sie auch war.

So sah es also für mich aus im Jahr 1991: In Thailand war ich ein besserer Elefantenpfleger geworden, mit einem breiteren Spektrum an Wissen und Werkzeugen. Ich war als Mensch gereift. Ich war verheiratet und Vater zweier Kinder. Und ich war vor allem eins: arbeitslos.

«Wenn man jung ist, prallen die Leute,
die in einem wohnen, ungebremst aufeinander.»
Klaus Lemke

Kapitel 4 Ich bin der Spinner aus dem Osten

Noch keine dreißig und arbeitslos, das war nicht meine Definition von Glück. Wende und Wiedervereinigung hatten mir die Freiheit gebracht und einen Blick ins Paradies ermöglicht. Doch wie sagte Hemingway? Das Leben ist der härteste Linkshänder.

Drei Wochen nach der Rückkehr aus Thailand kollabierte mein Körper. Die Diagnose: Enzephalitis, eine Entzündung des Großhirns. Ausgelöst von einem Virus, das man sich auch in Deutschland einfangen kann. Es muss also nicht zwingend ein Souvenir aus Asien gewesen sein. Für das Ergebnis war das ohne Belang. Ich bin fast verreckt. Zwei Wochen lag ich im Koma, drei Monate insgesamt im Klinikum Berlin-Buch. Mit unübersehbarem Erfolg: Ich nahm 20 Kilogramm zu, die mir lange Zeit nicht von den Seiten weichen sollten.

In jenen Tagen ahnte ich nicht, was die neunziger Jahre für mich bereithielten: eine sehr reale und sehr emotionale Achterbahnfahrt. Aber auch nach heftigen Rückschlägen verlor ich nie meinen Traum aus den Augen: Irgendwann würde ich in Thailand auf meine Weise mit Elefanten arbeiten und es allen beweisen. Auch wenn außer mir keiner daran glaubte.

Für manche war ich der Spinner aus dem Osten. Meine West-Freunde sagten: Auf dich haben sie in Thailand gerade noch gewartet. Viertausend Jahre Elefantenhaltung, und dann kommst du um die Ecke mit neuen Ideen aus Berlin.

Jeder kennt das, der schon mal von einer längeren Reise zurückgekommen ist, inspiriert und begeistert: Das Herz ist voll, der Mund läuft über, doch die alten Bekannten reagieren auf deinen Überschwang seltsam reserviert. So erging es auch mir nach meiner Rückkehr aus Asien. Vielleicht wollen die Menschen nicht, dass einer mit neuen Erfahrungen und frischer Energie in ihren Alltag eindringt, vielleicht sogar ihre Gewissheiten in Frage stellt.

Wer Träume jagt, hält anderen ungewollt einen Spiegel vor. Der kann lästig werden, der Spiegel, denn manchmal schießt er zurück: Wie sieht's eigentlich mit deinen eigenen Träumen aus?

Viele Träume enden, kaum dass sie begonnen haben. Sie sind nicht kraftvoll genug, aus all den bekannten Gründen: Bequemlichkeit. Vorsicht. Verpflichtungen. Liebe. Furcht vor dem Verlust der Zugehörigkeit, zur Familie, zum Freundeskreis. Gewohnheit. Angst vor dem Neuen, dem Unbekannten. Das Ego sucht Sicherheit im Vertrauten. Kampf, Risiko, alles auf eine Karte setzen? Lieber nicht.

Das kann ich nachvollziehen, und mein Leben ist ja nicht die Blaupause für die Welt. Problematisch finde ich nur, wenn mir Menschen erzählen wollen, was ich besser tun oder lassen sollte. Survival-Autor Bear Grylls nennt diese Fraktion die Traumdiebe. Warum haben manche meiner Freunde gelacht, als ich aus dem Tierpark flog und mir die Realität wieder mal in meine Pläne grätschte? Warum?

Mir war immer schon egal, was andere über mich denken. Familie und Freunde ausgenommen. Aber ich hasse es, zu verlieren. Dass ich immer allen etwas beweisen will, hat wohl auch mit meiner Behinderung in der Kindheit zu tun. Ich habe erst mit sechs Jahren gesprochen. Lange konnte ich weder lesen noch schreiben. Mein Leben lang habe ich um Anerkennung gekämpft. Erst in der Schule, später um den Respekt der Elefanten, um die Wertschätzung meiner Kollegen, um die Akzeptanz meiner ureigenen Ideen und Methoden.

Heute spreche ich Deutsch, Englisch, Russisch, Thai, Karen. Ich mag Spätentwickler sein, aber ich ziehe die Sachen durch. Viele halten mich für extrovertiert. Weil ich oft direkt bin und auch laut. Weil ich kein Problem damit habe, im Mittelpunkt zu stehen. Aber im Grunde meines Wesens bin ich introvertiert, ein wenig autistisch sogar.

Als ich endlich lesen konnte, habe ich Bücher gefressen. Teilweise zwei am Tag. Ich träumte immer von der weiten Welt. Thailand war kein Zufall.

Elefanten wurden mir nicht in die Wiege gelegt, welche Wiege hielte das auch aus? Als solider Achtpfünder kam ich am 10. November 1962 in Saalfeld an der Saale zur Welt, der Heimatstadt meiner 19-jährigen Mutter Christa. In Thüringen, dem grünen Herzen Deutschlands, in der Deutschen Demokratischen Republik. Zwei Schwestern komplettierten bald die Familie, Heike und Susanne. Mit beiden verstehe ich mich bis heute sehr gut.

Mein Vater Herbert, Metallbauingenieur von Beruf, war Atheist, Kommunist aus Überzeugung und Teil des DDR-Systems. Im Familienkreis distanziert, aber nicht abweisend. Das war schon ein sehr rotes Elternhaus, in dem ich aufgewachsen bin. Aber ich hatte eine behütete und glückliche Kindheit.

Meine Eltern haben mir Geborgenheit und Liebe gegeben und Werte vermittelt: Solidarität, Anstand, Respekt. Gegenüber anderen Menschen, gegenüber anderen Kulturen. Sie ließen nichts unversucht, uns die Liebe zur Natur einzubläuen. Von März bis Oktober gingen wir jedes Wochenende in den Wald, Beeren sammeln und solche Sachen. Ich hab das verflucht. Ein Gefühl hat mich immer begleitet, es saß schon früh tief in mir drin: Tiere verstehen mich besser als Menschen. Als Kind fing ich Molche, beobachtete Kreuzottern, grub Hamster aus im Weizenfeld, sammelte Briefmarken – Tierbriefmarken, was sonst?

Meine Mutter, Lehrerin von Beruf, war bei uns für das Sinnliche zuständig. Heute kann ich natürlich lesen und schreiben, das verdanke ich ihr. Und der Musik. Musik ist immer erst Empfindung. Lesen lernte ich mit den Noten. Für mich gab es die Musik, und es gab die Tiere. Beiden war meine Behinderung egal.

Ich habe Trompete gespielt und später Fagott, wurde mal Zweiter in einem Jugendwettbewerb. Jawohl, ich hab Musik gemacht! Da staunen immer alle, wenn ich das erzähle. Ich hatte sogar die Konservatoriumszulassung für Weimar.

So richtig gewachsen bin ich erst mit zwölf. Vorher war ich klein und dicklich. Nicht besonders sportlich. Ein bisschen Ringen, ein wenig Schwimmen.

Ich war immer Freigeist, rebellisch oft ohne Grund, aber aus Prinzip dagegen. Wie so viele Kinder hatte ich ein ausgeprägtes Gerechtigkeitsgefühl. So viel Beschiss und Lügerei da draußen! Ich war anders als die anderen, aber immer ein Leader. Hab mich nie verpisst. Schon als Junge der «angry young man». Heute nennt man das ja nicht mehr schwierig, sondern verhaltensvariabel. Mein Motto war: «Stand up and fight!» Und auf die Ohren gab es Deep Purple, Uriah Heep, auch Jimi Hendrix. Smokie kam mir nicht ins Haus.

Ich ging in eine Art Vorzeigeschule. Da kam immer mal wieder Margot Honecker hereingeschneit, um irgendeinem angolanischen Ministerialdirigenten die Erfolge der DDR am Beispiel Saalfelds zu schildern. In meinem Zeugnis stand zehn Jahre lang der Satz: «Der Junge hat großes Potenzial, nimmt den Lehrstoff leicht auf. Wenn er auch noch diszipliniert wäre …» Es stimmte schon: Wenn es irgendwo in unserem Viertel ein Problem gab, suchten meine Eltern, die Polizei oder die Lehrer zuerst nach dem kleinen Bodo. Denn da waren sie ziemlich nah am Kern des Problems.

Mit 15 bin ich aus der Freien Deutschen Jugend, der FDJ, ausgetreten. Mit 16 habe ich gesagt: Ich geh in den Kuhstall. Es folgten zwei Jahre Lehre in der LPG Saalfelder Höhe als Zootechniker, Spezialgebiet Mechanisator, im Westen hieß das Melker. Melken machte mir Spaß. Und ich war gut! Einmal wurde ich Zweiter beim Handmelk-Wettbewerb des Bezirks Gera. Leider war Melken keine olympische Sportart – wer weiß, was aus mir geworden wäre. Wenn ich nur an die Schlagzeile denke: «GOLD IM HANDMELKEN FÜR BODO FÖRSTER, DDR!»

«Der Junge muss seinen Weg finden.» Das war die Einstellung meiner Eltern.

1980 kam ich allerdings vom Weg ab. Ich war mit dem Motorrad unterwegs und fuhr in einer Linkskurve geradeaus. Brach mir das Bein, aber überlebte. Zwei Jahre war ich mehr oder weniger krank. Mein Körper stieß Nagel und Platte ab, es folgte eine weitere Operation. Im Krankenhausbett diktierte ich meiner wunderbaren Oma die Abschlussarbeit der Lehre. Note 1. Wir waren ein prima Team. Mit 18 trat ich in die Sozialistische Einheitspartei Deutschlands ein, kurz: SED. 1981 wurde mein Sohn Roger geboren, da war ich 19. Im September 1982 heiratete ich meine Freundin Beate. Zwei Monate später verpflichtete ich mich für drei Jahre bei der Nationalen Volksarmee (NVA). Im festen Glauben, mich für die richtige Sache zu engagieren. Es sollte eine Erfahrung werden, über die ich lange, lange Zeit nicht sprechen konnte.

Bei der NVA lernte ich auf elf verschiedene Arten, mit der Hand zu töten. Nach zwei Jahren und drei Monaten wurde ich im Frühjahr 1985 vorzeitig entlassen. Nach der schlimmsten Zeit meines Lebens, in der mir auch der schlimmste Mensch meines Lebens begegnet war: mein Kompaniechef. Der Grund meiner vorzeitigen Entlassung: Ich hatte versucht, mich umzubringen. Ich war einfach so weit.

Ich bin immer radikal mit meinem Leben umgegangen, so radikal allerdings nur einmal. Die Erinnerung an die NVA-Zeit macht mir heute noch zu schaffen. Lassen wir es bei dem knappen Fazit: Das Militär mit seinem Verlangen nach blindem Gehorsam war für mich wohl nicht der geeignete Ort.

Nach der Entlassung ging ich zurück zur LPG in Saalfeld. Dort arbeitete ich als Bauer und verdiente gut. Wir hatten nun zwei Kinder – Anja wurde 1984 geboren – und wollten ein Haus bauen. Wir kauften ein Grundstück auf Kredit, hoben die Baugrube aus. Es sah ganz so aus, als würden wir sesshaft. Doch irgendwann schlich sich bei Beate und mir das Gefühl ein, unsere Beziehung würde im engen Saalfeld nicht lange überleben.

So kam es, dass wir eines Tages 1987 zum Entsetzen der
Familie und der Freunde innerhalb von fünf Tagen alles ver-
kauften, die Kinderklamotten in den Trabi schmissen, die
Kinder gleich mit, und nach Berlin fuhren. Wo wir zunächst
ohne Wohnung waren, ohne Arbeit, ohne Einkommen. Dann
begann Beate ein Studium und bezog mit den Kindern ein kleines Apartment in einem Studentenwohnheim. Ich schlief bei
Kumpels.

Im Tierpark Friedrichsfelde bekam ich eine Anstellung
im Futterstall. Fünf Monate lang bereitete ich Körner für die
Vögel vor und Heu für die Rinder. Aber jede freie Minute war
ich bei den Elefanten. Und als ich dort anfangen durfte, wusste
ich: Das ist es!

Am 1. Januar 1988 begann mein neues Leben.

B.Z. Berlin, 30. März 2013

Elefanten-Dame schubst Pfleger in Klinik

Dramatische Minuten im Elefanten-Gehege des Berliner Tierparks.

Dickhäuter-Dame Frosja (*33*) stieß einen Pfleger mit ihrem riesigen Kopf zu Boden – der Mann musste mit einer geprellten Schulter ins Krankenhaus.

Der Vorfall ereignete sich vergangenen Mittwoch im Elefanten-haus. «Frosja wurde vom Tierarzt behandelt. Zu dem Zeitpunkt bekam sie eine Darmspülung wegen Verstopfung verpasst», sagt Zoo- und Tierpark-Chef Bernhard Blaszkiewitz.

Unangenehm für das tonnenschwere Tier, das den Stress wohl mit dem Kopfstoß abreagieren wollte. Der Schädelschwenk des viet-namesischen Elefanten traf Pfleger Arne W. (48) mit voller Wucht. Er wurde auf den steinernen Boden des Innengeheges geschleudert.

«Wir haben sofort den Rettungswagen gerufen, der den Kollegen ins nahe gelegene Oskar-Ziethen-Krankenhaus gebracht hat», sagt Tierpark-Tierarzt Günter Strauß, der die Behandlung des Elefanten geleitet hatte.

Glück im Unglück: Die Ärzte diagnostizieren bei Pfleger Arne W. nur eine Prellung in der Schulter. Er ist zu Hause und bis auf wei-teres krankgeschrieben. Veterinär Günter Strauß: «Frosja ist sonst nicht aggressiv. Aber wer lässt schon gern eine Darmspülung über sich ergehen?»

«Elefanten sind gefährliche Wildtiere,
die sich nie ganz zähmen lassen. Es wird
immer wieder Angriffe auf Menschen geben.»
Dr. Bernhard Blaszkiewitz

Kapitel 5 Angekommen – und abgeschossen

Wenn du vor einem Elefanten stehst, kannst du von zwei Gewissheiten ausgehen:
1. Du bist immer kleiner – auch dann, wenn du 1,90 Meter in den Dialog einbringst, so wie ich.
2. Du weißt nie, was im Kopf eines Elefanten vorgeht.

Vom ersten Tag an liebte ich meine Arbeit leidenschaftlich. Elefanten waren einfach mein Ding, mit allem, was dazugehört. Ich hatte Energie für zwei, absolvierte zwischen 1988 und 1990 die Tierpflegerlehre und machte parallel auch noch das Abitur nach.

In diesen Jahren schloss ich mit dem Viehzeug einen Vertrag: «Ich werde meinen Teil dazu beitragen, dass es euch gutgeht.» Es dauerte allerdings, bis auch die Tiere das Abkommen unterschrieben. Zuneigung kannst du nicht erzwingen, schon gar nicht von Elefanten. Frosja war eine der beiden Damen, die mir das Leben schwermachten. Daghi die andere; wir nannten sie Dashi.

Es war ein bisschen wie in Haydns Symphonie mit dem Paukenschlag. Erst plätschert die Musik so dahin, und dann: Bäng! Ich hatte gerade angefangen bei den Elefanten, war drei Wochen dort, da griff Dashi mich an, unsere afrikanische Kuh aus Simbabwe. Sie konnte mich einfach nicht leiden und schoss mich ab. Erst mit dem Rüssel, dann mit dem Kopf. Brach mir die Rippen. Ich erinnere mich, dass sie ganz kurz über mir stand. Wenn Elefanten mit dem Kopf auf dich draufgehen, wollen sie töten. Es gibt Links- und Rechtshänder, sie bevorzugen also den linken oder den rechten Stoßzahn. Als ich Dashi vor ein paar Jahren mal wieder im Tierpark besuchte, warf sie mit Scheiße nach mir. Ihr Gedächtnis war offensichtlich intakt. Dashis Abneigung hielt bis zu ihrem Tod im September 2016.

Angst hatte ich nie. Wenn dich jedoch ein Elefant angegriffen hat, willst du einen Schutz aufbauen. Aber wie? In der Regel versuchst du, mit dem Verstand etwas über dein Gegenüber zu erfahren und daraus zu lernen. Doch bei Tieren kommst du eben nur mit Intuition weiter. Es dauerte, bis ich in der Lage war, das zu respektieren.

Nach dem Unfall mit Dashi war ich eigentlich schon wieder raus aus dem Geschäft. Aber meine Kollegen gaben mir eine zweite Chance. So kam ich zu den «kleinen Afrikanern», frei nach dem Motto: Da wird der Bodo schon keinen Schaden anrichten.

1987, noch vor meinem Einstand, waren im Auftrag des DDR-Ministeriums für Außenhandel vier afrikanische Jungtiere in den Tierpark gekommen: Bibi, Sabah, Umtali und Tembo. Preis pro Tier: 10 000 Mark harter Westwährung. Das waren die «kleinen Afrikaner». Sie waren wirklich klein, und das hatte einen traurigen Hintergrund. Es war gängige Praxis in Simbabwe (seit den sechziger Jahren) und in Südafrika (bis in die Neunziger), Elefanten zu keulen, wenn ihre Populationen zu groß wurden. Das Keulen (englisch: culling) bedeutete, ganze Herden mit dem Hubschrauber zusammenzutreiben und Tier für Tier abzuschießen, die erwachsenen Tiere jedenfalls. Die Kälber, die schreiend neben den toten Müttern standen, wurden betäubt, abtransportiert und verkauft. Nach Europa, in die USA, auch nach Asien. Geschundene Kreaturen, schwer traumatisiert. Aber das wussten wir damals nicht.

Inzwischen wissen wir es besser. Die Verhaltensforscher Graeme Shannon und Karen McComb fanden heraus, dass Elefanten unter ähnlichen posttraumatischen Belastungsstörungen (PTBS) leiden können wie Menschen. Bei ihren Untersuchungen im südafrikanischen Nationalpark Pilanesberg stellten die Forscher fest, dass eine Gruppe von Elefantenwaisen nach dem Verlust der Familienmitglieder völlig unberechenbar auf unterschiedliche Signale reagierte.

In der Wildnis werden Elefanten in organisch gewachsene Herden hineingeboren, in denen alle Mitglieder mehr oder weniger verwandt sind. Die Gruppen in einem Zoo aber werden nach dem Zufallsprinzip zusammengestellt; da wächst selten zusammen, was von vornherein nicht zusammengehört. Jedes neue Tier verändert die Chemie einer Gruppe. Sympathien und Antipathien unter den einzelnen Tieren bestimmen das Klima – sie können sich entweder riechen oder nicht.

So ist es bei uns Menschen ja auch. Wir akzeptieren Familienmitglieder eher als Fremde. Wenn mich mein Cousin fragt: «Kann ich drei Tage bei dir wohnen?», sage ich: «Klar.» Am fünften Tag frage ich ihn vorsichtig, ob er sich nicht langsam vom Acker machen will. Einen Fremden lasse ich erst gar nicht in meine Wohnung, in mein Revier. Für Zoos, aber auch für Elefantencamps ist es die größte Herausforderung, die

Tiere dazu zu bringen, möglichst friedlich miteinander umzugehen – Tiere, deren einzige Gemeinsamkeit darin besteht,
Artgenossen zu sein.

Dashi kümmerte sich nach Ankunft der Afrikaner nur um
die Kleinste, die junge Kuh Bibi, und «adoptierte» sie. Ein
durchaus übliches Verhalten. Zu den anderen Neuen war ihr
Verhältnis schlechter. Sie attackierte vor allem Tembo öfter,
auch als der Bulle schon wesentlich größer war. Nicht selten
jagte sie Tembo über die Anlage und verprügelte ihn. Erst im
Alter von etwa 18 Jahren setzte sich Tembo gegen Dashi durch,
verletzte sie bei Angriffen.

Als sich der Bulle gegen die ältere Kuh durchgesetzt hatte,
gab er auch den Pflegern zu verstehen, dass er deren Dominanz
nicht länger akzeptieren würde. Um vorhersehbare Unfälle zu
vermeiden, wurde Tembo vom direkten Kontakt auf geschützten Kontakt umgestellt. Fortan fütterten und betreuten ihn die
Pfleger durchs Gitter. Bei Bullen ist das eh die Regel, doch bei
gutmütigen Tieren machen die Pfleger schon mal Ausnahmen.
Tembo ist heute riesengroß; erst im November 2018 wechselte
er vom Berliner Tierpark in den Dresdner Zoo.

Erinnerungen können täuschen; manchmal verblassen sie
oder verschwinden komplett. An den Juni 1988 aber erinnere
ich mich gut, und das aus zwei Gründen: Bei der Fußball-Eu-
ropameisterschaft verlor Gastgeber BRD, für uns offiziell der
Feind, zu meinem Leidwesen das Halbfinale gegen die Nieder-
lande. Einige Tage vorher bekam unser Tierpark zwei asiatische Elefanten.

Asiatische und afrikanische Elefanten unterscheiden sich
vor allem dadurch, dass die Afrikaner größer sind und größere
Ohren haben. Die Asiaten sind deutlich aggressiver. Wenig ge-

läufig ist, dass beide Arten genetisch weiter voneinander entfernt sind als Pferd und Zebra. Mit viel gutem Willen könnte man sie als Vettern bezeichnen, aber nicht als Brüder. Der Indische Elefant – zu dieser Unterart des Asiaten gehört auch der Thailändische Elefant – unterscheidet sich vom Afrikanischen so stark, dass Kreuzungen zwischen beiden Arten bisher noch nicht gelungen sind. In seiner lateinischen Bezeichnung *(Loxodonta africana)* ist der Afrikaner nicht einmal Elefant.

Die Kühe Astra und Frosja gehörten zu einer Achter-Gruppe aus der Sozialistischen Republik Vietnam und wurden auf Zoos in ideologisch verbündeten Ländern verteilt. So landete das Duo erst in Moskau und später bei uns im Osten Berlins. Mit den beiden Kühen kam ein russischer Pfleger namens Sascha. Mit ihm begann für mich eine neue Zeitrechnung. Was hatte ich gelernt bis dahin? Die Basissachen. Du musst fürs Viehzeug da sein. Ohne Hingabe und Durchhaltevermögen bist du in diesem Job falsch. Den Elefanten interessiert nicht, ob du Grippe hast oder Krach mit deiner Frau. Der will sein Futter haben.

Erst dank Sascha lernte ich, auf einem Elefanten zu sitzen, was für mein erstes Gastspiel in Thailand so wichtig werden sollte. Astra war umgänglich, sie konnte ich von Anfang an reiten. Bei Frosja war ich mir nicht sicher, ob sie eine Kuh war oder ein Zwitter. Sie hatte eine Ausbuchtung dort, wo sonst der Penis ist. Ein Zwitter verhält sich oft wie ein Bulle.

Elefanten sind so verschieden wie wir Menschen: ausgeglichen oder temperamentvoll, gutmütig oder kaputt im Kopf, verspielt oder aggressiv, die ganze Palette. Wenn ein Elefantenhalter in Asien ein paar seiner Tiere profitabel verkaufen kann – welche Tiere gibt er ab? Die besten? Die pflegeleichten?

Die Crew im Tierpark Friedrichsfelde: v. l. Patric Müller, Bodo, Alexander «Sascha» Schit, Burkhard Billig, Ingolf Kastirke, unbekannt

Wohl kaum. Er verkauft die Schwierigen, die Komplizierten, die Unruhestifter. Ausnahmen bestätigen auch hier die Regel. Wenn Vietnams Präsident Ho Chi Minh früher einen Elefanten als Staatsgeschenk auf die Reise schickte, handelte es sich wahrscheinlich um ein friedfertiges Exemplar.

Astra und Frosja waren gerade ein paar Tage bei uns, als ich in den Stall kam – rechts vier Afrikaner, links die Asiaten – und Frosja mir einen Hieb mit dem Rüssel verpasste, mich wegschoss. Trörö! So ein Rüssel ist ein Multifunktionstool. Er kann riechen, trompeten, spritzen, greifen, drohen. Und schlagen. Der Rüssel besteht – je nach Quelle – aus 40 000 bis 100 000 Muskeln. Die muss man nicht zählen, um zu wissen: Wenn sie exakt gesteuert werden und gut koordiniert, dann fliegst du schon mal zwei Meter weit, auch bei meiner Größe.

Auch in den Wochen danach warf Frosja mich jeden Tag ab, und jeden Tag stieg ich wieder auf. Die Dame brachte alle zur Weißglut. Aber ich war der Erste, der nicht aufgab. «Verdammt!», dachte ich. «Komm her, ich zeig's dir!» Einmal legte ich ihr einen 30 Kilogramm schweren Sandsack auf den Rücken, damit sie sich an das Gewicht dort gewöhnte. Natürlich fegte sie den Sack runter, und mir rieselten 30 Kilo Sand auf den Schädel.

Jeden Tag überlegte ich mir andere Methoden, andere Herangehensweisen. Und schon lag ich wieder auf der Fresse – Aufstieg und Fall, mal ganz oben, mal ganz unten, und das täglich. Kein leichtes Leben für einen testosterongeschwängerten Mann Mitte zwanzig, der sich selbst und anderen etwas beweisen will. Aber irgendetwas, das wurde mir klar, stimmte an meiner Arbeitsweise nicht. Ich war viel zu sehr auf Frosja fixiert, sah das Training als Duell. Ich machte fast alles falsch. Wie meine Kollegen, so wusste auch ich einen Dreck damals.

In diesen Monaten baute unser Tierpark das größte Elefantenhaus der Welt, es wurde 1989 eröffnet. Chefpfleger und Revierleiter Ingolf Kastirke war mit seinem Engagement ein echtes Vorbild; das Projekt allein gab uns allen einen zusätzlichen Motivationsschub. Neben meinem Freund Patric Müller, 19 Jahre alt, war ich mit meinen 26 Jahren der Jüngste. Morgens um sieben Uhr erschienen wir im Stall. Wir haben uns wirklich Arme und Beine ausgerenkt für unseren Beruf. Weil er uns Freude machte und herausforderte. Patric ist noch heute ein enger Freund, ein großartiger Experte dazu. Seine Diplomarbeit hat er über die Musth der Elefanten geschrieben; heute bildet er Tierpfleger aus.

Es dauerte mehr als ein Jahr, bis Frosja absolutes Vertrauen zeigte. Auf mein Kommando «Hinlegen» legte sie sich auf die Seite – das war der entscheidende Moment. Wenig später legte sie sogar den Rüssel um meinen Kopf und hob mich hoch – ein noch größerer Vertrauensbeweis. Warum war mir das Hinlegen so wichtig? Möglich, dass es damals auch etwas mit Dominanz zu tun hatte. Wichtiger aber war, dass Mensch und Elefant einander nur so auf Augenhöhe begegnen können. Ich halte es noch heute so: Wenn ich mit einem Tier gearbeitet habe, legt es sich hin, und ich setze mich auf seinen Fuß. Ich fühle, dass das für uns beide eine gute Sache ist. Einfach ein guter Weg, um miteinander zu kommunizieren.

Im Liegen ist ein Elefant auch besser zu behandeln. Sein empfindlichster Körperteil ist die Fußsohle. Früher haben wir den Tieren regelmäßig die Nägel geschnitten, davon halte ich heute nicht mehr viel. Aber ich muss auf jeden Fall an den Fuß ran, wenn er entzündet ist. Wenn das Tier auf einen scharfen Gegenstand getreten ist, in eine Glasscherbe vielleicht, oder Dreck in eine Wunde geraten ist. Einen kranken oder verwundeten Elefanten zu behandeln, ist immer gefährlich. Das schult unsere Achtsamkeit, vorsichtig ausgedrückt. Dann haben wir wirklich den Kopf voll, sind nicht ansprechbar.

Die asiatischen Mahuts gehen grundsätzlich nicht gerne an die Füße ihrer Schützlinge. Fußsohlen sind schmutzig, nicht schön anzufassen, im buddhistischen Sinn unrein. In Thailand dürfen die Fuß- und Schuhsohlen der Menschen nicht auf Personen zeigen und erst recht nicht auf Buddha-Statuen oder Mönche.

Der Elefant muss unter Appell stehen: Diese Schule galt damals im Tierpark Berlin und vermutlich weltweit. Er sollte also eins zu eins umsetzen, was der Mensch vorgab. Befehl und

Bodo auf Ankor

Gehorsam. Was Frosja von der Appellschule hielt, hatte sie mir mit dem Rüssel erzählt.

Auch Sascha kam aus der Appellschule. Doch ein dreiwöchiger Aufenthalt bei Ausbildern in Laos hatte seine Sichtweise verändert. Davon erzählte er mir immer wieder, illustriert von vielen Fotos. Fast jeden Tag waren wir 24 Stunden im Stall, abzüglich der Stunden, die wir gesoffen haben. Es gab nur ein Thema für uns: Elefanten. Geschlafen haben wir auf einer Armeeliege bei den Tieren.

Sascha sagte: «Du willst wissen? Dann geh in den Elefanten! Tauch in ihn ein! Gib ihm die Chance, dass er sich auf dich einlässt. Schau genau hin. So erfährst du mehr. Paschli so slonom – gehen wir mit den Elefanten.» Für mich übersetzte ich seine Botschaft so: Appellschule ja, aber nicht hundertprozentig. Der Elefant ist auch noch da. Ich wusste: Entweder lerne ich mein Handwerk schnell oder nie. Denn es blieb ja nicht viel Zeit, Sascha war nur einen knappen Monat bei uns. Zu der Zeit war in unserem Team niemand Ausbilder oder Trainer. Uns fehlten Wissen und Erfahrung, woraus Intuition hätte werden können, Einfühlungsvermögen. Immerhin schien uns Jungen die Zeit gekommen für einen veränderten Umgang mit den Elefanten. Doch auch bei mir dauerte es, bis ich meine neuen Erkenntnisse verinnerlicht hatte und umsetzen konnte.

Es mag 1991 gewesen sein, da trainierte ich in Berlin im Außengehege einen Elefanten, wie es Usus war. Eine Frau schaute zu und zeigte mich wenig später wegen Tierquälerei an: «Ihr schlagt ja den Elefanten!» Nun könnte man sagen: Mit diesen Nebengeräuschen musst du halt leben in deinem Beruf. Aber für mich war das ganz und gar nicht einfach. Ich war doch nicht Elefantenpfleger geworden, um die Tiere zu quälen, die mir anvertraut worden waren.

Im Rückblick denke ich, vielleicht waren wir zu hart damals. Heute würde ich es nicht mehr so machen, doch zu der Zeit wusste ich es nicht besser und hatte überhaupt kein Unrechtsbewusstsein. Für mich war diese Anzeige unerträglich, ich hielt das alles nicht aus. Wahrscheinlich war das, was ich damals erlebte, eins der ersten Anzeichen für die Anfeindungen, die meinen Beruf seit einigen Jahren kontinuierlich begleiten.

Die Lehrzeit im Tierpark Friedrichsfelde war für mich wichtig und doch nur ein kleiner Schritt. Im Tierpark arbeiteten wir unter spartanischen Bedingungen, spartanisch vor allem für die Elefanten. Erst die Thailand-Reise entschied über meinen weiteren Weg. Über meinen Lebensinhalt, meine Be-

rufung, meinen Traum. Da erst wusste ich: Ich muss im Tier-
park in den Sack hauen, um meine neuen Ideen umzusetzen.
Muss dahin gehen, wo die Elefanten leben – nach Asien.
Das habe ich in den folgenden Jahren dann auch gemacht.
Erfahrungen gesammelt, Wissen gespeichert. So kam ich
zu einer neuen Einstellung: Die Seele des Elefanten braucht
Platz, um sich zu entfalten. Wenn der Elefant nur Angst vor
dir hat – wie soll er sich dann auf dich einlassen? Ich muss den
Elefanten in seiner Gesamtheit respektieren und mit ihm eine
gemeinsame Basis finden. Und die heißt: Grundvertrauen.

«Weißt du, lehrst du.

Weißt du nicht, lernst du.»

Laotisches Sprichwort

Kapitel 6 Die Neunziger: Gereist, gescheitert, geschieden

Nach meiner Rückkehr aus Asien zu Beginn der Neunziger
war ich mal angestellt, mal suspendiert bei vollen Bezügen,
mal wurde ich zu den Bären versetzt, sprich: degradiert. Die
juristische Auseinandersetzung mit dem Tierpark und dessen
Direktor, der mir ohne ersichtlichen Grund gekündigt hatte,
zog sich hin. 1992 gewann ich in zweiter Instanz. Die angebo-
tene Abfindung von 6000 Mark lehnte ich ab, der Prozess lief
weiter, ich ließ es darauf ankommen.

Ich war reif für etwas Neues, aber wo sollte ich hin? Ich
konnte ja nicht viel, und das beschäftigte mich. Ich musste
besser werden, Techniken lernen und umfassendes Wissen
über Elefanten sammeln. Und wo sollte das besser gehen als
in Asien?

Ich behaupte immer, ich drücke mich nie. Aber 1992 habe
ich die Tiere im Stich gelassen. Meine Elefanten in Berlin, meine Frosja, mit der ich sehr eng war.

Von 1992 bis 1994 schlug ich mein Basiscamp in einem kleinen Guesthouse in Bangkok auf. Die Khao San Road hatte mich
wieder. Dort begann die verrückteste Zeit meines Lebens. Sie
führte mich nach Kambodscha, nach Myanmar, Malaysia und
Laos, zur Abwechslung auch nach Indien und Sumatra/Indo-
nesien – Dengue-Fieber und Malaria inklusive.

Dreimal besuchte ich über die Jahre die Karen in Myanmar, um zu sehen, wie die Burmesen ihre Elefanten ausbilden. Jedes Mal marschierte ich über die grüne Grenze im Westen Thailands. Ohne die geringste Ahnung, dass ich anschließend in einer Kriegsregion unterwegs war. Die vorwiegend von christlichen Karen geführte Karen National Union (KNU) kämpfte mit Waffengewalt gegen Burmas regierendes Militär. Ignoranz kann ein Segen sein – ich bekam von den Kämpfen nichts mit. Das Training der burmesischen Timber-Elefanten war tatsächlich noch einmal deutlich komplexer und anspruchsvoller als in Thailand. Manchmal allerdings habe ich auf meinen Exkursionen auch einfach nur Zeit verschwendet. Einmal bin ich 50 Kilometer gelaufen, und dann stand da ein einsamer Elefant, schaute mich an und fragte: «Bodo, was machst du denn hier?»

In Myanmar fing ich mir die Malaria ein, zur Therapie musste ich drei Lariam-Tabletten am Tag schlucken, einen chemisch hergestellten Arzneistoff auf Mefloquin-Basis. Leider war dieses Mittel mit starken Nebenwirkungen verbunden; in der Folge klappte meine Leber zusammen. Erst 2016, so las ich später, wurde das Mittel zumindest auf dem deutschen Markt nicht mehr vom Hersteller vertrieben.

Auf allen Reisen versuchte ich, mich den landestypischen Gegebenheiten anzupassen. Vor allem beim Essen. Essen kann trennen und verbinden. Was in Europa tabu ist, steht anderswo ziemlich weit oben auf der Speisekarte. In Burma gab es einmal Affen vom Grill – die Tiere wurden gehäutet und ins Feuer geschmissen. Affenfleisch zu essen war schon hart, aber ich wollte meine Gastgeber nicht verprellen, schließlich war ich ja auf sie angewiesen.

Wenn wir früher bei uns in Thüringen geschlachtet haben, mussten wir Männer Blut trinken und rohe Leber essen. Das hat mir später geholfen, überall auf der Welt alles zu essen oder zumindest zu probieren. Außer Hunden, Ratten und angebrüteten Küken; Balut nennt sich das angebrütete, gekochte Enten- oder Hühnerei, das in Vietnam, Kambodscha und Laos gegessen wird. In der thailändischen Küche sind viele Gerichte scharf gewürzt, ein nur moderat gewürztes Curry schmeckt einfach nicht. Und obwohl ich nicht gerne scharf esse, tue ich es – ich will ja nicht die Hälfte des Angebots verpassen.

Viele Reisen, viele Speisen, viele Kontakte. So entwickelte ich eher nebenbei ein internationales Netzwerk. Schon früh trug es Früchte. Auch weil ich zur rechten Zeit am rechten Ort war.

Im Herbst 1992 recherchierte ich in Thailand erstmals einen geeigneten Ort für mein künftiges Elefantencamp. Meine Frau Beate suchte mit. Welche Chancen hatte ich überhaupt mit einem eigenen Unternehmen in diesem Land? Ich unterhielt mich mit einigen dort lebenden Ausländern und bekam von ihnen eine gute und eine schlechte Nachricht. Die gute: «Als Farang, als weißer Ausländer, kannst du hier schnell eine Million machen.» Die schlechte: «Aber nur, wenn du mit zwei Millionen anfängst.» Das war nicht das, was ich hören wollte.

Im November, um meinen 30. Geburtstag herum, wurde in Thailands Wäldern ein weißer Elefant gefunden («Chang Phueak» auf Thai), der zehnte und letzte in der Ära von König Bhumibol (Rama IX). Ein solch seltenes Exemplar gilt als Glücksbringer, als heilig sogar. Es symbolisiert königliche

Macht; daher gehört ein weißer Elefant traditionell dem Mo-
narchen. Obwohl diese Tradition nur noch in Thailand gelebt
wird, haben weiße Elefanten auch in Laos und Myanmar noch
eine ähnlich hohe Bedeutung für die Länder und ihre Regie-
rungen. Thailands Königshaus feierte den seltenen Fund mit einem
Empfang in Bangkok. Ein Freund von mir, Reporter bei der Ta-
geszeitung *The Nation*, besorgte uns eine Einladung. So trafen
wir in einer kurzen Audienz den von seinen Landsleuten hoch-
verehrten König Bhumibol Adulyadej, was auch für uns eine
große Ehre war. Und wir standen vor dem weißen Elefanten;
davon gibt es ein Foto – es ist eines der wenigen Bilder, an denen mir etwas liegt.

Der besondere Status dieser Tiere basiert auf der Legen-
de, nach der ein weißer Elefant vom Himmel in den Schoß
der Mutter der Königin Mayadevi einging, als Zeichen für
die Empfängnis eines reinen und mächtigen Wesens, das sie
gebären sollte. Sie gebar einen Sohn, Siddhartha Gautama,
bekannter als der Buddha. Auch in der hinduistischen Mythologie tritt der mythische weiße Elefant Airavata (in Thailand
Erawan genannt) auf, der erste der Elefanten und Reittier des
Gottes Indra.

Erst im Herbst 2018 wurde wieder ein weißer Elefant ge-
meldet. «Ekachai», so der Name des Bullen, lebte zu diesem
Zeitpunkt bereits zehn Jahre in einem Elephant Conservation
Center im Nordosten Thailands. Der Gründer des Zentrums,
ein Mönch, behauptete vom ersten Tag an, dieser Elefant er-
fülle alle Kriterien: weiße Augen, weißer Gaumen, weiße Ze-
hennägel, weiße Haare, weiße Schwanzhaare und weiße Ge-
nitalien. Niemand nahm den Mönch ernst, und so dauerte es

eine ganze Dekade, ehe Ekachai als erster weißer Elefant des neuen Königs Rama X offiziell anerkannt wurde.

In der ersten Hälfte der Neunziger habe ich wirklich nichts ausgelassen. In Kambodscha begegnete ich den Roten Khmer, deren offizielle Regierungszeit von 1975 bis 1979 gedauert hatte. Für ihre maoistische Utopie, die Erschaffung des «Neuen Menschen», mussten knapp zwei Millionen Menschen sterben – ein Viertel der damaligen Bevölkerung Kambodschas. Das ehemalige Foltergefängnis S21 in Phnom Penh und die «Killing Fields» vor den Toren der Hauptstadt, wo die Menschen mit Knüppeln, Äxten, Schaufeln zu Tode geprügelt wurden, weil Munition für einen gnädigen Schuss zu teuer war, zeugen noch heute von der Brutalität der damals Herrschenden.

Noch in den Neunzigern, doch davon hatte ich damals keine Ahnung, waren etwa 3000 Rote Khmer im Norden Kambodschas aktiv. Pol Pot, genannt Bruder Nr. 1, blieb bis 1997 ihr politischer und militärischer Anführer. Er starb 1998, vermutlich durch Suizid.

Bis heute werfe ich mir vor, dass ich mir um so etwas damals überhaupt keine Gedanken gemacht habe – in meinem Kopf war in diesen Jahren nur Platz für Elefanten.

In Kambodscha wollte ich sehen, mit welchen Techniken die Einheimischen in den Kardamom-Bergen Kühe und Bullen fingen. Sie ritten mit zahmen Elefanten in die Herden rein und fingen die wilden Artgenossen mit Schlingen. So etwas hatte ich noch nie gesehen. Viele Jahre später habe ich das auch einmal in Thailand gemacht. Ich merkte schnell, wie leichtsinnig das war. Die Wildelefanten interessierten sich überhaupt nicht für mich, nur für meinen Elefanten. Sie hätten ihn auch angreifen können.

Angst hatte ich keine bei den Roten Khmer. Meine thailändischen Begleiter ermahnten mich nur: «Sprich nicht über Politik!» So saßen wir mit diesen Leuten zusammen, soffen und unterhielten uns über Elefanten. Als ich schließlich realisierte, wer mir da gegenübersaß, war ich so schockiert, dass ich mich gleich wieder nach Thailand aufmachte.

In Ubon Ratchathani nahe der kambodschanischen Grenze ging ich erst einmal für sechs Wochen in einen buddhistischen Tempel, um zu mir zu finden. Ich bin ein tiefreligiöser, ein sehr spiritueller Mensch. Keiner Kirche verpflichtet, nur meinem Glauben. Für mich ist Gott unter jedem Stein; aus allen religiösen und spirituellen Angeboten habe ich mir immer das für mich Passende herausgepickt. Die Selbstkasteiung im Tempel zu stundenlangen Gebetsgesängen brachte mir allerdings gar nichts. Offensichtlich bin ich nicht der Selbstfindungs-Yoga-Typ. Um das zu wissen, musste ich es aber einmal versucht haben. In meinem Leben habe ich vieles ausprobiert, auch das hat meine Persönlichkeit geformt.

Mein thailändisches Touristenvisum lief jeweils nach vier Monaten aus. Dann musste ich das Land verlassen, um mit neuem Passierschein wieder einreisen zu können. Meist besorgte ich mir das neue Visum bei der thailändischen Vertretung in Butterworth/Malaysia. Dorthin fuhr ich mit der Bahn, damit war ich allein schon eine Woche unterwegs.

Zu Hause in Berlin wusste oft keiner, wo ich mich gerade herumtrieb. Hin und wieder telefonierten wir. Das kostete 4,80 Mark die Minute; drei Minuten kosteten so viel wie zwei

Tage Essen für unsere Kinder. So habe ich in Fernost nicht nur egoistisch Zeit, sondern auch unser Familiengeld verbraten. In Laos drehte ein Freund von mir zu dieser Zeit eine TV-Dokumentation über Flussdelfine. Das interessierte mich, also bin ich mit. Natürlich machte ich mich dort auch über die Elefanten schlau, ihre Ausbildung und ihre Besitzer. So lernte ich, dass unterschiedliche Völker im selben Land ihre Tiere unterschiedlich ausbilden. In Südlaos, in der Gegend um Pakse herum, waren Laoten für die Elefanten zuständig, im Norden das Bergvolk der Khmu, von denen es etwa 500 000 gibt im Land.

In Vietnam blieb ich sogar neun Monate am Stück, mit meinem Freund Daniel an der Seite, den ich 1991 auf Koh Phangan kennengelernt hatte. Im Auftrag einer Organisation, deren Name mir nicht mehr einfällt, sollten wir in Vietnam die Elefanten in Menschenhand zählen und katalogisieren. Wir haben uns bemüht, ohne großen Erfolg allerdings. Abends saßen wir oft mit den Männern vom alten Elefantenvolk der Muong zusammen und lauschten ihren Geschichten.

N'Thu K'Nul gründete einst in der vietnamesischen Provinz Dak Lak das Dorf Bon Don, deren Männer berühmt waren für ihre Fähigkeit, Elefanten zu jagen und zu zähmen. 1861 fing N'Thu K'Nul sogar einen weißen Elefanten und schenkte ihn der königlichen Familie in Thailand, woraufhin ihm der König den Ehrentitel «Khunjunob» verlieh, «König der Elefantenjäger».

Die Muong, viele von ihnen sind Christen, gibt es auch in Laos und Kambodscha. Sie trainierten schon lange vor Christi Geburt Elefanten; die Techniken der Karen in Thailand oder Myanmar sind dagegen noch jung, etwa 300 Jahre alt.

Bei der Jagd auf Wildelefanten fingen die Thais und die Kambodschaner früher junge Tiere, kleinere Exemplare, um die zehn Jahre alt. Die wurden dann in Gehege getrieben, die sogenannten Krals. Die Muong hingegen ritten wie die Khmer in die wilden Herden hinein und fischten mit Schlingen Kühe und Jungtiere heraus. Zudem jagten sie die Einzelgänger, große Bullen, ab einem Alter von etwa zwanzig Jahren. Nach erfolgreicher Jagd brachten die Jäger die gefangenen Tiere auf eine Insel. Dort banden sie die wilden Bullen mit bereits gezähmten Elefanten zusammen und disziplinierten sie auf diese Art. Die Ausbildung dauerte gerade einmal vierzig Tage und zielte darauf ab, neue Jagdelefanten heranzuziehen und mit ihnen wieder Wildelefanten zu jagen. Denn die Muong lebten vom Handel mit den Tieren, sie waren begehrte Wertobjekte. Damals gab es für die Elefanten noch keine «Ausweispapiere», um Wilderei und Schmuggel einzudämmen, wie es heute der Fall ist.

Die Tiere, die nicht zur Jagd eingesetzt wurden, wurden nach Ceylon verkauft, ins heutige Sri Lanka also, oder nach Thailand. Zum Beispiel an Tempel, die Prozessionselefanten benötigten – der erste in der Prozession musste ein Stoßzahnträger sein. Wohlhabende Familien hielten Elefanten, um ihren Reichtum zu demonstrieren. Aber auch in Vietnam selbst gab es genügend Interessenten. Die letzte Kaiserdynastie, die bis 1945 an der Macht war, hielt Elefanten in der damaligen Hauptstadt Hue. Während des Vietnamkriegs schickten die Nordvietnamesen Transportelefanten auf den Ho-Chi-Minh-Pfad.

In Vietnam entdeckte ich eine Technik, die ich auch heute noch anwende. Elefanten sind in erster Linie Geruchstiere, der Geruchssinn ist von zentraler Bedeutung für ihre Kommunikation. Alle Elefanten weichen aus, wenn Elefantenscheiße im

Weg liegt, sie mögen ihren eigenen Kot nicht. Es sei denn, die Bullen schnuppern am Kot einer Kuh, um festzustellen, ob sie «heiß» ist. Die kleinen Kälber fressen den Kot sogar – sobald sie anfangen, feste Nahrung zu sich zu nehmen, müssen sie einen bestimmten Bakterienstamm aufbauen, und das geht nur über den Kot der Mutter.

Aus diesen Beobachtungen heraus entwickelten die Vietnamesen die Technik, Elefantenkot in Wasser aufzulösen, sich damit einzureiben und so schwierige oder nervöse Elefanten auf Distanz zu halten. Da ich mir aus allen meinen Reiseerfahrungen meinen eigenen Mix kreiert habe, mache ich das heute manchmal auch so. Ich reibe mich mit verdünntem Kot ein, wenn ich mit aggressiven Bullen oder unruhigen Kühen zu tun habe. Die Elefanten weichen sofort ein Stück zurück – das ist der Abstand, der mich schützt. Mache ich das vier oder fünf Mal und gehe dann wieder «sauber» zum Bullen, ist er im Normalfall nicht mehr so aggressiv. Aus reinem Eigennutz – er will verhindern, dass ich beim nächsten Mal wieder nach Scheiße rieche.

Bei unseren Erlebnissen in Vietnam waren nicht immer Elefanten im Spiel. In Hanoi wurden Daniel und ich verhaftet und ins Gefängnis verfrachtet, weil man uns für Spione hielt. Erst nach gut einer Woche löste sich der Verdacht in Luft auf. In meiner Zelle habe ich einmal mehr gemerkt, dass mir selbst diese extreme Form des Alleinseins nichts ausmacht. Kein Gespräch, kein Buch, das halte ich gut aus.

Der zweite Vorfall weckte in mir lebendige Erinnerungen an das Leben in der DDR. In Vinh, der Hauptstadt der Provinz Nghe An im Norden, sprachen wir eines Tages beim Chef des größten Holzkombinats vor. Wir wollten von ihm wissen, wie viele Elefanten für das Unternehmen arbeiteten, doch für den Typen waren wir Luft. Darauf war ich jedoch vorbereitet: Mein Vater Herbert hatte 1978 in Vietnam ein Stahlwerk aufgebaut und dafür den «Stern der Völkerfreundschaft» verliehen bekommen. Den Stern hatte ich jetzt zwar nicht dabei, aber die entsprechende Urkunde. Und die hielt ich dem Kombinatsboss unter die Nase. Von einer Sekunde auf die andere sprach der Holz-Kopf fließend Sächsisch; er war in Dresden ausgebildet worden. Von Stund an lief alles nach unseren Wünschen, und mir wurde wieder einmal klar, wie Kommunisten ticken, diese Spießer. Danach hatte ich auf so ein Programm keine Lust mehr. Erst 2012 bin ich wieder nach Vietnam gereist.

Während meiner Trips musste ich zwischendurch immer mal wieder nach Deutschland, um einige Wochen im Tierpark zu arbeiten. Danach ging es zurück auf Tour, auch innerhalb Europas. Ich hospitierte in verschiedenen Zoos, arbeitete auch dort mit Elefanten. In Moskau zum Beispiel bei meinem alten Freund Sascha. Eine spannende Zeit, auch für meine Leber. Vorrangig jedoch recherchierte ich in der UdSSR für die European Elephant Group (EEG)/Elefanten Schutz Europa e. V.; ihre Datensammlung zur Elefantenhaltung in Zoo und Zirkus gilt bis heute als weltweit größte zu diesem Themenkomplex.

Hospitieren durfte ich auch bei meinem wunderbaren Kollegen Martin Smith in einem der reichsten Zoos der Welt. Im Safari Park von Port Lympne in der englischen Grafschaft Kent lernte ich, was es heißt, Angst zu überwinden. Es gab dort zwei Bullen, beide waren brandgefährlich. Einer davon ein «Tusker», ein Stoßzahnträger also; der andere Bindu, ein Bulle aus Sri Lanka. Der war gut zu anderen Elefanten, doch leider hasste er Menschen. Das gibt es. Entsprechend seiner Philosophie förderte der Safari Park eine enge Beziehung zwischen Tieren und Pflegern. Eine riskante Philosophie. 1984 betrat ein junger Pfleger das Gehege und übersah Bindu. Der schlang seinen Rüssel um den 22-Jährigen, drückte ihn gegen ein Eisengitter und brach ihm das Genick. Einen weiteren Pfleger wollte Bindu mit dem Rüssel erdrosseln, das Opfer konnte sich gerade noch befreien. Danach galt der Bulle als Elefant der Gefahrenstufe 1. Martin und sein Kollege gingen dennoch jeden Abend in den Stall, um das Duo für die Nacht anzuketten. Eine Herausforderung, um die ich sie nicht beneidet habe. «Es ist Teil unseres Jobs», meinte Martin nur.

In Port Lympne gab es später, im Jahr 2000, noch einen weiteren Unfall, bei dem ein 27-jähriger Pfleger im Stall von einer indischen Elefantenkuh getötet wurde. Der Name der Dame: La Petite – die Kleine. Bindu ist seit 2004 Zuchtelefant im Kölner Zoo, mit 3,15 Metern Schulterhöhe der zweitgrößte in Europa lebende Bulle. Kein Pfleger betritt sein Gehege. Völlig unerwartet wurde Bindu in Köln allerdings friedlicher und zeitweise sogar zum Ruhepol der Herde.

In meinen Lehr- und Wanderjahren hätte ich auch Schwamm heißen können. Ich habe alles aufgesogen, was nur entfernt mit Elefanten zu tun hatte. Später sollten mir diese Erfahrungen enorm helfen. In meinem Beruf ist Praxis alles: Auge in Auge mit dem Tier lernen und das Gelernte dann anwenden. Meine wichtigste Erkenntnis aus dieser Zeit hat bis heute Bestand: Es reicht nicht, Fachidiot zu sein. Frei nach Hippokrates: Wer nur die Medizin kennt, der weiß nichts von

der Medizin. Wenn ich irgendetwas für die Elefanten erreichen will, darf ich sie nicht isoliert betrachten, sondern nur im
größeren Kontext. Als Teil der Gesellschaft und der Kultur, in
der sie leben.

1994 markierte die nächste gravierende Zäsur in meinem Leben: Ich verlor den Prozess gegen den Tierpark in letzter Instanz vor dem Bundesarbeitsgericht in Kassel. Ich hätte zwar
zum Europäischen Gerichtshof weiterziehen können, aber
da habe ich dann doch die Reißleine gezogen. Nach dem Urteil war ich fertig mit meinem Land. Vielleicht, so dachte ich,
musst du einfach mal weggehen aus Deutschland, um wieder-
kommen zu können.

Schon ein Jahr zuvor hatte ich mich mit einer Freundin an
einem Wettbewerb zum Thema Umwelt beteiligt, ausgelobt
vom Uhrenunternehmen Rolex. Mit meinem Konzept eines
Elefantenunternehmens in Thailand landete ich auf Platz fünf
oder sechs, dafür gab es immerhin 500 US-Dollar. Das Konzept
litt an zu viel Theorie – kein Wunder, es existierte ja auch nur
in meinem Kopf. Aber das sollte sich ändern.

ENDLICH: Zur Jahreswende 1994/1995 baute ich in Mae Win
im Norden Thailands ein Elefantencamp auf, mein Traum wurde wahr. In Thailand brauchst du für jedes Unternehmen einen
einheimischen Partner. Der hält 51, der Ausländer 49 Prozent.
Mein thailändischer Partner wurde Piak, ein junger Mann,
den ich 1992 in der Khao San Road in Bangkok kennengelernt
hatte. Er studierte zu der Zeit Musik, spielte in einem Klub
Schlagzeug und arbeitete zudem für den TV-Kanal Channel 7.
Ich erzähle ihm von meinen Plänen, in Thailand ein Elefan-

tencamp zu betreiben. Piak fragte mich: «Warum machst du es nicht da, wo die Elefanten sind?» Er kam aus dem kleinen Ort San Patong nahe Chiang Mai. So starteten Piak und ich zwei Jahre später «Elephant Special Tours». Piak gab seinen Job auf, wahrscheinlich hatte er da schon die Dollarzeichen in den Augen. Er brachte seinen Kumpel Dua als Partner mit, ich den Schweizer Daniel, der bis heute mein bester Freund ist.

Rückblickend war ich damals zu jung, zu blauäugig, irgendwie auch unbelehrbar. Die Rahmenbedingungen sahen völlig anders aus als heute. Das Internet gab es zwar schon, aber wegen seines geringen Tempos und mangelnder Reichweite noch lange nicht als Buchungsplattform. In handgeschriebenen Briefen an deutsche Reisebüros stellte ich mein Projekt vor, mit durchaus positivem Feedback. Doch ich wollte zu viel auf einmal, plante mit 30 Gästen vom Start weg.

Ich war Anfang 30 und auf die Thais angewiesen. Wir erwarben Land und bauten drei Bungalows, dann kam die Baubehörde und riss die Gebäude wieder ab – unser Land war Teil eines Nationalparks. Ich hatte mir von einem Freund 40 000 Mark geliehen; mit den Bungalows war dann auch das Geld weg. Und wenn das Geld weg ist, sind meistens alle weg, die mit einem Projekt zu tun haben.

«Glaubst du nicht langsam auch, dass Piak und Co. dich verarschen?», fragte mich meine Frau. Frauen haben da manchmal ein besseres Gespür als Männer, ich war eher der Typ «Wird schon gutgehen». Man kann sich auch sein Leben schönreden, darin bin ich fast so gut wie im Handmelken. Fehler haben wir damals alle gemacht, nicht nur Piak. Dennoch bleibt 1994 das offizielle Gründungsjahr unseres Unternehmens. Mangels Masse wurde die Firma zwar wenig später wieder geschlossen, aber mit den Lehren aus diesem Fehlschlag gründeten wir Elephant Special Tours im Jahr 2000 neu.

1995 blieb mir keine Wahl, ich musste zurück nach Deutschland. Von meinen Freunden und Bekannten erntete ich die entsprechenden Kommentare, und jeder war nun endgültig davon überzeugt, dass das Ende meiner Hirngespinste gekommen war. Ich mach ja auch kein Geheimnis draus, wenn etwas nicht geklappt hat. Zunächst tauche ich zwar ab, um den Nackenschlag zu verarbeiten. Aber dann brüll ich's raus in die Welt. Mein Traum lag in Trümmern und Asien in weiter Ferne. Diese Erkenntnis hätte mir schon vollkommen gereicht. Aber geschieden wurde ich auch noch. Mein Leben war für mich selbst schon anstrengend gewesen; für Beate war es so nicht mehr auszuhalten.

Meine Ehe war kaputt, was mir schwer zu schaffen machte. Aber es musste ja weitergehen. Unsere Kinder durften sich aussuchen, bei wem sie künftig bleiben wollten. Anja, damals 12, blieb bei der Mutter, der drei Jahre ältere Roger entschied sich für mich. Das überraschte mich, denn in dem Moment hatte ich weder Einkommen noch Wohnung. Nach dem Votum meines Sohnes blieben mir drei Tage Zeit, um in Berlin eine Unterkunft aufzutreiben. Davon erfuhr ein Herr Pilz, den Namen vergesse ich nicht. Er hatte tatsächlich eine Wohnung im Angebot. 90 Quadratmeter für meinen Sohn und mich, also viel zu groß, und mit tausend Mark Abstand auch viel zu teuer. Ich hab sie trotzdem genommen.

Nun war ich alleinerziehender Vater. Mit Roger schloss ich einen Deal: Solange du zur Schule gehst, bleibe ich in Deutschland und lege Asien auf Halde. Mein neues Wissen, in Fernost erworben, wollte ich stattdessen auf einen Zoo in Reichweite übertragen. Aber meine Kenntnisse waren nicht gefragt. In Berlin kriegte ich keine Stelle mehr und auch anderswo nicht. Nach dem Prozess war ich in meiner Branche als Rebell verschrien.

Also schlug ich mich halt so durch, lebte mal von Arbeitslosengeld, mal von Sozialhilfe, meist von zwei oder drei Gelegenheitsjobs gleichzeitig. Ich malochte 14 Stunden am Tag, schnitt Bäume, schraubte Küchen, transportierte Möbel, spielte für Kinder im Verkehrsgarten Berlin den Polizeimeister. Mein dortiger Chef meinte: «Bodo, du bist großartig. Absolut verlässlich, aber vielleicht doch nicht die ideale Besetzung.» Ich wusste, was er meinte. Wenn die Kinder mal falsch abbogen oder meine Geduld anderweitig testeten, platzte ich fast: «Sagt mal, habt ihr sie noch alle?!» Und das mit einer Stimme, der nachgesagt wird, sie könnte mittelgroße Frachter in einen Hafen geleiten. Vielleicht bin ich tatsächlich nicht der geborene Kindergärtner.

Irgendwann erhielt ich das Angebot, im Rotterdamer Zoo zu arbeiten. Für meinen Sohn hätte das einen Schulwechsel bedeutet, und wir hätten unser vertrautes Umfeld verloren, unseren Freundeskreis. Meine Tochter hätte mich nur noch selten gesehen – ich hatte ja nicht nur ein Kind, sondern zwei! Da ist es nicht so einfach mit der Mobilität. Wir sind ja keine Amerikaner, die können das besser.

In der Zwischenzeit hatte ich Lia kennengelernt, die später meine zweite Frau werden sollte. 1998 ging mein Sohn als Austauschschüler für ein Jahr in die USA. Ich brachte ihn zum Flughafen. Am selben Tag zog Lia bei mir ein.

Ring frei für mein nächstes Leben.

«Die Menschen aus dem Westen und wir aus dem
Osten haben eine unterschiedliche kulturelle DNA,
unterschiedliche kulturelle Werte, und unsere nationalen
Psychen trennt ein ganzer Ozean.»

Voranai Vanijaka, Bangkoker Journalist und Dozent

Kapitel 7 Alles auf Anfang in Mae Sapok

1999 kehrte ich, nun mit Lia an meiner Seite, nach Thailand
zurück. Nach Mae Sapok, eine Fahrstunde entfernt von Chiang
Mai, dem wirtschaftlichen und kulturellen Zentrum im Norden
des Landes. Die «Rose des Nordens», wie die Stadt genannt
wird, zieht Jahr für Jahr mehr Touristen an. Trotz zuneh-
menden Verkehrs wirkt der Ort noch immer wie eine große
Kleinstadt. Als Gegenentwurf zum Moloch Bangkok besticht
sie durch einen eher entspannten Lebensrhythmus, freundliche
Bewohner und reichlich Natur in der nahen Umgebung. Quali-
täten, die Reisende mögen – die Leser des Magazins *Travel and
Leisure* wählten Chiang Mai 2017 zum Städteziel Nr. 1 in Asien.

Doch unser Leben sollte sich in Mae Sapok abspielen, ei-
nem Dorf mit damals etwa 1000 Einwohnern, in einer anderen
Welt. 500 Meter hoch am Rande des Doi-Inthanon-National-
parks gelegen, ist es immer ein paar Grad kühler als in Chiang
Mai. Die White House Lodge kannte ich bereits seit 1994. Sie
sollte das Quartier für uns sowie für kommende Gäste unseres
Elefantencamps werden. Im Jahr 2000 unterschrieb ich den
Mietvertrag für die Lodge – den großzügigen Ausblick über die
Reisfelder hinweg ins Tal genieße ich noch heute.

Das eigentliche Naherholungsgebiet von Chiang Mai liegt im Tal von Mae Sa, im Vorort Mae Rim. Viel näher am Flughafen, viel bequemer zu erreichen für jeden Touristen. Warum entschieden wir uns dann für Mae Sapok? Warum gerade für diese Lodge? Weil in Mae Sa ganz andere Preise aufgerufen wurden. Wir konnten uns selbst das preiswertere Leben in Mae Sapok kaum leisten. Lia und ich hatten zusammengeworfen und kamen auf 5000 Euro Startkapital. Die Lodge kostete 50 000 Baht Miete, 1250 Euro. Im Jahr! In den drei Zimmern wollten wir auf Dauer bis zu sechs Gäste gleichzeitig unterbringen. Zunächst aber bezogen Lia und ich ein Zimmer, und es sollte noch Jahre dauern, bis wir wirklich mal sechs Gäste zur selben Zeit da hatten.

Wenn auch dem Namen nach eine Lodge, so war es doch eine sehr einfache Unterkunft. Unser Angebot sollte in jeder Hinsicht stimmig sein, und das war es auch. Zu uns würden Leute kommen, um in engem Kontakt mit Elefanten in Thailands Natur einzutauchen. Sie erwarteten weder eine Nobelherberge noch Fünf-Sterne-Komfort.

Zunächst aber hatten wir nicht einmal genügend Geld, das Haus gescheit einzurichten. Schrank und Bett für unser Zimmer mussten reichen, ein anderer Raum wurde notdürftig als Büro hergerichtet. Als wir fünfzig Meter Straße finanzieren sollten, damit das Essen zu unserer Lodge nicht immer durch den Schlamm getragen werden musste, brachten wir das benötigte Geld nur mit Mühe auf und verbanden das Ganze mit einem Wettbewerb für die Schulkinder des Dorfes: «Wer malt das schönste Elefantenbild auf die Außenmauer unserer Lodge?», lautete die Aufgabe. Bis heute empfangen die Kinderbilder unsere Besucher, wenn sie sich der Lodge nähern.

Zuversicht und Zweifel waren bei der Rückkehr nach Thailand Teil meines Gepäcks. Zweifel, weil ich schon einmal gescheitert war – nicht als Elefantenmann, aber als Unternehmer. Nüchtern betrachtet, war ich allerdings auch in Deutschland gescheitert. Sonst hätte ich nicht vier Jahre lang als Hilfsarbeiter malochen müssen. Irgendwann wäre ich sicher wieder in meinem angestammten Job als Elefantentrainer gelandet, aber ich wollte ja unbedingt nach Asien. Der Traum, den die Postkarte des Schweden vor gut zehn Jahren in mir geweckt hatte, war lebendiger denn je.

Thailand plus Elefanten schien mir eine reizvolle Kombination zu sein, sie befeuerte meinen Optimismus. Ich war mir sicher, dass es Menschen gab, die diese wunderbaren Tiere in ihrer angestammten Umgebung erleben wollten. Um irgendwann verwundert festzustellen, dass sich die Giganten elegant und unwiderstehlich in ihr Herz geschlichen hatten. Meinen Vertrag hatte ich nicht vergessen: Ich wollte dafür Sorge tragen, dass es den Elefanten gut erging in meinem Camp, und Touristen sollten das Projekt finanzieren.

Thailand war seit den achtziger Jahren eines der beliebtesten Fernziele deutscher Urlauber. Tropische Temperaturen, Bilderbuchstrände, mit Palmen garniert, freundliche Menschen. In jener Zeit konkurrierte das Königreich noch mit Destinationen wie Venezuela in Lateinamerika oder Gambia (all inclusive!) in Westafrika. In Asien war neben Thailand nur Bali angesagt. Allein Rucksacktouristen oder Abenteurer trauten sich nach Laos, Kambodscha, Malaysia, Vietnam. In Myanmar hielt die Militärdiktatur Fremde auf Distanz.

In Thailand lagen die Touristen am Strand von Koh Samui oder Phuket; begleitend studierten sie vielleicht noch Bangkok bei Tag und bei Nacht. Im Laufe der neunziger Jahre kam als populäres Ziel Chiang Mai hinzu. Einst Mittelpunkt des Königreichs Lan Na («Land der Millionen Reisfelder»), warb Chiang Mai mit mehr als 300 buddhistischen Tempeln sowie Trekkingtouren in die Dörfer der Bergvölker, der Hmong, Yao, Lisu, Lahu, Akha und Karen.

Auf dem Siegel der weitläufigen Provinz Chiang Mai prangte ein weißer Elefant, das nahm ich als gutes Omen. Bei meinem neuerlichen Anlauf, «Elephant Special Tours» als Unternehmen zu etablieren, war ich besser vorbereitet als fünf Jahre zuvor. Inzwischen sprach ich genügend Thai, um mich in meiner Wahlheimat zu verständigen. Auf dem Land konnte ich nicht erwarten, dass die Menschen Englisch sprachen. Erst recht nicht von meinen künftigen Partnern, den Karen. Die Elefantenmänner sprachen (und sprechen heute noch) ein eigenes Idiom – Thai ist ihre erste Fremdsprache. Seltsamerweise geben sie den Elefanten ihre Kommandos jedoch auf Thai.

Ich brachte zwar einiges an Erfahrung mit, blieb jedoch ein Lernender. Ich wollte wissen, was die Welt der Elefanten und der Elefantenmänner im Innersten zusammenhält. Die Bedürfnisse der Karen und ihrer Elefanten waren so konträr zu dem, was ich wusste und kannte – diesen Graben musste ich überwinden. Ohne die Karen ging nichts – sie stellten die Tiere und die Mahuts.

Wir Westler sind geprägt von dem, was uns Eltern, Schule, das soziale Umfeld und eventuell die Kirche vermittelt haben. Kultur und Mentalität Thailands sind davon viel weiter entfernt als die grob 9000 Kilometer Luftlinie. Viel weiter auch, als Urlauber das bei ihrer Stippvisite mitbekommen können.

Das gilt erst recht für das dörfliche Leben im Norden und die Lebensweise der Karen. Auf meinen Asienreisen war mir immer wichtig zu wissen: Wie geht es den Einheimischen? Wovon leben sie, was macht sie als Menschen aus? Was kostet der Reis, was essen sie sonst noch? Worüber lachen sie? Wenn du bei den Karen zu Gast bist und sagst: «Sorry, aber das da mag ich nicht und dies hier vertrage ich nicht», kriegst du nie Zugang zu ihnen. Geh in die Familien. Schau dir an, wie die Menschen, mit denen du leben willst, mit ihren Eltern umgehen, ihren Kindern, ihren Frauen, ihren Männern.

Das Lebensgefühl der Karen wird geprägt vom historisch gewachsenen Empfinden, unerwünscht zu sein, heimatlos. Die ersten Karen kamen im 18. Jahrhundert aus dem nahen Burma über die Grenze nach Thailand. Dort stellen sie heute mit etwa 500 000 Menschen die größte ethnische Minderheit. Viele von ihnen leben in überfüllten Flüchtlingslagern, in den Auffangbecken für jene Karen, die über Jahrzehnte vor den Verfolgungen durch die Myanmar-Militärs geflohen waren, oft vor Zwangsarbeit, Vergewaltigung, Mord.

Doch auch in Nordthailand bleiben die Karen Außenseiter und in ihren Dörfern gerne unter sich. Ihre Kinder lernen meist erst in der Schule Thai – als Fremdsprache! Deshalb habe ich meinen Karen-Leuten immer geraten: Schickt eure Kinder in Thai-Kindergärten, damit sie dort die Sprache lernen. Sonst sind sie in der Schule vom ersten Tag an im Hintertreffen.

Schon immer waren die Karen-Völker geschickte Züchter von Büffeln, Schweinen und Hühnern, von Hunden sowieso – Eigner und Züchter von Elefanten wurden sie erst im 18. Jahrhundert. Sie haben nie gerne für die Thais gearbeitet, denn von denen wurden sie immer traktiert. Die Engländer hingegen schätzten die Elefantenmänner in Kolonialzeiten, weil sie gut mit den Tieren umgingen. Für die Karen sind die Elefanten Familienmitglieder, wie Brüder oder Schwestern.

Das Wort «Karen» ist eine englische Sprachschöpfung. Dahinter verbirgt sich keineswegs eine homogene Gruppe, wie fünfzehn unterschiedliche Sprachen bezeugen. Die Roten Karen zum Beispiel können sich mit den Weißen Karen nicht verständigen, das «Rot» und «Weiß» bezieht sich auf die Farben ihrer traditionellen Kleidung.

Ahnenkult, der Glaube an Geister und eine beseelte Natur bestimmen das Weltbild der Karen, das sie mit vielen Völkern in Südostasien teilen. Es gibt Christen unter den Karen, missioniert durch amerikanische Baptisten, überwiegend natürlich Buddhisten, in deren Nachbarschaft sich die Geister jedoch mühelos behaupten. Meine Devise ist: Über zwei Sachen streitet man nicht – über die Bratwurst aus Thüringen und über die Religion. Damit meine ich nicht Kirche oder Tempel, sondern das, was wir im Herzen tragen.

Anders als ihre Geschlechtsgenossinnen im Westen mussten die Karen-Frauen für ihre Gleichberechtigung nie kämpfen; das Oberhaupt einer Familie ist stets deren älteste Frau. Den Dorfvorsteher immerhin stellen die Männer. Ihnen obliegt auch die Erziehung der Kinder ab dem dritten Lebensjahr, da die Frauen in diesem Rhythmus wieder schwanger werden und sich um das Neugeborene kümmern. Befreit von der Erziehung des Nachwuchses sind die Mahuts, die Elefantenführer, die mit ihren Tieren inzwischen ganzjährig irgendwo im Einsatz sind, manchmal bis zu 300 Kilometer entfernt. Genau diese Umstände erschweren heute das Gründen einer Familie und ein gemeinsames Leben mit Frau und Kind. Wenn Karen untereinander heiraten, muss der Mann nach der Hochzeit ein Jahr bei den Schwiegereltern wohnen, erst danach gilt die Ehe als vollzogen. Erst dann können sich die Eltern der Braut halbwegs sicher sein, dass der Schwiegersohn ein guter Charakter ist und weder Säufer noch Hallodri. Das wäre doch mal eine Regelung für Europa! Ein Jahr kann allerdings ziemlich lang sein.

Eine meiner ersten Lektionen war, dass «feststehende Besitztümer» wie Land oder Häuser den Frauen zustehen, die Immobilien also. Sie werden auch auf die Töchter vererbt. Bewegliche Güter aber wie Büffel, Elefanten oder Autos gehören den Männern und werden auf die Söhne vererbt. Der Hintergrund: Die Frauen sind ortsgebunden, die Männer unterwegs, vor allem als Mahuts. Wenn eine Familie zwei arbeitende Elefanten besitzt, aber sechs Söhne, wird das von den Elefanten erwirtschaftete Einkommen durch sechs geteilt. In den letzten Jahren allerdings stieg die Zahl der Camps und so auch der Bedarf an Elefantenführern. Mit den Angeboten wuchsen Lohn und Begehrlichkeiten. Mancher Mahut verdient heute 40 000 oder gar 50 000 Baht im Monat, etwa 1300 Euro. Das ist viel Geld in Thailand und erst recht für einen Karen. Inzwischen sind deren Familien kleiner, aber auch schneller zerstritten, weil heute mehr und schneller Geld verdient wird. Und auch wieder ausgegeben – Vorsorgedenken ist nicht der Lieblingssport der Asiaten.

Dass ich mich auf die Karen als wichtigste Partner einlassen musste, bedeutete nicht, dass ich lebte wie sie oder alles gut fand. Im Gegenteil. Ich hatte schon mein eigenes Urteil. Und das war oft konträr zu dem, was die Karen für richtig hielten. Wie sollte es auch anders sein bei unserem unterschiedlichen Hintergrund? Wichtig war nur, dass ich immer versuchte, ihre Handlungen und Motive zu verstehen. Fehler auf beiden Seiten waren erlaubt, aber keine Lumpereien.

Keiner hatte mich mit vorgehaltener Waffe gezwungen, mein Glück und meine Berufung in Thailand zu finden. Daher wäre es mir nie in den Sinn gekommen, die Denk- und Lebensweise der Thais zu kritisieren oder gar zu verurteilen. Ihre Art von Logik etwa, die oft das Gegenteil von dem ist, was wir für logisch halten. In Thailand kann eine Aussage durchaus zugleich «richtig» und «falsch» sein. In unserer westlichen Kultur heißt es immer Entweder-oder; das Sowohl-als-auch der Asiaten, das Mehrdeutige irritiert uns. Je unübersichtlicher die Welt wird, umso mehr sehnen sich viele Menschen nach einfachen Botschaften, nach Eindeutigkeit. Ambivalenz ist ihnen suspekt. Auch Thailands Politik folgt, als Konsequenz einer völlig anderen Historie und Kultur, ganz eigenen Mustern.

Thailand, das Land des Lächelns – ein populäres Klischee, das sehr oft stimmt und manchmal auch nicht. Nach außen muss die Harmonie gewahrt bleiben, daher haben die Thais ein eigenes Lächeln für jede Empfindung. Hinter einem freundlichen Gesicht können sich sehr wohl Zorn, Verlegenheit oder Geringschätzung verbergen. Bei uns in Europa gilt die Liebe als emotionales, romantisches Ereignis – in Thailand geht es eher darum, dass die Partner füreinander sorgen: Statt «I love you» hörst du eher «I take care». Auch in Deutschland kamen Romantik und freie Partnerwahl erst mit wachsendem Wohlstand.

Im Westen fragen die Kinder den Erwachsenen mit ihrem

ewigen «Warum?» ein Loch in den Bauch. Und hinterfragen auch als Erwachsene alles Mögliche. Die Thais aber suchen nicht ständig nach Gründen. Was sie mögen, tun sie öfter; was sie nicht mögen, versuchen sie zu vermeiden. Sanuk – die Freude am Leben – hat Priorität. In Fernost steht das Bemühen um Harmonie im Zentrum und nicht die Lust an der Auseinandersetzung. Offene Aggressivität, Anschreien gar, führt schnell zu unverzeihlichem Gesichtsverlust – auf beiden Seiten. Die Farang, die weißen Ausländer aus dem Westen oder aus Australien, sind und bleiben Gäste. Und Gäste sollten sich benehmen können. Das Miteinander der Thais ist jedoch keineswegs eine Oase der Friedfertigkeit. Da negative Gefühle nicht gezeigt werden dürfen, steigt der Druck im Kessel. Manch ein Streit explodiert, weil sich zu viel aufgestaut hat – eindrucksvoll dargestellt in den täglichen Seifenopern im Fernsehen.

Unter diesen für mich ungewohnten Voraussetzungen musste ich relativieren, wer ich war und was mich ausmachte. Niemand hinterfragt gerne seine Identität oder vergisst sie gar mal kurz ganz. Aber ich wusste, dass meine Überzeugungen und Wertvorstellungen in meiner Wahlheimat nicht das Maß der Dinge waren. Zugleich war ich für meine Mitstreiter der Arbeitgeber und Unternehmenschef. Wollte ich mehr als nur Akzeptanz, musste ich die Welt der Karen in meine integrieren und umgekehrt. Wie bei den Elefanten, so sollte auch im Umgang mit allen meinen Partnern Vertrauen Trumpf sein – und das in beiden Richtungen.

Als ich damals nach Mae Sapok kam, kannte mich dort keiner. Von Beginn an habe ich versucht, komplexer zu agieren als die meisten anderen Ausländer. Dazu gehörte es, Respekt gegenüber meinem Gastland und seinen Gesetzen zu zeigen. Natürlich wollte ich auch genügend Geld verdienen, um hier gut zu leben. Nicht wenige Expats bezifferten meine Chancen mit 10:90. Wie oft haben mir ein paar Schwachköpfe zugerufen: «Wie, du zahlst Steuern? Wie blöd ist das denn!» Von diesen Leuten sehe ich heute nicht mehr so viele. Ich habe nicht nur Steuern für die Firma bezahlt, sondern auch die Lohnsteuer für meine Mitarbeiter und eine Betriebsrente bei längerer Zugehörigkeit.

Mit meinem ganzheitlichen Ansatz ging es mir nie nur um Gewinnmaximierung. Unsere Mitarbeiter und die Dorfbewohner sind Teil meiner Reise. Unsere Lebensmittel und die Dinge des täglichen Bedarfs kaufen wir im Dorf. Wir feiern mit den Leuten ihre traditionellen Festivitäten, wir tauschen uns ständig mit den Behörden aus, wir beteiligen uns maßgeblich an der sozialen und infrastrukturellen Entwicklung in unserer Region – auch das ist eine Form von Nachhaltigkeit.

2004 haben wir das Schulprojekt im Ortsteil Pamon von Mae Sapok unterstützt. Das Satellitendorf, gegründet Anfang der Neunziger, bestand aus zehn Hütten. In Thailand gilt Schulpflicht, und die Schulen werden vom Staat durchaus unterstützt. In vielen Fällen aber sind sie weit entfernt von den kleineren Dörfern, sodass die Kinder auf eine Art Internat gehen müssen. Die Kinder der Karen aber wollten ihre Familien nicht verlassen. Also haben wir eine eigene Schule gebaut, mit ganz einfachen Mitteln. Ein Landwirtschaftsprojekt, gegründet vom 2016 verstorbenen König Bhumibol, steuerte 30 000 Baht bei und ich 10 000.

Wir kauften Sauerstoffflaschen fürs örtliche Krankenhaus, sponserten Wettbewerbe für traditionellen thailändischen

Tanz und finanzierten den Sprit für die Dorfbewohner, wenn sie zu Demonstrationen nach Bangkok fuhren. Ich mag ungewöhnliche Wege, manchmal war ich auch dazu gezwungen, solche Wege einzuschlagen.

Fußball ist in Thailand enorm populär, und so unterstützten wir schon früh unsere Dorfmannschaft. Da ich meist selbst um meine Existenz kämpfte, musste ich kreativ sein, um dem Team Gutes tun zu können. So schmuggelte ich bei meinen Deutschland-Trips in einer Art Gallone, Lao Dong genannt und eigentlich für den Transport von Gemüse gedacht, zehn Liter Lao Khao nach Deutschland. Lao Khao könnte man mit «Weißer Spirit» übersetzen, treffender noch mit «Weißer Sprit» – dabei ist das Gesöff klar und farblos. Lao Khao wird aus fermentiertem Reis gewonnen. Im Gegensatz zum japanischen Reiswein Sake, der drei bis zehn Jahre in Eichenfässern reift, wird Lao Khao bereits nach gut drei Tagen in Flaschen abgefüllt. Man kann ihn mit Gewürzen versetzen wie Knoblauch oder Chilipfeffer, aber in den Flaschen stecken auch mal tote Skorpione oder tote Schlangen als Geschmacksverstärker.

Das verletzt den Tierschutz, der Geschmack des Getränks hingegen attackiert die Menschenrechte. Während jahrelanges Reifen dem Alkohol das strenge Aroma nimmt, bleibt dem Lao Khao dieser Prozess erspart. Dank seiner flotten Herstellungszeit und trotz der nur 30 Prozent Alkoholgehalt entfaltet er einen Geschmack, der dem gemeinen Europäer die Tränen in die Augen treibt. «Der erste Schluck schmeckt scharf und zugleich süß», schrieb ein Kenner, «doch schnell schlägt der Alkohol zu, angereichert durch einen Hauch von Diesel. Die Kehle brennt, und das deutlich länger als erwartet, dann haut der Drink durch bis in die Nasenlöcher.» 60 Prozent der Thais bezeichneten laut Umfrage den Lao Khao als bevorzugtes Getränk ihrer Wahl – was immer das heißt. Mit diesem feinen Stöffchen also kreuzte ich in meiner Berliner Stammkneipe auf. Jeder meiner Freunde bis hin zu flüchtigen Bekannten musste für zwei Euro einen Lao Khao trinken. «Es geht um das Sponsoring unserer Dorfmannschaft», sagte ich, «da zählt nicht die Rede, da zählt die Tat.» Das Zeug schmeckte so furchtbar, dass einige freiwillig drei Euro anboten, um den direkten Kontakt zu vermeiden. «Unsere Dorfkicker sind stolz und keine Bettler», sagte ich zu den Drückebergern, «hier geht es um eine konkrete Gegenleistung.» Die Wirkung des Schnapses passte prima zum Namen meiner Stammkneipe – sie hieß «Bumerang».

Nach meiner Rückkehr liefen unsere Kicker mit einheitlichen T-Shirts auf; auf der Brust prangte der Schriftzug «Elephant Special Tours». Tongsuk, der damalige Kapitän und Regisseur, ist heute in unserer Firma Abteilungsleiter. Das Trikot wäre ihm inzwischen zu eng; mittlerweile trägt er Wampe.

«Der hastige, alles erzwingende Wille des Europäers
ist dem ruhigen, alles vom Zufall erwartenden Gleichmut
des Tropenbewohners schnurstracks entgegengesetzt.»
Alexander von Humboldt

Kapitel 8 Elephant Special Tours: Was für ein Start!

Noch heute bin ich meinem Gastgeberland dankbar, dass es mir die Chance gab, mit spärlichen Eigenmitteln ein Unternehmen aufzubauen. Der Rest war Kampf, aber das ist normal. Wenn ein Thai heute mit 5000 Euro nach Deutschland käme, um in Bayern eine Pferdefarm zu gründen, bekäme er nicht einmal ein Touristenvisum. Dafür wäre eine Einladung von deutscher Seite nötig, eine Versicherung für die Dauer des Aufenthalts und eine finanzielle Garantie seitens des Einladenden. Um dauerhaft in Deutschland leben zu dürfen, müsste ein Thai die deutsche Sprache büffeln und Fragen zur deutschen Geschichte beantworten. Ich bin mir nicht einmal sicher, ob jeder Deutsche die fällige Prüfung bestehen würde.

«Geld gibt einem Sicherheit, aber keine Perspektive», sagte der frühere Nationaltorwart Oliver Kahn einmal, als er zum Ende seiner großartigen Fußballkarriere nach seinen Zukunftsplänen gefragt wurde. Bei Lia und mir war es umgekehrt: Unsere 5000 Euro gaben uns keine Sicherheit, aber eine Perspektive.

Mit der Lodge hatten wir eine Bleibe, aber noch fehlten die thailändischen Geschäftspartner und die Elefanten. Mir war klar, dass ich mit der Mentalität eines deutsch-bürokratischen

Erbsenzählers in Asien nicht weit kommen würde. Immerhin hielt ich es für sinnvoll, das Unternehmen Schritt für Schritt aufzubauen. Was für einen Europäer normal ist, versteht der Thai nur schwer: das Methodische, das Nachhaltige. Erst das Fundament, dann die Zufahrtsstraße. Doch über die Jahre konnte ich alle für mein Vorgehen begeistern. Noch immer blieb die Wahl der einheimischen Partner der wichtigste Schritt. Sie halten nicht nur mindestens 51 Prozent am Unternehmen – sie können den Unterschied ausmachen zwischen Gelingen und Scheitern. Als Ausländer brauchst du in deiner Firma Persönlichkeiten, die bei der örtlichen Bevölkerung Ansehen genießen und Probleme von Angesicht zu Angesicht klären können. Wenn in Thailand die richtige Person an der richtigen Stelle eingreift, traut sich keiner mehr, etwas dagegen zu sagen.

Das Land ist außerordentlich hierarchisch, das äußert sich schon in der Begrüßung: Zusammengelegte Handflächen, geneigte Stirn – den thailändischen Gruß kennen viele Urlauber. Der Wai, wie er genannt wird, ist ein Akt der Höflichkeit und des Respekts; je tiefer die Stirn und je höher die Position der Finger, desto größer das Ansehen des Gegenübers. Der Farang aber, der weiße Ausländer, betritt mit dem Wai ein Minenfeld. Viele Touristen grüßen zum Beispiel mit einem Wai zurück, wenn sie vom Personal eines Restaurants begrüßt werden – ein Fauxpas, den die Thailänder mit einem Lächeln übergehen, sie wissen ja, dass es gut gemeint ist.

Die Thai-Etikette erwartet vom Ausländer in diesem Fall nur ein knappes Kopfnicken. Ansonsten entscheiden Status und Alter darüber, wer wen zuerst grüßt und wer wie tief die Stirn senkt. Der Jüngere grüßt den Älteren – das kann man sich noch merken. Der Untergeordnete grüßt den Höherstehenden, da wird es schon kniffliger. Einen Westler begrüßen die Thais beim Kennenlernen im normalen Alltag meist mit einem hohen Wai, da befinden sich die Handflächen auf Höhe der Nase oder der Stirn. Stellen sie jedoch fest, dass sie den Fremden überschätzt haben, grüßen sie bereits tags darauf mit einem gleichrangigen Wai – da sind die Hände dann in Richtung Kinn gerutscht. Gepflegte Kleidung und Höflichkeit des Farang spielen eine Rolle sowie sein Verhalten generell. Und wenn die Einheimischen den Ausländer partout nicht einschätzen können, fragen sie nach: Beruf? Position? Gehalt? Alter? Verheiratet? Kinder? Sie müssen einfach wissen, in welche soziale Schublade er passt.

Auch mir blieben Lektionen in Sachen Mentalität nicht erspart. 1999 lief ich in Bangkoks Khao San Road zufällig in einen alten Bekannten hinein: Dua. Er hatte 1994/95 beim missglückten ersten Anlauf zusammen mit seinem Freund Piak den thailändischen Teil meiner Firma abgedeckt. Nun einigten wir uns darauf, einen zweiten Versuch zu wagen. Logisch begründen konnte ich diesen Schritt nicht so recht – ich ging wohl davon aus, dass wir beide aus gemachten Fehlern gelernt hatten.

Dua kam aus dem Süden Thailands; die Tai Yuan, die Nordthais also, mögen die aus dem Süden nicht. Ich habe in diesem Moment völlig unterschätzt, wie sehr sich Dua und die Nordlichter unterschieden, sowohl im Wesen als auch in der Sprache. Für mich hörte sich alles an wie Thai, doch Süd und Nord sprechen unterschiedliche Dialekte. Aber Dua war jetzt Partner und zugleich Angestellter; er schlief in der Lodge im Büro. Rechtssicherheit war für mich nicht einmal dann garan-

tiert, wenn ich mit meinen Angestellten Arbeitsverträge auf
Thai und auf Englisch abschloss. Mit den Mahuts, die ich inzwischen fürs Camp engagiert hatte, machte ich eh nur Hand-
schlagverträge, jeweils für ein Jahr. Das ging lange Zeit gut.
Später habe ich es mit Drei-Jahres-Verträgen versucht. Doch
wenn ein Mahut einem besseren Angebot erliegt, haut er auch
nach drei Monaten schon ab. Eine Klage vor einem thailändischen Gericht würde Zeit, Geld und Nerven kosten und
nichts bringen.

Endlich konnte ich mich um Elefanten kümmern. Eine erfahrene Kuh kostete zwischen 500 000 und 600 000 Baht (damals zwischen 12 500 und 15 000 Euro). Es sollte für uns noch
lange illusorisch bleiben, einen Elefanten zu kaufen. Daher
mieteten wir die Tiere für ein Jahr, auch hier per Handschlag.
Vom Start weg arbeitete ich eng mit der Tomali-Familie zusammen, einer echten Elefanten-Dynastie. Von den Tomalis
bekam ich die älteren Kühe Mae Mo und Mae Tha. Dazu eine
siebenjährige Kuh, deren Namen ich vergessen habe, und zwei
Kälber.

Bezahlen musste ich nur die beiden erwachsenen Tiere, sie
kosteten je 5000 Baht pro Monat (damals etwa 125 Euro) und
sollten unsere Gäste durchs Gelände tragen. Ihre Kälber liefen
mit den Müttern mit und waren somit versorgt. Auch die Siebenjährige kostete uns außer dem Futter nichts. Sie war für
Shows ausgebildet worden; in meinen Planungen spielte sie
vorerst keine Rolle.

Zur Jahrtausendwende ritten die Touristen auf Thailands Elefanten ausschließlich im Korb. In Chiang Mai, auf
Koh Samui und anderswo trotteten die Tiere in der Saison
manchmal zehn bis zwölf Stunden am Tag im Kreis. Im Korb

schaukelten die Gäste mit, so war es auch in den drei Camps in unserem Tal. Wollte ich eine wirtschaftliche Chance haben als Frischling, als Weißer, als Außenseiter, musste ich mich von der Konkurrenz unterscheiden. Zudem wollte ich den Thais nicht mit ihren eigenen Methoden ein Stück vom finanziellen Kuchen klauen. Deshalb plante ich vom Start weg, meine Gäste in den Nacken der Tiere zu setzen. Da konnten meine Wettbewerber nicht mithalten.

Meine Überlegungen beginnen immer beim Elefanten. Was kann ich ihm zumuten, ohne ihn zu überfordern? Wie lasse ich ihm genügend Freiheit und Erholung? Für die Tiere ist das Gewicht im Nacken kein Problem; genügend Pausen würden sie bekommen. Erst zum Schluss denke ich darüber nach, was für meine Gäste kompatibel ist.

Reiten im Nacken hatte vor mir noch keiner angeboten. Wieder einmal erntete ich bei Freunden und Bekannten ungläubiges Staunen oder auch Heiterkeit. Völlig unberechtigt waren diese Reaktionen nicht. Ich hatte den Zweiflern nur meinen grenzenlosen Optimismus entgegenzusetzen.

Noch immer hatte ich keine Antwort auf die Frage gefunden: Wie um Himmels willen kommen meine Gäste hoch auf die Elefanten? Im Tierpark Berlin hatte ich von Sascha gelernt, übers Bein aufzusteigen; so hatte er das in Laos gesehen und übernommen. Die Karen waren für diese Methode offenbar zu faul. Sie lehrten die Kühe, den Kopf zu senken, anschließend sprangen ihnen die Mahuts in den Nacken. Die Bullen konnten wegen der Stoßzähne den Kopf nicht bis zum Boden neigen; sie legten sich nach dem entsprechenden Kommando hin. Mir schien die Version des Aufspringens aus Gästesicht erst einmal am praktischsten.

Und so machen wir es heute noch. Der Elefant senkt den riesigen Schädel, der Gast hüpft in den Nacken, der Elefant hebt mit dem Kopf auch den Gast. Der sitzt allerdings erst einmal gegen die Laufrichtung, muss in luftiger Höhe drehen. Keine einfache Übung. Aber den meisten bereitet die Technik mit ein wenig Übung keine Probleme. In der finalen Sitzposition liegen die Beine hinter den Ohren des Elefanten, die Knie zeigen nach vorn. Eine Art Dreieck – anstrengend, aber stabil. Nach dem ersten Ritt klagen viele über Muskelkater – das Dreieck beansprucht Muskelpartien, deren Existenz den meisten Reitern bis dahin nicht bekannt war.

Die Elefantenkühe Mae Mo (um die 55 Jahre alt) und Mae Tha (40) waren erfahren und ausgebildet – allerdings für die Arbeit im Wald, wo sie 15 Jahre lang Baumstämme bewegt hatten. Im Gelände zu laufen war hingegen neu für sie, erst recht im thailändischen Mittelgebirge – die Ausläufer des Himalaya reichen bis hierher. Die Tiere mussten in unserer Gegend Flüsse durchqueren können, selbst bei Hochwasser. Unsere Hochsaison begann Anfang Oktober, zum Ende der Monsunzeit, und die verabschiedete sich mit oft kräftigen Güssen. Meinen Gästen aber konnte ich nicht sagen: Heute regnet's, das Wasser steht hoch, da bleiben wir mal schön im Camp und legen eine CD ein.

Natürlich können Elefanten im Gebirge laufen oder auch durch Schlamm, natürlich können sie auch einen Fluss queren. Sie können sogar schwimmen. Dennoch könnte ich nicht einfach mit meinen Elefanten nach Koh Samui ziehen, ins Meer gehen und mal hundert Meter schwimmen. Die Dickhäuter müssen sich erst wieder an eine ungewohnte Aufgabe heran-

tasten und alte Fähigkeiten reaktivieren. So ging es auch Mae
Mo und Mae Tha bei uns im Norden. Nachdem sie jahrelang in
der Ebene im Kreis gelaufen waren, scheuten sie zurück, wenn
plötzlich links und rechts der oft schmalen Wege ein Abgrund
lauerte. Auch Tiere haben Angst, das ist ja ein Schutzmecha-
nismus. Und für die Jungtiere war sowieso alles neu.

Sechs Monate arbeitete ich mit meinem Fünferpack und
entwickelte die eine oder andere neue Technik mit den Tieren.
Außerdem hörte ich den alten Karen zu. Die jungen Mahuts
übersetzten für mich, und anschließend konnte ich altes Wissen und uralte Methoden mit Learning by doing kombinieren.

Mae Mo und Mae Tha ließ ich wieder Holz schieben und zu
Pyramiden stapeln – fünf Stämme unten, darüber vier, dann
drei, zwei und einer. Beide Kühe hatten das zwischen ihrem
fünften und 20. Lebensjahr gelernt. Unsere junge Kuh lernte
es wie in der freien Wildbahn üblich: durch Hinschauen. Der
beste Trainer des Elefanten ist immer der Elefant – das werde
ich noch einige Male betonen. Mich erstaunte nur, dass unsere
Mahuts nicht mehr mit den Tieren im Holz arbeiten konnten –
die jungen Männer hatten es nach dem Abholzverbot in Thailands Wäldern nicht mehr gelernt.

Nach einem halben Jahr Training hatten sich meine Schützlinge an die neuen Bedingungen angepasst. Mit Elefanten
kannte ich mich schließlich aus. Mit der Akquise von Gästen
nicht so. Ich wusste genau, was ich wollte, aber nicht, wie ich
meine Ideen wirtschaftlich realisieren sollte. Eigentlich hatte
ich damals überhaupt keinen Plan. Oder einen nur grob um-
rissenen: Lia würde sich in der Lodge um die Gäste kümmern,
ich im Wald. Dort würden die Leute auf unseren beiden Kühen reiten; ich würde nebenherlaufen und ihnen etwas über

das Leben im Norden Thailands erzählen und über Elefanten. Reden kann ich. Strategisch gesehen war das dennoch ein schmales Konzept. Ich konnte auch nirgends nachschlagen, für meine Ideen gab es keine Vorbilder. Zur Kundenakquise wäre ein Büro in Chiang Mai sicherlich von Vorteil gewesen. Doch dafür fehlte uns das Geld. Thai-Agenturen nahmen als Partner bis zu fünfzig Prozent Provision für jeden vermittelten Kunden. Mir waren schon die 20 Prozent für die deutschen Reisebüros zu viel. Ich wollte das Geld bei mir behalten. Dafür musste ich es allerdings erst einmal verdienen.

So blieb für die Akquise nur das Internet. Schon 1994 hatte ich mir die Webadresse elephant-tours.de gesichert. Andreas, ein Freund in Berlin, programmierte 2001 unsere Website. Für die Fotos auf der Homepage standen Lia, mein Freund Michael und die Elefanten Modell. Ich kopierte irgendwo ein Logo, das einen Elefanten mit erhobenen Stoßzähnen zeigte; anschließend haben wir das Logo grafisch geringfügig modifiziert und die Stoßzähne nach hinten gebogen. Den Schriftzug «Withe House Lodge» schrieben wir sogar bewusst falsch, damit uns das Weiße Haus in Washington nicht wegen Verletzung irgendwelcher Rechte belangen konnte. Doch diese Vorsichtsmaßnahme war unnötig, in den USA hatten sie wohl andere Sorgen. Erst recht nach dem Anschlag vom 11. September im selben Jahr.

Wir dachten an alles, nur nicht an das Naheliegende: Auf der Homepage fehlten die Allgemeinen Geschäftsbedingungen. Da wir auch noch eine Anzahlung von unseren potenziellen Kunden verlangten, verklagte uns die deutsche Zentrale zur Bekämpfung unlauteren Wettbewerbs auf 8000 Mark Strafe.

Schließlich mussten wir 800 Mark zahlen. Für eine Homepage, die in Deutschland keiner kannte. Unser Startkapital schmolz.

Schon früh hatte ich einen Commodore-Computer besessen, ab 1992 dann einen Compaq-Rechner. Bei der Hardware lag ich immer ziemlich weit vorn. Dabei blieb es dann auch. Die meisten Ratschläge für meine Online-Akquise waren für mich böhmische Dörfer. Suchmaschinen wurden immer wichtiger, Google bedrängte die etablierte Phalanx von Yahoo, AOL und Excite. Begriffe wie Adword und Websiteoptimierung poppten hoch. Ich sicherte mir etwa 30 Webadressen wie «Elefantenreiten in Thailand», «Elefantenreisen», «Reisen mit Tieren» etc. Bei Google konnte man bald für etwa 400 Euro mit bezahlten Anzeigen im Ranking auf die erste Suchseite hochschießen – ich hielt das für Geldschneiderei. Mit der Internet-Blase platzten 2001 nach jahrelangem Hype viele Hoffnungen, schwachsinnige Geschäftsmodelle und einige Vermögen – nichts davon half uns wesentlich. Wir versuchten uns auch offline und verteilten für kurze Zeit Flyer in Deutschland, doch die sahen einfach nur gruselig aus.

So gingen wir ohne Akquise in unsere erste Saison, von Oktober 2001 bis März 2002. Sie verlief ohne besondere Vorkommnisse. Und ohne Gäste. Nicht Frau, nicht Mann, nicht Kind: Keiner schaute bei uns rein. Doch damit nicht genug. Nach unserem ersten Jahr in Mae Sapok wollten mir die Einheimischen die Lodge abfackeln. Irgendwer hatte beim Kamnan, dem Gemeindevorsteher, schlecht über mich gesprochen. Hätte es im Dorf eine Kneipe gegeben, hätte ich statt am Stammtisch am Katzentisch gesessen, nahe der Toilette. Die Menschen wollten mich trotz meiner Bemühungen nicht in ihrem Dorf haben.

Diesen seltsamen Weißen, der kaum was auf der Tasche hatte, aber neue Methoden mit Elefanten einführen wollte. Bauern oder Dörfler sind ja auf der ganzen Welt eher wertkonservativ: «Etwas ändern? Nicht mit uns! Haben wir immer so gemacht! Da kann ja jeder kommen! Das wäre ja noch schöner!» Der Besitzer unserer Lodge, ein reicher Chinese aus Chiang Mai, erklärte dem Kamnan, dass ich unter seinem persönlichen Schutz stünde. Die Lodge blieb unversehrt, wir durften weitermachen.

Von 2001 bis 2006 blieben Lia und ich (wir heirateten 2003) immer nur zur Saison in Thailand. Die restlichen sechs Monate arbeiteten wir in Deutschland, um für die folgende Saison zumindest die Elefantenmiete zahlen zu können. In Berlin hatten wir eine kleine Wohnung; mein Sohn Roger wohnte separat in einem Ein-Zimmer-Apartment. Lia arbeitete als Altenpflegerin. Ich hatte meist zwei oder drei Jobs gleichzeitig, vorwiegend als Liefer- und Lagerfahrer für ein Öko-Tiefkühlkost-Unternehmen. Manchmal baute ich auch für irgendwen irgendwo wieder Möbel zusammen, wie in den Neunzigern.

Die Saison 2002/2003 war für uns die erste in Thailand, die diese Bezeichnung halbwegs verdiente. Einem Freund meiner Schwester verdankte ich unsere allererste Einnahme. Er betrieb in Zentralthailand ein Entsorgungsprojekt und übernachtete mal bei uns. Seinen Zehn-Dollar-Schein habe ich mir eingerahmt – im Vergleich zu nichts ist wenig viel.

Aus Mangel an Kunden graste ich wie jeder frischgebackene Versicherungsvertreter erst einmal die Verwandtschaft ab. Bis zum Dezember 2002 blieb Elephant Special Tours ein echtes Familienunternehmen – alle Besucher waren direkte Verwandte oder Freunde von Verwandten. Willige Versuchskaninchen, zahlen mussten sie natürlich nichts. Ich befand mich schließlich immer noch in der Experimentierphase.

Zwei Freundinnen, Studienkolleginnen meiner Schwester, beglückten uns als erste Tourengäste zu meinem 40. Geburtstag am 10. November 2002. Drei Tage kosteten damals 260 Euro pro Person. Da die Elefanten verspätet eintrafen und die Frauen warten mussten, brauchten sie nichts zu bezahlen.

In den Wochen darauf reisten meine Eltern an, dazu mein Onkel und meine Cousine. Meine Mutter, sie war nicht mehr die Jüngste, kam irgendwie hoch auf ihren Elefanten; sie saß natürlich nicht im Nacken, sondern im Korb. Als mein Vater Herbert vor dem Tier stand, sagte er nur: «Ich gehe doch nicht da hoch!» Doch er ging. Zurück auf der Erde murmelte er: «Ich bin wieder unten, Gott sei Dank!» Und das als Atheist!

Die eigentliche Überraschung für mich war, dass Herbert überhaupt mitgekommen war. Mein Vater hatte sein Leben lang absolut keinen Bezug zu lebenden Tieren. Daher blieb ihm auch meine enge Verbindung zu den Elefanten ein Rätsel. Von mir war er sowieso enttäuscht, nachdem ich 1987 in Saalfeld kurz vor dem Hausbau alles hingeschmissen und so seine intensive Unterstützung torpediert hatte. Noch schwerer wog, dass ich ihn bald nach der Wende fragte, ob er für die Staatssicherheit gearbeitet hätte. Mir war das Gerücht zugetragen worden, ein Verwandter wäre bei der Stasi involviert gewesen. Solche Vermutungen bis hin zur Gewissheit waren damals nicht selten. «Hoffentlich nicht mein Vater!», hatte ich nur gedacht. Es stellte sich heraus, dass er nichts damit zu tun hatte. Aber die Frage hat er mir übel genommen.

Zu Weihnachten kamen unsere ersten externen Gäste. Eine

Mutter mit ihrer 14-jährigen Tochter; auch sie hatten eine Drei-Tages-Tour gebucht. Eigentlich plante ich nur mit Touren über 14 Tage, aber drei Tage waren besser als nichts. Bei den Ausflügen ritt ich mit, zur Sicherheit von Mutter und Kind. Allerdings nicht zu meiner eigenen. Mae Tha ging plötzlich durch, halb sprang und halb flog ich von ihr runter. So etwas passiert uns meist in den Momenten, in denen wir glauben, Routine ersetzt Konzentration. Der Elefant verlangt Aufmerksamkeit, in jeder Sekunde. In der Hinsicht sind die Gäste uns Profis manchmal voraus.

Trotz des holprigen Starts hatte ich mittlerweile eine deutlich konkretere Vorstellung davon, worauf ich mich eingelassen hatte. Alles, was wir später aufgebaut haben, beruhte auf den Erfahrungen der ersten drei Jahre. Machtlos aber waren wir immer dann, wenn höhere Gewalt ins Spiel kam.

Im November 2002, exakt zu Beginn unserer ersten echten Saison, brach die SARS-Epidemie aus. Sie dauerte bis zum Sommer 2003. Für uns war SARS ein Desaster, für die direkt Betroffenen der Tod. Von Südchina aus verbreitete sich diese Erkrankung der Atemwege in wenigen Wochen über fast alle Erdteile und forderte innerhalb eines halben Jahres fast 1000 Menschenleben. Es war die erste Pandemie des 21. Jahrhunderts; auch so konnte Globalisierung aussehen. Der Erreger reiste in Flugzeugen mit und mit ihm die Ansteckung. Die Medien berichteten ausführlich, Millionen Menschen hatten Angst.

Die Maßnahmen gegen die weltweite Epidemie beschränkten sich weitgehend auf Reisewarnungen oder gar –verbote. In Asien waren die wirtschaftlichen Schäden immens. Die Tourismusindustrie brach in einigen Ländern um knapp 70 Prozent ein. In Thailand gab es zwar nur neun SARS-Fälle und «nur» zwei Tote, aber für Urlauber aus Europa war Asien nun mal Asien. Thailand als Ziel war erst einmal out, die Menschen flogen in die Türkei oder nach Ägypten. In Bangkok hattest du das Gefühl, die Aliens wären gelandet. Hinter den Gesichtsmasken der Menschen verbarg sich notdürftig Nervosität, wenn nicht Panik. In den Kinos der Hauptstadt lief wenig später die Horrorkomödie *Sars Wars – Bangkok Zombie Crisis*. Uns lag der Horror deutlich näher als das Lachen.

Den nächsten, fast zeitgleichen Nackenschlag für unser kleines Unternehmen besorgte die große Politik. Im März 2003 begann mit der Bombardierung ausgewählter Ziele in Bagdad der Dritte Golfkrieg. Viele internationale Flüge fielen aus und mit ihnen mögliche Kunden. Unsere erste 14-Tages-Tour im März buchte exakt ein Gast: Er war eine Sie und hieß Beate.

Zum Abschluss der Saison in eben diesem März schlug das Schicksal auch noch direkt bei uns zu. Leidtragende waren unsere Haushälterin Chüpo, eine Karen-Frau, und ihr Mann, unser Gärtner Luhn, halb Thai, halb Karen. Sie waren unsere unmittelbaren Nachbarn an der Lodge. Dort saß ich eines Nachmittags auf der Terrasse und schaute über die Reisfelder ins Tal, es war die reine Idylle. Dann hörte ich den Schrei.

«Den Tod an sich muss ich nicht fürchten,
denn ich war ja schon ein paar Mal auf der Erde und weiß,
dass mit meinem Ableben keineswegs alles zu Ende ist.»

Shirley MacLaine

Kapitel 9 Schwere Zeiten

Im Garten meiner Nachbarn stand eine jener großen TV-Satellitenschüsseln, wie sie zu Anfang des Jahrtausends üblich waren. Wenn die 13-jährige Tochter von Chüpo und Luhn nachmittags aus der Schule kam, musste sie sich als Erstes um die Schweine der Familie kümmern. Eines der Tiere war an den Stahlbolzen der Satellitenschüssel angebunden. Als das Mädchen das Schwein losband, rannte das Tier blitzschnell weg. Davon überrascht, so haben wir uns das später zusammengereimt, stürzte unsere Nachbarstochter und fiel mit dem Kopf auf den Stahlbolzen. Sie starb auf der Stelle. Da ein Stromschlag als Todesursache nicht ausgeschlossen werden konnte, schaltete sich das DSI (Department of Special Investigation) in die polizeilichen Ermittlungen ein.

Der Hersteller der Satellitenschüssel bot 5000 Baht Entschädigung. «Das kann doch nicht wahr sein», sagte ich, «das ist doch viel zu wenig!» Deswegen bat ich einen Bekannten, das Unternehmen zivilrechtlich zu verklagen. Damit war das Unglück auch ein Fall für die Justiz.

Den Tag des Begräbnisses, es fand auf dem Grundstück unserer Lodge statt, wird sicher keiner der damals Anwesenden vergessen. Nach buddhistischem Glauben symbolisiert

die Zeremonie den Übergang vom Leben in die Zwischen-
welten bis zur folgenden Wiedergeburt. Fast das ganze Dorf
war zugegen, um die 500 oder gar 600 Menschen. Auf unterschiedliche Art hatten alle den Eltern des Mädchens geholfen,
das Begräbnis vorzubereiten. Vor der Verbrennung des Leich-
nams rezitierten lokale Mönche einige der Lehren Buddhas.
Jeder Gast wurde gebeten, sich an schöne Erlebnisse mit der
Verstorbenen zu erinnern, um ihr so positive Gedanken mit
auf den Weg zu geben. Manche weinten, obwohl Tränen und
Trauer nach buddhistischer Überzeugung weniger dem Verstorbenen gelten als vielmehr dem Verlustgefühl der Hinter-
bliebenen und ihrem Selbstmitleid. Und wenn wir ehrlich
sind, trauern wir in solchen Augenblicken ja immer auch ein
wenig um uns selbst.

Unmittelbar vor der Verbrennung hörten wir plötzlich Mo-
torengeräusche und Sirenen. Fünf Autos der Kriminalpolizei
von Chiang Mai bogen in die Einfahrt. Die Polizisten marschierten zum offenen Sarg und sägten dem toten Mädchen
den Kopf ab. Vor der versammelten Gemeinde. In Burma hatte
ich am Rande des Krieges zwischen Militär und ethnischen
Minderheiten hässliche Szenen gesehen. Aber hier stand ich
unmittelbar daneben. Die Eltern standen unter Schock, ich
war fassungslos, Lia weiß wie die Wand.

Die Kripo musste den Kopf zur Autopsie nach Bangkok schicken, um herauszufinden, ob tatsächlich ein Stromschlag zum
Tod des Mädchens geführt hatte. Die Untersuchung dauerte.
Nach buddhistischem Ritus darf eine Leiche ohne Kopf nicht
verbrannt werden. Der Torso des toten Kindes wurde im Lei-
chenschauhaus von Chiang Mai aufbewahrt.

Lia und ich flogen erst einmal nach Deutschland, um für die nächste Elefanten-Saison Geld zu verdienen. Anfang September kehrte ich zurück nach Mae Sapok. Die Saison 2003/04 rückte näher. Meine Elefanten waren traditionell am 1. April für die Trockenzeit in ihr Heimatdorf Mae Chaem gewandert. Kaum wieder in Thailand, erhielt ich die Nachricht, dass die Tiere nicht in mein Camp zurückkehren würden. Wir hatten Ende März lose vereinbart, dass sie auch in der neuen Saison für uns arbeiten würden. Doch ein Zweig der Tomali-Familie hatte für diese Elefanten Verträge mit anderen Campbetreibern abgeschlossen.

Noch im selben September 2003 verschwand mein Partner Dua spurlos. Meinen Geländewagen, einen Suzuki Caribian, nahm er mit. Er wollte wohl mobil sein. Dua hatte sich von unserer Kooperation offensichtlich mehr versprochen als einen schwierigen Start mit geringen Einnahmen. Eine mögliche positive Perspektive erschien ihm zu vage. Thais leben den Moment, so wie es der Buddhismus lehrt.

Späteren Gerüchten zufolge war Dua nach Pattaya gefahren, an die Ostküste des Golfes von Thailand. Pattaya, auch Sin City genannt, beherbergt die vielleicht bunteste Schar menschlicher Charaktere in Thailand. Doch auch dort, im Sündenbabel, fand ich weder Dua noch den Suzuki. Später habe ich zusammen mit meinem Freund Mahn bei der Polizei Anzeige erstattet, um Druck aufzubauen. Informell rieten uns einige einflussreiche Personen, die Füße still zu halten. Also zogen wir die Anzeige zurück. Zwei Monate später bekamen Mahn und ich sogar eine Gegenanzeige präsentiert. Wir verbrachten eine Nacht im Gefängnis, ehe wir den Vorgang als Missverständnis klären konnten.

Die Verbrennung unserer toten Nachbarstochter hatte im Herbst 2003 immer noch nicht stattgefunden. Doch eines Tages kam ihre Mutter Chüpo zu mir und fragte: «Bodo, kannst du mir 3000 Baht leihen?» «Natürlich. Warum?», fragte ich zurück. «Ich will ein paar Sachen kaufen, um meine Tochter wieder ankleiden zu können.» Nach buddhistischem Ritus dürfen Leichen nur bekleidet verbrannt werden. Der Kopf war also zurück aus Bangkok. Chüpo kleidete ihre Tochter wieder an; der Kopf lag daneben im Sarg.

Der Hersteller der Satellitenschüssel musste 480 000 Baht Schadenersatz zahlen. Chüpo hatte nicht mehr die Kraft, als Haushälterin für uns zu arbeiten. Auch ihr Mann Luhn, unser Gärtner, konnte es nicht mehr.

Am 1. Oktober, zum Ende der Regenzeit und zum Start der neuen Saison, saß ich ganz allein im Schlamm von Mae Sapok. Ich war völlig pleite, die 5000 Euro Startkapital waren aufgebraucht. Ich hatte keine Elefanten mehr, keinen Manager, keine Haushälterin, keinen Gärtner für unser Grundstück und kein Auto. Kein Geld, um mir etwas zu essen zu kaufen. Bei der Marktfrau ließ ich für frisches Gemüse 300 Baht anschreiben. Zum Glück war die Miete für die Lodge bereits für ein weiteres Jahr bezahlt.

Es dämmerte, die Nacht in den Tropen kommt schnell. Ich saß auf der Terrasse der Lodge. Es heißt, wir sollten dankbar sein für Rückschläge, weil sie uns wachsen lassen. Aber ich war doch schon groß. Und nun stand beziehungsweise saß ich erstmals kurz davor, die Krise zu kriegen. Schließlich ging ich hinüber zu Nai in ihren kleinen Tante-Emma-Laden.

«Kennst du nicht jemanden, der mir die Lodge sauberhalten kann?», fragte ich Nai. «Ich bin nur ein Mann und habe gerade

Seng (links) und Morn

ganz andere Sorgen.» Einen Tag später kam eine Frau namens
Seng durch die Tür der Lodge. «Ich freue mich», sagte ich, und
das meinte ich auch so. «Kannst du mir in der Lodge helfen?»
Für 100 Baht am Tag (gut zwei Euro damals) fing Seng als
Haushälterin bei mir an. Drei Tage später rief ich meine Frau
Lia an, sie war noch in Berlin: «Die Seng ist großartig, sie wird
dir gefallen!» Da deutsche Frauen im Haushalt zur Präzision
neigen, antwortete Lia: «Geh mal ins Bad, da war oben am
Fenster ein Fleck, der einfach nicht wegging.» Ich ging ins
Bad: Der Fleck war weg. Muss ich erwähnen, dass die beiden
Frauen ein großartiges Team wurden?

Mit Seng war das kleinste meiner Probleme perfekt gelöst.
Nun brauchte ich nur noch einen neuen Partner, ein Auto, Elefanten, einen Gärtner und Geld.

«I don't look at the clouds of tomorrow
through the sunshine of today.»

Mick Jagger

Kapitel 10   Von nun an geht's bergauf

Mahn war der Mann, der sich als größter Glücksfall für mich
entpuppte. Ich kannte ihn seit 1994, er hatte mich hin und
wieder beraten. Als jüngstes von fünf Kindern einer thai-chi-
nesischen Familie arbeitete er lange im Blumenhandel seiner
Schwester mit. Schließlich wollte er auf eigenen Füßen stehen
und verkaufte Waschmaschinen. Dafür allerdings war er nicht
geboren.

Im Oktober 2003 wurden wir Partner und gründeten eine
«Partnership Limited», eine Partnerschaft mit beschränk-
ter Haftung. Sie entspricht in etwa einer deutschen Kom-
manditgesellschaft (KG). Mahn hielt 51 Prozent, ich 49, wie
es das thailändische Recht vorschreibt. Ich blieb operativer
Geschäftsführer und musste die bisherige Firma mit neuer
Rechtsform beim Handelsministerium registrieren. So zogen
wir neue Strukturen ein, sofern man vorher überhaupt von
Strukturen sprechen konnte.

Mahn ist bis heute Freund und Partner geblieben. Ein sehr
aktiver Partner. Bis 2011 arbeitete er jeden Tag für unser Unternehmen. Gemeinsam fuhren wir morgens um fünf oder sechs
Uhr die 60 Kilometer nach Chiang Mai, um neue Gäste abzuho-
len. Er war bei allen Trecks dabei, er kochte, er organisierte, er
hielt meine schlechte Laune aus und meine zornigen Momente.

Kossid aus Chiang Mai – auch mit ihm hatte ich Glück – erklärte uns den ganzen Behördenkram. Ich legte Wert darauf, eine spezielle Risikoversicherung für unsere Gäste abzuschließen; sie deckt seither und bis heute ein Risiko ab wie für Höhlentaucher oder Freikletterer.

Wieder und wieder saßen wir drei zusammen. Es gab ja kein bürokratisches Muster, an dem wir uns orientieren konnten. Was ich da im Wald auf die Beine stellte, war neu und einzigartig. Kossid und Mahn vertrauten mir und meinen Plänen. Aber ich wusste, dass ich nicht nur Versprechungen machen durfte – irgendwann musste ich sie auch einlösen.

**Mahn – ein Freund
in allen Lebenslagen**

«Wir brauchen den Muak in der Firma», sagte Mahn. Auch Muak kannte ich schon länger. Als Alt-Bürgermeister des Dorfes genoss er hohen Respekt und wurde «Pa Luang» gerufen, «großer Papa». Er hatte selbst drei Elefanten besessen, sie aber in den Süden nach Phuket verkauft. 2002 wurde er vorzeitig aus dem Gefängnis entlassen, wo er eine sechsjährige Haftstrafe wegen Opiumhandels absitzen sollte. Das Delikt zählte wohl zu den lässlichen Sünden; die Haftstrafe änderte nichts an Muaks Ansehen in unserer Gegend und im Dorf. Genau dort brauchte ich ihn, wenn es Probleme gab. Denn die konnte nur er lösen, ich nicht.

Muak war Thai, seine Frau vom Volk der Karen – eine sehr seltene Kombination. So sprach Muak fließend Thai und fließend Karen, was seine Reputation noch steigerte. Er hatte auch keine Angst, zum Forest Department zu gehen und zu sagen: «So wie ihr euch das vorstellt, so machen wir's nicht!» Das würde ein Karen nie machen.

In dieser Zeit habe ich für meine Mitarbeiter eine private Krankenversicherung abgeschlossen. Zu den Leistungen gehörte, was wir in Deutschland «Chefarztbehandlung» nennen würden, Einzelzimmer inklusive. So wurde auch vermieden, dass ein Karen mit Thais auf dem Zimmer lag oder umgekehrt. Da brannte immer die Luft, da konnte es auch mal knallen.

Wenig später litt Muak unter einer Blinddarmentzündung und war daher der Erste, der – im Klaimor-Krankenhaus zu Chiang Mai – in den Genuss der Sonderleistungen kam. Eines frühen Morgens ging seine Frau auf den Markt, um ihrem Mann eine Suppe zu kaufen. Als sie in sein Krankenhauszimmer kam, erblickte sie einen genüsslich lächelnden Muak, der gerade von zwei hübschen Schwestern gewaschen wurde.

Seine Gattin war sich nun sicher, dass Muak nicht in einem Hospital, sondern in einem Bordell gelandet war. Unter lautstarken Verwünschungen nahm sie einen Besen und fegte die beiden Schwestern aus dem Raum. Es war das einzige Mal in fast zwanzig Jahren, dass ich Muaks Frau laut werden hörte. Komplettiert wurde unser Team durch Leka, auch er kam auf Empfehlung Mahns. Leka sollte unser «Phu Chui» sein, was so viel heißt wie «der Sekretär, der als Ansprechpartner der Behörden allen den Rücken frei hält». Muak und Leka erhielten zu Anfang für ihre Mitarbeit je 1000 Baht, gut 20 Euro damals. Im Monat! Auch sie sind noch immer an unserer Seite.

Als Nächstes brauchte ich ein Auto. Lia schickte mir aus Deutschland 500 Euro. Von einem Freund in Chiang Mai lieh ich mir für einen Monat einen roten Suzuki Caribian. Kosten: 15 000 Baht (zu der Zeit grob 300 Euro). Nach den vier Wochen kaufte ich ihm den Wagen ab, ich brauchte ihn einfach. 30 000 Baht zahlte ich an, den Rest musste ich mir leihen. Es gab weit und breit keine Bank, die mir einen Privatkredit gewährt hätte. So blieb mir nur der harte Weg, der Gang zu einem chinesischen Geldverleiher. Jeder weiß: Die machen keine Gefangenen. So sah der Deal auch aus. Der Chinese lieh mir 150 000 Baht, die ich mit monatlich 6000 Baht über fünf Jahre abstottern musste, darin enthalten war ein monatlicher Zinssatz von 20 Prozent. Unter dem Strich zahlte ich für die 150 000 geliehenen Baht gut 300 000 zurück. Die Abmachung war überhaupt nur möglich, weil Mahns Familie – ich sagte doch: Glücksfall! – mit Grundstückspapieren für die Gesamtsumme bürgte.

Da mir der Aufbau einer strategischen Onlineakquise zu kompliziert schien, setzte ich schon früh auf die Medien. Sie konnten auf zwei Kanälen über uns berichten, gedruckt und im Netz. Online erzielten die etablierten Medien Klickzahlen, die deutlich jenseits meiner Reichweite lagen. Und sie konnten auch noch zu unserer Homepage verlinken. So stellte ich mir den Ablauf vor, und genauso trat er ein. Es fing ganz langsam an, aber dann erschien 2003 der erste Beitrag über uns im *Mindener Tageblatt*. Danach folgten weitere Berichte in der *Frankfurter Rundschau* und der *Hamburger Morgenpost*.

Im Oktober desselben Jahres mieteten wir zwei neue Elefanten, Mae Gledek und Mae Gaeo I, mit ihren jungen Kälbern. Im ganzen Monat begrüßten wir dabei exakt einen Gast. Für Anfang November hatten zwei junge Frauen die 14-Tage-Tour gebucht, beide Krankenschwestern und befreundet. Sie wollten den Elefantenführerschein machen. Es sah ganz danach aus, als sollte ich erstmals gutes Geld verdienen, 1650 Euro genau. Das wäre ein Erfolg für mich gewesen, vor allem aber für mein Konzept – das Projekt für Elefanten, finanziert durch Touristen.

Der Elefantenführerschein war meine ureigene Idee. Eine gute Idee, wie sich zeigen sollte, und ein eingängiger Begriff. Darunter konnten sich die Leute etwas vorstellen. Sie würden einen vierbeinigen Drei- oder Fünftonner manövrieren und die Grundkenntnisse des Mahut-Handwerks erwerben: einen Elefanten führen, ihn reiten und mit ihm Holz stapeln. Verbunden mit einigen theoretischen Lektionen zur thailändischen Kultur. Das alles klang nach Abenteuer, nach Natur und Exotik, und diese Erwartungen haben wir auch nie enttäuscht.

Unabhängig von der gebuchten Tour erleben alle Gäste dasselbe Begrüßungsritual. Es soll Vertrauen schaffen zwischen

Mensch und Tier, für die Menschen kann es auch zur Mut-
probe werden. Am ersten Tag setzen sich unsere Gäste zur at-
mosphärischen Einstimmung im Camp auf den Erdboden. Die
Elefanten kommen heran und stehen mit ihren Köpfen und
Körpern über ihnen. Mit den Rüsseln ertasten und erschnüf-
feln sie, ob sie die Partner der nächsten Tage auch riechen können. Deshalb raten wir allen, sich morgens die Hände nur mit
Wasser zu waschen – Seife oder gar Eau de Toilette kommen in
der Natur nicht vor, die Dickhäuter könnten fremdeln.
Wenn die Frauen, Männer, Kinder unter den Riesen sitzen,
atmen sie erst einmal durch. In seiner Mischung aus Respekt,
Demut und angespannter Vorfreude ist dieser Moment einer
der bewegendsten überhaupt, er bleibt allen im Gedächtnis. Es
ist wohl eine unserer Ur-Sehnsüchte, voller Vertrauen und in
Harmonie mit der Natur zu leben. Unter den Bäuchen, Köpfen
und Rüsseln entspannter Elefanten bekommen wir eine Ahnung davon, wie sich diese Utopie anfühlt.

Nach der Begrüßung erhält jeder Gast «seinen» elefantösen
Partner zugeteilt und stellt sich vor ihn, Stirn an Stirn, um ihm
einige Minuten lang etwas zu erzählen. Der Elefant soll sich
an seine Stimme gewöhnen. Es ist eine ungewöhnliche Aufgabe für die Gäste. Viele flüstern; Kinder plaudern meist un-
befangen drauflos. Die kleine Dagmar erzählt Mae Gaeo von
den Freundinnen, die sie um dieses Erlebnis beneiden. Unternehmer Oliver nutzt die Chance, Mae Khamu über seine aktuellen Magazinprojekte zu informieren. Die Kuh wedelt mit
den Ohren, das Thema ist neu für sie.

Wer sich für den Erwerb des Elefantenführerscheins entschieden hat, bekommt zunächst eine ausführliche Einwei-
sung in das Leben und den Beruf der Elefantenführer. Danach

erlernen die Bewerber alle Kommandos zur Führung der Tiere
(z. B. «Huh» – vorwärts; «Hau» – Stopp!; «Melo» – hinlegen;
«pae ma» – vorwärts; «dii mak» – sehr gut; «bong» – trink!).
Doch selbst derart einfache Begriffe können tückisch werden.
In der tonalen Sprache der Thais führen geringfügigste Ab-
weichungen in der Betonung dazu, dass zum Beispiel aus der
eigentlich gemeinten «Mutter» ein «Pferd» wird. Unsere Mahuts lachen gerne, wenn etwas schiefgeht. Da sich den Gästen
der Anlass nicht erschließt, fühlen sie sich manchmal auf den
Arm genommen.
      Einmal hatten wir eine Frau zu Gast, die aus der Reitsport-
szene kam. Wenn sie den Elefanten nach vorne bewegen sollte, rief sie nicht «Huh», sondern «Hüh». Das wiederum ist in
der Karen-Sprache das F-Wort. Mahut Eddo saß im Korb auf
dem Elefanten, vor ihm ritt die Frau im Nacken des Tieres, und
hinter ihr lachte sich der Mahut halbtot. «Seit drei Tagen sitzt
sie vor mir, wackelt mit dem Hintern und schreit nach Sex.
Wie soll ich da ernst bleiben?», fragte mich Eddo. Daraufhin
habe ich 2004 ein Lachverbot für Mahuts im Dienst verhängt.
Es wurde manchmal tatsächlich eingehalten und 2007 wieder
aufgehoben.
      Für den Führerschein trainieren unsere Gäste mit den Tie-
ren «im Holz», sie schlagen frisches Elefantengras als Futter
für die Tiere, besuchen das Bergvolk der Karen und absolvieren eine Floßfahrt und eine Flusswanderung. An jedem Abend
führen wir in der Lodge einen Film mit und über Elefanten vor.
Und nicht zuletzt lernen die Bewerber, wie man aus Elefantenscheiße Papier gewinnt.
      Elefanten fressen bis zu 250 Kilogramm pro Tag, sind jedoch
schlechte Futterverwerter. Im Gegensatz zu Wiederkäuern

scheiden sie auch enorme Mengen wieder aus – etwa 60 Prozent des täglichen Futters. Wohin mit all dem Dung? Wir verwandeln zumindest einen kleinen Teil in etwas Nützliches. Das in vielen Arbeitsschritten aus Elefantenkot hergestellte Papier ist grob, stinkt nicht und kann problemlos für alltägliche Dinge genutzt werden: für Notizbücher, Fotobände, Schlüsselanhänger, Postkarten.

Abgerundet wird das Programm mit fünf Ausflugstagen, damit sich die Muskeln der Gäste und die Elefanten erholen können: Neben einer Fahrt zum Elephant Conservation Center und zu den Elefantenkrankenhäusern in Lampang gehen wir in drei buddhistische Tempel abseits der üblichen Touristenpfade. Wir fahren zum Doi Inthanon, Thailands höchstem Berg, und besuchen in Chiang Mai den Nachtmarkt und den Zoo sowie traditionelle Holzwerkstätten und andere Manufakturen in unserer Region.

Sina hieß eine der beiden Frauen, die im November 2003 diesen Führerschein machen wollten. Nun kamen zwei Dinge zusammen, die nicht zusammenpassten. Sina war dick, und ich hatte keine Ahnung, wie ich sie auf den Elefanten steigen lassen konnte. Ich wunderte mich, ehrlich gesagt, dass Sina sich überhaupt einen Ritt im Elefantennacken zutraute.

Es lief wie befürchtet. Am ersten Tag schon merkte Sina: «Ich kann das nicht.» Und selbst als wir sie erst einmal in den Korb auf Mae Gaeos Rücken bugsiert hatten, in dem normalerweise der leichtgewichtige Mahut sitzt, war Sina extrem unsicher und ängstlich. Zu allem Überfluss kriegte sie auch noch Höhenangst.

Der erste Tag entscheidet bei fast jedem Gast über Motivation und Laune. Am Abend war Sina völlig verzweifelt. Und ich lag schlaflos im Bett, weil ich immer noch überlegte, wie ich die Frau auf den Elefanten kriegen sollte. Am zweiten Tag fuhren wir programmgemäß zum Elephant Conservation Center in Lampang. Sinas Tour würde sich am dritten Tag entscheiden, dem zweiten Tag auf dem Elefanten.

Inzwischen hatten sich auch unsere jungen Mahuts Kasem und Silar den Kopf zerbrochen. Sie bauten eine Art Schaukel aus zwei Leinentüchern mit einem Stock dazwischen. Ein Elefant sollte Sina nun mit dieser abenteuerlichen Vorrichtung auf «ihren» Elefanten hochziehen. Sina standen die Tränen in den Augen. «Ich kann nicht glauben», sagte sie, «dass sich fremde Menschen so um mich sorgen. Ich ziehe das jetzt durch.» Die Schaukel erwies sich natürlich als untauglich. Doch irgendwann saß Sina drauf auf Mae Gaeo I.

Es war die erste Novemberwoche und in 900 Metern Höhe bereits ungewöhnlich kalt. Wenn wir in unserem Camp nahe dem Wasserfall in der Strömung standen und die Elefanten badeten, lauerte der gemeine Blasenkatarrh überall. In der Nähe wartete die erste Führerscheinprüfung auf die beiden Frauen: Holzschieben und -stapeln. Unsere Seng gehörte wie Mahn zur Prüfungskommission, dazu ein paar *big guys* aus dem Dorf. Zur Erhöhung der Spannung legten wir Wert auf einen formellen Rahmen, was Sina und ihre Kollegin nicht ruhiger stimmte.

Bevor sie auch nur anfangen konnten, entfernte sich Chum Chang, der einjährige Bulle, zu weit von seiner Mutter Mae Gaeo I. Die Kuh reagierte ausgesprochen intelligent, ging mit dem Kopf ganz vorsichtig runter, damit Sina absteigen konnte, und rannte dann ihrem Kalb hinterher. Ich wiederum rannte Mae Gaeo hinterher. Als ich sie erreichte, machte ich ihr lautstark klar, dass es so nicht geht. Heute weiß ich: Ich konnte sie damals noch nicht richtig lesen – sie wollte einfach nur nach ihrem Baby schauen (dieses Baby sollte später, unter seinem finalen Namen Phu Chapo, noch eine wichtige Rolle bei uns spielen).

Nach diesem Zwischenfall musste ich Sina erst einmal überzeugen, wieder auf den Elefanten zu steigen. Die Holzprüfung und alle anderen absolvierten die beiden mit Erfolg. Nach vierzehn Tagen bekamen sie ihre Elefantenführerscheine. Sie waren stolz, und das durften sie sein. Auch wir waren stolz, dass es geklappt hatte. Sina hat mich mit ihrer Willenskraft unglaublich beeindruckt. So sehr, dass ich fünf Jahre später meine jüngste Tochter Sinah nannte.

Die Führerscheintour erlaubte uns immer wieder interessante Einblicke in die menschliche Psyche. Was Prüfungsangst mit Menschen anstellen kann! Das Ziel – der Schein – stachelte den Ehrgeiz der Gäste an, so sollte es auch sein. Aber die meisten waren offenbar so gestrickt wie ich: Nur keine Schwäche zeigen! Scheitern ist keine Option! Andererseits lag ein Scheitern im Bereich des Möglichen. Männer spielten vorbeugend die Rolle des Coolen: «Ist mir doch egal, ob ich bestehe oder nicht!»

Das Reiten im Nacken eines Elefanten kann wirklich anstrengend sein, und so klagten einige Frauen über ein Zipperlein hier und ein anderes da. Noch wichtiger allerdings war es vielen von ihnen, trotz allem gut auszusehen. Da ich meist neben den Elefanten herlief, hatte ich die Fußnägel der Damen immer auf Höhe meiner Augen. «Die Farbe deiner Fußnägel passt wunderbar zu deinem Schal, Sigrid», sagte ich dann etwa, und schon waren alle Zipperlein vergessen. «Wirklich, Bodo?», flötete es zurück. Bei den burschikosen, den forschen

Frauen reichte ein: «Glaubst du, dass die Farbe deiner Nägel deinem Typ entspricht, Helga?», und schon war Ruhe. Manch psychologischen Tipp entnehme ich mittlerweile dem deutschen TV-Format *Shopping Queen*. Natürlich schaut sich keine Frau diese Sendung an. Aber erstaunlich viele kennen den Inhalt. So wurde der Elefantentrainer Bodo, diese damals noch etwas schlankere Mischung aus Waldschrat und Tarzan, über die Jahre zur Beauty-Autorität.

Wir wollten eben auch Spaß haben bei unserer Arbeit und fügten den Prüfungen deshalb ein paar Showelemente hinzu, was unsere Gäste noch nervöser machte. Beim Lenken des Elefanten führten wir neben der A-Note (technische Ausführung) die B-Note ein. Eine Haltungsnote, wie beim Eiskunstlaufen. Ein entspanntes Lächeln der ReiterInnen sollte Zusatzpunkte bringen, ein verbissenes Gesicht hingegen Abzüge.

Am schlimmsten empfanden alle den letzten Tag, die Stunde der theoretischen Prüfung. Der Tag begann mit dem Frühstück um acht Uhr, das mit meinem Kommando endete: «Essen einstellen. Wer jetzt noch eine rauchen will – Beeilung bitte! Um neun geht's los. Ihr habt exakt 45 Minuten Zeit für die 48 Fragen, Multiple Choice, Mehrfachantworten möglich.» Je mehr ich laberte, desto aufgeregter wurden die Prüflinge. Dann überreichten wir ihnen feierlich die Fragen im geschlossenen Couvert; manchmal sogar auf einem Tablett.

Schlag neun öffneten die Prüflinge die Umschläge und schauten auf ein weißes Blatt. Darauf stand geschrieben:

Habt Sonne im Herzen!

«Ihr habt doch nicht ernsthaft geglaubt», sagte ich, «dass wir euch den letzten Tag versauen!» Dann überreichten wir allen die Elefantenführerscheine und feierten anschließend zusam-

men mit den Karen. Aus vielen Mails wissen wir, dass unsere
Gäste eine Erinnerung fürs Leben mit nach Hause nahmen.
Und das liegt nicht nur an der Freude über das erreichte Ziel.

Sina und Freundin reisten an einem Sonntag ab, und ich brachte sie zum Flughafen nach Chiang Mai. Inzwischen gab es
wieder ernsthafte Probleme mit unserem Camp. Wir wussten
zwar, dass es auf der falschen Seite des Flusses stand, doch wir
hatten alle Warnungen in den Wind geschlagen. Vieles war
unter der Hand geklärt worden, aber wohl doch nicht so ganz.
In der Absicht, Fakten zu unseren Gunsten zu schaffen, hatten
wir im Camp inzwischen ein Haus gebaut sowie separate Toi-
letten, und dazu noch einen Bambustisch geschreinert. Doch
nach Meinung der Dorfbewohner hatten wir ihr Land besetzt,
und dagegen war schwer zu argumentieren.

Mahn und unser Behördenverbindungsmann Leka machten sich auf in Richtung Dorf, um zu vermitteln. Weit kamen
die beiden allerdings nicht. Auf dem Weg zum Dorfvorsteher
wurden sie aus dem Hinterhalt mit Vorderladern beschossen.
Auch wenn beide unverletzt blieben: Das Leben hier oben im
Norden kann auch mal beschissen gefährlich werden, wenn
Auseinandersetzungen eskalieren. Thailand ist, das nur nebenbei, nach den USA das Land mit der zweithöchsten Waf-
fendichte weltweit.

Als ich vom Flughafen zurückkam, hatte ich kein Camp
mehr. Wir durften nicht mehr dorthin. Mahn und Leka be-
drängten mich: «Bodo, wir müssen sofort weg hier, die erschießen uns!» So sehr mir das einleuchtete, konnte ich doch nicht
ignorieren, dass am folgenden Tag der nächste Gast anreisen
würde. Unser erster Schweizer, ziemlich vermögend wohl, ein

ehemaliger Chef der Swisscom, nun Pensionär im Unruhestand. Er hatte die Wochentour gebucht, da konnte ich nicht einfach abhauen. Die Wochentour sah erst am zweiten Tag die Arbeit mit Elefanten vor. Da wir nicht mehr ins Camp konnten, verbrachten die beiden erwachsenen Tiere mit ihren Kälbern und den Mahuts vorerst die Nächte im Wald, es gab keine Alternative. Ich holte den Eidgenossen am Flughafen ab und bereitete ihn seelisch darauf vor, dass wir ein wenig improvisieren würden.

Der Weg von der Lodge zum Camp dauerte normalerweise etwa 45 Minuten, zunächst mit dem Auto und die letzten zweihundert Meter zu Fuß, ehe wir auf einer wackeligen Holzbrücke den Fluss überquerten, der uns noch vom Camp trennte. Dort aber durften wir uns nun nicht mehr blicken lassen, und so musste ich am Dienstagmorgen mit dem Schweizer ohne die Brücke auskommen. Also dirigierte ich den Mann durch den Fluss, um uns danach an einer verabredeten Stelle mit den Mahuts zu treffen. Zum Verschnaufen setzten wir uns auf den nackten Boden. Mahn brachte das Kunststück fertig, eine Kleinigkeit für uns zu kochen – reine Magie. Ich fragte ihn auf Thai: «Und wo gehen wir jetzt mit den Elefanten hin?» «Weiß ich auch nicht», sagte Mahn.

Bevor wir losreiten konnten, mussten wir die Tiere erst einmal aus ihrem Schlafquartier holen, das auch nicht an der gewohnten Stelle war. «Ich hoffe, ich finde sie wieder», meinte Silar, unser 15-jähriger Mahut. Wir unterhielten uns auf Thai, auf Karen und mit Händen und Füßen. So blieb unser Gast im guten Glauben, ich hätte alles im Griff – wie sich das für eine Tour gehört, die ein Deutscher organisiert hat.

In diesen Tagen war Silar, dieser halbwüchsige Bengel, für

den 40-jährigen Bodo Förster der wichtigste Ansprechpartner. Alle reden immer von Respekt, meist schön theoretisch, da kriege ich Brechreiz. Wenn es darauf ankommt, muss man den Respekt auch leben, und Silar hatte allen Respekt verdient. Ohne ihn wäre ich in diesem Moment aufgeschmissen gewesen. Immer wieder tauschten wir uns aus und überlegten: «Wie machen wir das jetzt? Was können wir noch besser machen?» Und das immer so, dass der Gast nichts mitbekam. In diesen Tagen haben Silar und ich zusammen noch einmal neue Grundlagen gelegt für unsere Arbeit mit den Elefanten.

Nachdem wir die Tiere an ihrem neuen Schlafplatz im Wald gefunden hatten, ritten wir los. Doch was heißt schon reiten? Wir sind mitten durch den tiefsten unbehauenen Wald gelatscht. Da waren keine Wege, da war noch nichts urbar gemacht worden. Das Dorf in der Nähe gab es erst seit acht Jahren. So bewegten wir uns durch schwerstes Gelände, oft durch meterhohen Bambus. Der Schweizer ritt Mae Gaeo I, ihm klatschte der Bambus nur so ins Gesicht und schlug blutige Striemen. Ich lief neben dem Elefanten her und hatte genug damit zu tun, nicht auf eine Schlange zu treten. Eine Weißlippen-Bambusotter etwa konnte mir begegnen, ein Python, eine Kobra oder eine Malayische Mokassinotter. Die meisten Schlangen sind weder aggressiv noch giftig. Es sei denn, du trittst versehentlich drauf, dann wird jede ungemütlich.

Und was sagte der hohe Gast, der einstige Manager, zu den widrigen Bedingungen? «Endlich mal richtige Natur!»

Für unser neues Camp fanden wir schnell einen geeigneten Platz. Wir bauten es Schritt für Schritt auf in dieser Woche, aber der Schweizer lebte weiterhin klaglos mit den Improvisationen.

Die Saison 2003/2004 verdiente allenfalls das Prädikat «durchwachsen». Wir wähnten uns auf dem Weg der Konsolidierung, als uns das nächste Desaster kalt erwischte. Denn das erste Kapitel 2004 schrieben die Hühner. Nach Wochen voller Gerüchte sorgte ein Bericht der Konrad-Adenauer-Stiftung Anfang Februar für Klarheit – schonungslos und unmissverständlich:

«Noch am 17. Januar bezeichnete Thailands Premier Thaksin Shinawatra das Massensterben von Hühnern als ‹no big deal›. Es handele sich um eine Krankheit, die ‹absolutely not the bird flu› sei, ‹we checked and checked and checked›. Die erkrankten Tiere litten an Hühnercholera oder -bronchitis oder einer anderen für Menschen ungefährlichen Krankheit. Um seiner Aussage eine höhere Glaubwürdigkeit zu verleihen, lud er das gesamte Kabinett ein, vor laufender Kamera Hähnchen zu verspeisen.

Eine Woche später gab es die ersten Krankheitsfälle in der Bevölkerung, die eindeutig als Vogelgrippe diagnostiziert wurden. Der Premier musste eingestehen, bereits seit Wochen Hinweise auf einen Ausbruch der Geflügelpest gehabt zu haben. Nachdem am 26. Januar die ersten beiden Todesfälle in der Bevölkerung bestätigt wurden, hatte sich das Virus bereits in einem Großteil des Landes ausgebreitet. Mittlerweile wurden mehr als 30 Provinzen Thailands (fast die Hälfte des Landes) zu Epidemiezentren erklärt und mehr als 20 Millionen Hühner getötet. Auch Bangkok wurde zur Gefahrenzone erklärt, nachdem das Virus bei Kampfhähnen entdeckt wurde; erste Fälle bei Enten wurden diagnostiziert und auch das Taubenschlachten hat bereits begonnen.

Das Ergebnis der Verschleierungstaktik in Thailand ist verheerend. Nicht genug, dass die gesamte Geflügelindustrie zerstört wurde, auch Menschenleben wurden aufs Spiel gesetzt. Es ist nur eine Frage der Zeit, wann die Tourismusbranche beeinträchtigt wird.»

Es war in der Tat nur eine Frage der Zeit, bis auch wir die Auswirkungen spürten. So endete die Saison 2003/2004. Im Sommer flogen Lia und ich wieder nach Deutschland, um zu arbeiten und Geld zu verdienen.

Inzwischen hatte das Internet die Welt erobert. Mit Ausnahmen natürlich, und eine der Ausnahmen hieß Mae Sapok. Um eine E-Mail zu empfangen, mussten wir nach Chiang Mai fahren. Als das «Nokia 6210» auf den Markt kam, flüsterte mir irgendwer zu, ich könnte mit einer speziellen Antenne das Internet auf dem Handy empfangen. Die spezielle Antenne gab es nur in den USA, sie kostete 500 Dollar. Ich habe sie bestellt, sie wurde per Schiff in Bangkoks Hafen Laem Chabang geliefert. Dort holte ich sie persönlich ab. Der kurze Streit mit den Zöllnern über eine eventuelle Einfuhrsteuer endete zu meinen Gunsten.

Das Signal nach Mae Sapok kam von Thailands höchstem Berg Doi Inthanon. Um es empfangen zu können, mussten wir die Antenne so hoch ausrichten, dass ihr Empfang über einen benachbarten Hügel reichte. Auf unserem Grundstück stand ein etwa zehn Meter hoher Wasserturm. Dort kletterte unser Gärtner Jit mit einer vier Meter hohen Bambusstange ein Stück hoch, um die Antenne oben am Turm zu fixieren. Jeder Windstoß drohte Jit samt Stange zu Boden zu werfen.

An Weihnachten kam der große Moment. Ich lud Muak, Seng und einige Dorfgrößen in mein Büro. Zwei Tage vorher

war eine Mail aus Bangkok an mich abgeschickt worden, die
wollte ich nun über die Infrarotschnittstelle meines Handys
vor Augenzeugen empfangen und herunterladen. Das Nokia-
Display zeigte nur einen Balken an, eine schwache Verbindung
also, aber immerhin. Bei einer Geschwindigkeit von 9,1 Kilo-
byte pro Sekunde dauerte es drei Minuten, die Mail zu laden.
Alle im Raum mussten auf Kommando die Luft anhalten; bewegen durften sie sich schon gar nicht. Ein festes Auftreten
auf dem Holzfußboden der Lodge reichte, um das technische
Gegenstück zum «coitus interruptus» auszulösen.

Tags darauf schauten wir allerdings nicht mehr aufs Display, sondern nach Süden. Am zweiten Weihnachtstag brach
der Tsunami über Thailands Andamanenküste herein. Die ver-
heerenden Flutwellen rissen im Königreich 8000 Menschen
in den Tod, darunter viele Touristen aus aller Welt. Damit fiel
ganz Thailand als Ferienziel erst einmal aus allen Buchungen.
Wir saßen im Norden zwar hoch und trocken, doch das half
uns nicht. Keiner wollte im Urlaub dem Tod zu nahe rücken.
Wieder einmal bewegte sich mein Unternehmen gen Null-
punkt.

In unsere Trauer um die Opfer mischte sich ein Gefühl der
Ohnmacht. Wir konnten gar nicht so intensiv und gut arbeiten,
dass wir die Auswirkungen der Katastrophen hätten kompensieren können. Zumal SARS, Golfkrieg, Geflügelpest und
Tsunami alle zur thailändischen Hochsaison passierten, in
unserem aktiven Halbjahr also.

Wie alle Tourismusveranstalter im Land, so hatten auch wir
nach dem Tsunami keine Ahnung, wie es weitergehen sollte.
Die Welt trauerte um die 230000 Toten in Südostasien; die
Helfer suchten weiterhin nach Vermissten. Mit den TV-Bil-

dern rollten die Sturmfluten noch über Wochen in alle Wohnzimmer und verlängerten so Entsetzen und Trauer.

Im fernen Deutschland brütete derweil die Redaktion der
Zeitschrift *Mobil* über ihrer Januar-Ausgabe. Das Kunden-
magazin der Deutschen Bahn plante einen Bericht über Elephant Special Tours. Schreiben sollte ihn die freie Reisejour-
nalistin Juliane von Mittelstaedt, die unser Camp im Sommer
zuvor besucht hatte. Doch nun befürchtete die *Mobil*-Redak-
tion, mit einer Thailand-Story unsensibel in die große offene
Wunde zu stoßen, die die Sturmflut gerade hinterlassen hatte.
Das entscheidende Wort sprach, so hat man es mir erzählt, der
damalige Bahnchef Hartmut Mehdorn. «Wie sollen die Menschen in Thailand ohne Tourismus wieder auf die Beine kommen?», so seine Argumentation. «Gerade jetzt müssen wir das
Land unterstützen.» Der Artikel erschien, das Magazin lag vier
Wochen lang in den ICE-Zügen aus. Viele tausend Menschen
lasen die Geschichte über unsere Elefanten, und sie hat echt
etwas bewirkt. Für Thailand und für uns.

Auch deswegen zeigte die Bilanz der Saison 2004/2005
erste marginale Anzeichen dafür, dass sich das wirtschaftliche
Blatt zu unseren Gunsten wenden könnte. Unser Umsatz be-
trug 6000 Euro; damit hatten wir immerhin die Miete für die
Elefanten drin. In der Saison darauf landete Elephant Special
Tours erstmals in der Gewinnzone; von meinem Vater borgte
ich mir 5000 Euro, um unsere Liquidität zu stärken. Bis ein-
schließlich 2005 dauerte unsere Saison in Thailand immer nur
ein halbes Jahr. Die Frage war: Wie mache ich aus einer halben
Saison eine ganze?

Anfang April zogen unsere Elefanten alljährlich zu ihren
Besitzern in die heimischen Dörfer. Dort hatten sie – während

der heißen Trockenzeit – drei Monate lang Ruhe, konnten sich von ihrem Job erholen und Kraft sammeln für die nächste Saison. Auf ihrer Wanderung heim ins Dorf hatte ich unsere Elefanten ein paar Mal begleitet. Und dabei manches Mal gedacht: «So ein Treck müsste doch auch andere interessieren, und ich mache noch einen Tausender zusätzlich.»

Die Idee mit dem Treck gefiel mir, und der Tausender auch.

«Alle Menschen sind klug.
Die einen vorher, die anderen nachher.»
Thailändisches Sprichwort

Kapitel 11 Auf Hannibals Spuren: Wir bringen die Elefanten nach Hause

Die Entfernung von unserem Camp bis zum Elefantendorf Ban Na Klang beträgt etwa 120 Kilometer. Die Elefanten, die Mahuts, die Gäste und ich würden also an sechs Tagen jeweils 20 Kilometer zurücklegen – die Gäste täglich acht Stunden im Nacken der Elefanten reitend oder auch mal nebenherlaufend. Eine physische und psychische Herausforderung, daran änderte auch die schöne Natur Nordthailands nichts. Wir würden einige Berge hochreiten und die Abhänge runter, an Flussläufen entlang oder quer durch die Gewässer. Mal durch abgelegene Dörfer ziehen und durch einige wenige kleine Städte. Im Wiegeschritt der Tiere. Auf Waldwegen, die meist schmal waren, selten eben, dafür schön krumm und oft voller Hindernisse. Fünf Übernachtungen in engen thailändischen Zwei-Personen-Zelten standen an; mit der Morgentoilette an Bächen oder Flüssen.

Anspruchsvoll, mehr noch: weltweit einzigartig.

Seit Hannibal hatte so einen Treck keiner mehr gemacht! Übertreibung macht anschaulich.

Eine ganze Woche in engstem Kontakt mit «ihrem» Elefanten: Es musste doch Leute geben, die so etwas für ein tolles Erlebnis hielten, für ein echtes Abenteuer. Adrenalin! Freude!

Meine Zuversicht kannte wie üblich keine Grenzen, aber naiv war ich nicht: Wollte ich Hannibal nacheifern, brauchte es vor der offiziellen Premiere einen Probelauf. Für einen kostenlosen Trip meldeten sich einige Freunde als Crashtest-Dummys, stattfinden sollte der Probelauf im April 2006.

Die ersten Wochen des Jahres schienen kein gutes Omen zu sein für unsere hochfliegenden Pläne. Am Neujahrstag 2006 stieß Dana zu unserem Team, unsere neue Praktikantin. Einer der wunderbarsten Menschen, die mir in meinem Leben begegnet sind. In ihrem Auftreten, in der Art, wie sie die Welt sieht und wie sie mit anderen Menschen umgeht. Einen Tag nach Danas Ankunft ritten wir durch den Wald, vorne Frau V. auf Mae Gaeo I, ich dahinter zu Fuß und hinter mir Herr V. auf Mae Khamu. Plötzlich gingen die Elefanten durch. Ich versuchte, Mae Gaeo zu stoppen. Dabei rannten drei Elefanten über mich hinweg. Herr V., er war linksseitig gelähmt, flog von seinem Tier, außer ein paar größeren Schrammen blieb er zu unserer großen Erleichterung unverletzt.

Das Ehepaar war zu Tode erschrocken, ich musste beide erst einmal beruhigen. Auch ich hatte Glück gehabt, nur eine Schulter war gebrochen. Als ich den durchgegangenen Elefanten hinterherrannte, rammte ich mir noch einen frei flottierenden Nagel durch meine Flip-Flops und die Fußsohle. Das Jahr fing gut an.

Im Februar kauften Muak, Leka und ein weiterer Thai die Kuh Mae Gaeo II für unser Unternehmen. Sie war gerade preiswert zu haben, berichtete mir Muak, für nur 350 000 Baht. Das war tatsächlich ein guter Preis. Als ich die Kuh das erste Mal sah, stand sie hinter Muaks Haus. Die Begrüßung fiel recht einseitig aus. Mae Gaeo II verpasste mir einen mit dem

Rüssel, so heftig, dass ich zwanzig Meter den Abhang runter-
kollerte. Als ich wieder stand, brummte mir der Schädel. War
ich gerade mit dem Kopf voraus gegen eine Mauer gelaufen?
«Seid ihr eigentlich bescheuert?», fragte ich Muak und Leka,
«was soll ich mit dem Viech?» Es gab Gründe dafür, dass die
Kuh so billig auf dem Markt war. Zweimal hatte sie ihren Mahut verletzt, auf Kälber eingedroschen und Unfälle verursacht.
Dieser Elefant war durch, wie wir sagen. Aber nun war er da
und gehörte zu uns.

Die nächsten drei Tage blieb ich bei Mae Gaeo II, in den
Nächten schlief ich bei ihr. Ich hörte ihr aufmerksam zu. Das
machen wir Menschen auch, wenn wir jemanden kennenlernen. Wir hören zu und nehmen, bewusst oder unbewusst,
Mimik und Gestik des Gegenübers wahr, seine Ausstrahlung,
seine Signale. All das versuchen wir intuitiv zu deuten. Jeder
Elefant hat eine Geschichte, und die erzählt er. Er hat zwar
keine Mimik, aber er gibt Signale. Wie er den Rüssel hält, wie
er die Beine stellt und vieles mehr. Ich hörte Mae Gaeo II zu,
und ich spürte ihren Schmerz. Erklären kann ich das nicht.

Am dritten Tag habe ich die Kuh geritten, nach vier Tagen
saß Dana auf ihr, und am siebten Tag nach unserer heftigen
Begrüßung setzte sich der erste Gast in den Nacken unseres
Neuzugangs.

Im März, kurz vor dem Probetreck, wurden uns zwei Kälber
geboren. Mae Gaeo I bekam die Kuh Salia, Mae Khamu den
Bullen Bodo – der (vorläufige) Name war eine Idee der Mahuts. Bodo heißt heute Phu Khapon, ist aber nicht mehr bei
uns. Und Salia heißt immer noch Salia. Dass der Name blieb,
war für mich eine große Ehre und nur möglich dank meiner

engen Verbindung zur Besitzerfamilie. Der Name Salia ist ein
Mix aus Salir und Lia. Lia hat in ihrer Zeit in Mae Sapok die
Menschen mit ihrer Arbeit und Fürsorge nachhaltig beeindruckt. Salir war Salias Mahut; eigentlich heißt er ja Silar, aber
anfangs nannte ich ihn immer Salir.

Da die großen Kühe für die Probetour fest eingeplant waren, mussten auch die Kälber mit. Aber ging das überhaupt?
Zum Start wären die beiden Youngster zwei und vier Wochen
alt und damit immer noch Neugeborene. Allerdings waren die
Mütter erfahren, das ist dann noch einmal ein Unterschied.
Die Kühe mussten sich untereinander mögen oder tolerieren,
und die jungen Kälber mussten zum Säugen unter die richtigen Bäuche, und zwar jede Stunde. Doch wenn es nach Hause
geht, in die Heimatdörfer, wollen die Mutterkühe möglichst
schnell vorankommen und sind von ihren durstigen Babys genervt. In diesen Phasen sind die Mahuts gefordert, sie müssen
die Mütter an ihre Pflichten erinnern.

Zur Sicherheit führten wir einen Mutter-Kind-Probelauf
durch, aber im Ernstfall-Modus, in unwegsamem Gelände.
Dana ritt Mae Gaeo I, ich lief neben Mae Khamu her, sie kalbte erst wenige Tage später. An einem kleinen Hügel schmierte
Mae Gaeos Kalb ein paar Meter nach unten ab. Die Mutterkuh
natürlich hinterher, und ich auch. Dabei lief mir Mae Gaeo mit
ihren drei Tonnen über den Fuß. Diagnose: Mittelfuß angebro-
chen, und das drei Wochen vor dem Treck. Da gab es für mich
kein Zurück mehr. Gelobt seien Paracetamol und Ibuprofen.

Im Vorfeld des Trecks fragten die TV-Sender ZDF und Vox
an, ob uns ihre Kamerateams über Stock und Stein begleiten
könnten. Unter PR-Aspekten eine tolle Sache für unser immer
noch junges Unternehmen. Ich sah die Chance, einmal die Ar-

beit der Karen zu würdigen und sie in den Mittelpunkt zu stellen. Die Sender aber wollten mich als einzigen Protagonisten. Das hat mich maßlos geärgert, und so habe ich abgelehnt. Wenig später meldeten sich zwei junge deutsche Filmemacher. Dinah Münchow und Stephan Liskowsky hatten 2004 die Firma «Farbfilmer» gegründet und bereits einige hochwertige Dokumentationen produziert. Nach unserer Zusage flogen die beiden nach Thailand und mieteten in Bangkok schnell noch eine professionelle Kamera für tausend Euro plus 20 Kilo Batterien – im Wald sind Ladestationen für Akkus rar. Die Kamera war damals, obwohl es noch gar nicht so lange her ist, um ein Vielfaches schwerer als die schnittigen Hochleistungsmodelle heute.

Das Doku-Duo komplettierte die Aufstellung für unseren Testtreck: Sechs erwachsene Elefanten (Mae Gaeo I, Mae Khamu, Mae Boon, Mae Chapé – die Mutter von Mae Khamu –, Mae Moon, Mae Chapo), drei Kälber (Bodo, Salia, Dodo), sechs Mahuts, fünf Freunde von mir in der Rolle der Versuchskaninchen (Steffen+Jana, Ines+Ingolf, André), Praktikantin Dana und ihr Freund Christian, Filmfrau Dinah und Tonmann Stephan sowie von unserem Unternehmen Muak, Lung Wan, Seng und ich. Gärtner Jit begleitete uns auf dem Moped.

Als das Kamerateam einlief, schauten meine Freunde erst einmal sehr sparsam. «Ihr werdet übrigens gefilmt», sagte Dinah nur. Was einem meiner Kumpel überhaupt nicht gefiel: «Mich filmt ihr nicht. Ich kriege Hartz IV. Keiner darf wissen, dass ich hier bin!»

Für die sechs Tage und fünf Nächte nahmen wir alles mit, was wir vermutlich brauchen würden. Zelte, Werkzeug, Proviant, Wasser. Umsichtig verteilt auf die Körbe, die wir auf den

Rücken der Elefanten festbanden. Die Gäste, meine Freunde also, ritten die Tiere im Nacken.

Hier übertreibe ich nicht: So eine Art Treck durch schweres Gelände hat noch keiner mit Touristen gemacht. Eine Woche später wusste ich auch, warum. Doch der Reihe nach: Der große Tag ist da, wir verlassen unser Camp. Die Tiere geben das Tempo vor, wir Menschen passen uns dem Rhythmus an. Die Welt der Elefanten ist eine langsame Welt. Und doch, so scheint es, schaukeln sie in diesen Tagen beschwingter als sonst. Sie kennen den Weg, sie laufen nach Hause, dem Urlaub entgegen.

Unsere Übernachtungspunkte in den Wäldern haben wir sorgfältig so geplant, dass wir einen Bach oder ein kleines Gewässer vorfinden und frisches Futter für die Tiere. Doch wir haben nicht mit dieser extremen Trockenperiode gerechnet bei konstant 40 Grad am Tag. Das ist für die Elefanten eine Herausforderung, auch wenn sie im Wald laufen, im Schatten. Bei diesem Treck, das merke ich früh, werde ich manche meiner Einschätzungen korrigieren müssen – es ist eben ein Probetreck.

Als wir am ersten Nachmittag unsere Zelte am vorgesehenen Bach aufschlagen wollen, ist der ausgetrocknet. Wir müssen weiter, müssen eine andere Stelle suchen, und das ist für unsere älteste Kuh Mae Chapé zu viel. Sie hat keine Kraft mehr.

Schon seit Februar hat sie Gewicht verloren. Das ist immer ein Signal dafür, dass mit dem Tier etwas nicht stimmt. Mit bloßem Auge können wir einen Gewichtsverlust oft nicht erkennen. Da hilft uns die Leine, die wir zur Fixierung des Korbes um die Körpermitte schlingen. Wenn wir plötzlich einen halben Meter Leine mehr in der Hand haben als sonst, heißt das: Alarm.

Die Kuh wurde immer dünner, aber wir fanden die Ursache nicht. Schließlich wurde eine Entzündung im Vaginalbereich festgestellt, an einer Stelle mithin, die wir nicht einsehen konnten. Die Entzündung bekamen wir schnell in den Griff. Aber als Mae Chapé nun, an unserem ersten Wandertag, länger laufen muss als geplant, ist sie überfordert. Wir nehmen ihr den Korb ab, verteilen das Gepäck auf die anderen Körbe und lassen sie, zunächst noch betreut von ihrem Mahut, frei herumlaufen. Und dann ist sie auf einmal weg. Sie läuft allein, so werden wir später erfahren, durch die Wälder zurück in unser Camp und kommt dort nach drei Tagen an.

Der zweite Tag des Trecks verläuft ohne besondere Vorkommnisse. Am dritten Tag müssen wir uns den Weg im dichten Wald oft freischlagen. Einmal liegt ein riesiger Baumstamm quer. Zu Christians Kommandos muss die hochschwangere Mae Moon («Bo lo» – Rüssel runter!) den Stamm wegschieben, das gibt ein Mordstheater und Geschrei. Als wir unser Nachtquartier endlich erreichen, stellen wir fest, dass wir kein Wasser mehr haben. Bei der Berechnung des Trinkwassers kalkulierte ich mit zwei Litern pro Person und pro Tag. Der Hitze wegen aber trinkt jeder etwa sechs bis acht Liter täglich.

Mahut Kasem und ich schwingen uns aufs Moped und fahren etwa 20 Kilometer ins nächste größere Nest. Wir finden einen kleinen Laden, wo ich fünf Kästen Wasser à sechs Flaschen kaufe. Damit ist das ganze Dorf ohne stilles Wasser, auf durstige Touristen sind sie dort nicht eingerichtet. Doch wie sollen wir das Wasser transportieren? Mit etwas Glück ent-

decke ich im Shop einen Rucksack, made in China, kopiert in
Thailand. Da passt noch mehr rein als nur das Wasser. Zwei
Kilo Schweinefleisch zum Beispiel und zwölf Krapfen. Manchmal brauche ich einfach etwas Süßes, wenn ich einen Tag lang
im Wald war. Auf die Krapfen am Abend freue ich mich wie
ein Kind.

Auf dem Weg ins Lager reißt nach fünf Kilometern der erste
Gurt des Rucksacks made in China, kopiert in Thailand. Ich
fliege vom Moped und mit meinen 120 Kilo auf den Rucksack.
Steige wieder auf. Nach weiteren fünf Kilometern reißt der
zweite Gurt des chinesischen Rucksacks, kopiert in Thailand.
Ich schieße etwa fünfzehn Meter einen Berg hinunter. Und
wie schon beim ersten Sturz geht auch diesmal vorne der Len-
ker des Mopeds hoch und findet erst in den Nieren des Fahrers
stabilen Halt. Kasem hat nun in der Nierengegend einen Bluterguss so groß wie mein Hintern. Von den Verbrennungen an
den Waden nicht zu reden; sie kommen vom heißen Auspuff.
Touristen, die in Thailand Motorrad fahren, kennen diese Verbrennungen, sie heißen «Thai-Tattoos».

Als wir schließlich im Lager ankommen, steht in unseren
Gesichtern Schmerz. Aber dann brüllen wir unser Firmen-
motto in die Nacht: TUK YANG, TUK AN! WIR SCHAFFEN
ALLES!

Ich bin verschwitzt, verwundet, dreckig, verkeimt. Also dusche ich erst einmal im Fluss, die Vorfreude auf die Krapfen
gibt mir Kraft. Als ich zurückkomme, hat diese miese Gruppe das ganze Schmelzgebäck bereits verputzt. 12 Krapfen! In
solchen Momenten entwickle ich gewisse Sympathien für die
Wiedereinführung der Todesstrafe. Aber nur für kleinere De-
likte, Mundraub zum Beispiel.

Ohne Krapfen endet der dritte Tag. Halbzeit. Was bedeutet: Da warten noch drei Tage.

Tag 4: Wir sind schon seit Stunden unterwegs und ziemlich fertig. Vor uns liegt das Dorf Mae Chaem, in einem Tal, von bewaldeten Bergen umgeben, nicht weit entfernt vom Doi Inthanon. Mehrere hundert Jahre waren die Menschen in diesem Tal praktisch von der Außenwelt abgeschnitten. Im Dorf werden unsere Elefanten und ihre Reiter den zur Trockenzeit recht flachen, zwanzig Meter breiten Fluss durchqueren, der dem Dorf den Namen gab. Ich hingegen will mit dem TV-Team auf die Hängebrücke, dort wird Dinah den Treck von oben filmen.

Zu unserer Gruppe gehört eine attraktive Blondine namens Jana, 1,80 Meter groß. Als wir vom Berg zum Fluss herunterreiten, rufe ich ihr am Eingang des Dorfes zu: «Jana, trag die Haare offen und kämm dich! So etwas haben die Menschen hier noch nie gesehen!» Auf einem Holperweg reiten wir in Serpentinen ins Dorf, Jana trägt die Haare nun offen, die blonden Locken fallen in Kaskaden. Das Dorf mag etwa 5000 Einwohner haben, 4950 eilen aus den Hütten und turnen um uns herum. Sie kennen diesen Treck, aber nur mit den Karen, nicht mit weißhäutigen Farangs. Und jetzt sitzen plötzlich blondblauäugige Fabelwesen wie Jana auf den Elefanten. Meine Freunde sind angesichts des Tohuwabohus allerdings total eingeschüchtert. «Macht endlich ein freundliches Gesicht!», brülle ich. «Sonst denken die Leute noch, ihr habt Angst!»

Mit dem Kamerateam gehe ich auf die Hängebrücke, etwa 2320 Dorfbewohner im Schlepptau. Übertreibung macht anschaulich, ich sagte es schon. Die Brücke fängt an zu wackeln. Ich habe Höhenangst, und der TÜV Rheinland-Süd ist zu weit weg für einen Materialtest. Ich fürchte ernsthaft, dass die

Brücke zusammenbricht. Es ist eine Bambusbrücke, nur für Fußgänger gedacht; zweimal im Jahr wird sie vom Hochwasser weggeschwemmt und ansonsten von zwei Pfeilern fixiert. Doch die Brücke hält, ich bin ziemlich erleichtert. Wir reiten weiter in das Tal des Todes. Das Tal gibt es tatsächlich, der Name ist von mir. Wir laufen durch einen schmalen Bach, der kaum Wasser führt. Ich gucke nach links, ich gucke nach rechts und denke: «Was ist denn da los?» André ruft: «Bodo, die Wände bewegen sich!» «Was für ein Quatsch», denke ich. Aber es ist so: Die Wände bewegen sich.

An den Wänden krabbeln Millionen Weberknechte, auch Schneider, Schuster oder Opa Langbein genannt. Weltweit gibt es 6000 Arten von diesen Spinnentieren, zwischen zwei Millimetern und 2,2 Zentimetern groß. Alle mit überlangen Beinen. Ehe wir begreifen, welches Phänomen wir da vor uns haben, haben die Elefanten schon eifrig von den Wänden gefressen – und wir sind alle voller Spinnen!

Es dauert, bis wir uns gesäubert und von diesem Erlebnis erholt haben. Kurz darauf liegt mal wieder ein Baumstamm im Weg. Da Elefantenkühe mit Kälbern kein Holz schieben dürfen, weil die Stämme auf ihre Kälber fallen könnten, müssen die Gäste wieder mit anpacken. Das schlaucht am Ende einer Etappe.

Abends organisieren wir einen Pick-up, um Kasem und seinen Bluterguss zu einer Krankenstation zu bringen. Wir nutzen die Gelegenheit und fahren 15 Kilometer zurück in die Stadt, um Nachschub zu besorgen. Der kurze Abstecher ermöglicht mir ein paar Momente, die ich nur für mich habe. Die brauche ich einfach, wenn ich 24 Stunden am Tag mit den Gästen zusammen bin.

Beim Einkaufen denke ich: Tu deinen Leuten mal was Gutes nach den letzten Anstrengungen. Unser Alkoholvorrat beschränkte sich bisher auf Reisschnaps; jeden Abend ein Liter für die Mahuts und ein Liter für die Weißen. Also kaufe ich nun zwei Kästen Bier mit je zwölf Literflaschen. Die Karen haben zusätzlichen Schnaps besorgt, und im Lager langt jeder hin. Der Tagesmarsch hat uns geschafft, und so sind alle ziemlich flott hackedicht. Einige werden schläfrig, andere aktiv.

Mein Kumpel André erkennt die einmalige Gelegenheit, seine in grauer Vorzeit erworbenen Kampfsportkünste zu demonstrieren. Mit diversen ausgefallenen Moves will er ausgerechnet meinen alten Partner Muak beeindrucken. Ein angedeuteter Schlag hier, einer dort, einer berührt Muak am Hals. «Ich bin ein Thai», schreit der, auch er keineswegs nüchtern. Deswegen hat er die Demonstration falsch gedeutet – als Angriff nämlich. In Thailand darf der Jüngere zudem einen Älteren nicht berühren. Das ist neu für André.

Stunden später geht Muak auf André zu, in der Hand hält er eine Machete, so groß wie mein Oberschenkel. Muak brüllt: «Ich bring ihn um!» Ein Deutscher und ein Thai, *lost in language, lost in culture.* Drei Mann halten Muak fest, ich stelle mich zwischen André und die Machete. Neben uns tut es einen heftigen Schlag. Mein Freund Ingolf, Inge genannt, ist besoffen in sein Zelt gefallen. Leider lag die kleine Ines schon drin. Ingolf ist verletzt, die medizinische Erstversorgung im nordthailändischen Wald lässt Wünsche offen.

So endet Tag 4.

Nach gefühlten zwei Stunden Schlaf, es ist noch dunkel, bete ich morgens um vier Uhr erst einmal zusammen mit meinem buddhistischen Freund Muak. Ich bin völlig durch, muss aber immer noch halbwegs kameratauglich aussehen. Um 5.30 Uhr ist Wecken für alle, um 6.30 Uhr Abmarsch. Da kommt Dinah zu mir, die Dokumentarfilmerin: «Bodo, ich kann mich nicht mehr bewegen, meine Bänder machen nicht mehr mit.» Tagelang ist sie mit der 17 Kilo schweren Kamera neben uns hergelaufen, weil sie immer von unten filmen wollte. Nun ist Schicht. «Ich setz dich auf einen Elefanten hinten in den Korb, und dann filmst du von oben», sage ich. Anschließend organisieren wir noch einen Krankentransport für Ingolf und ziehen weiter.

Der fünfte Tag ist immer der anstrengendste. Weil wir alle schon vier Tage in den Knochen haben und nun 20 Kilometer durch den Fluss Mae Chaem laufen. Unter der Wasseroberfläche lauern zahllose, nicht sichtbare Steine. Wir laufen neben den Elefanten und haben das Gefühl, wir stürzen zweihundert Mal. Wir schlagen uns durch Sträucher voller Dornen. Den Elefanten macht das nichts aus. Aber den Gästen. Alle kommen blutverschmiert im Nachtlager an, ich sehe Freunde weinen. Wir versorgen die Elefanten und fallen ins Zelt. Vorsichtiger als Inge, also Ingolf am Abend zuvor. Aber völlig fertig.

Tag 6: Finale, oho! Der große Tag, der Einzug ins Dorf. Auf einer Wiese nahe beim dörflichen Wat (Tempel) will das Kamerateam als letzte Sequenz den Einmarsch der Elefanten festhalten. Wir reiten ein ins Dorf, und zack, so schnell kannst du gar nicht gucken, biegen die Elefanten links und rechts ab zu den Höfen, auf denen sie zu Hause sind. Sie ignorieren die Kommandos der machtlosen Mahuts: Jetzt ist Urlaub!

Da bin ich dann doch kurz vor dem Nervenzusammenbruch. «Alle wieder raus!», rufe ich, und widerstrebend reiten die Elefanten mit den Mahuts wieder hinaus aus dem Dorf, um anschließend erneut einzureiten bis zur Wiese. Es ist die einzige gestellte Sequenz einer wunderbaren TV-Dokumentation, und doch wirkt auch diese Szene im Film kraftvoll, eindringlich und authentisch.

Erleichtert lassen wir uns auf der Wiese nieder. Zur Feier des Tages haben die Dorfbewohner ein Schwein gekauft und geschlachtet. Es gibt Gekochtes, Geschmortes und rohes Fleisch vom Schwein. «Ihr seid jetzt», sage ich zu meinen Gästen und verweise auf das rohe Fleisch, «auf dem Weg vom Großstadtinsekt zum Jäger. Nach diesen sechs Tagen braucht ihr Kraft.» Auch Inge nickt. Er trägt jetzt den Arm in der Schlinge.

Noch im Dorf fängt Dana an zu weinen, nun, da das Ziel erreicht ist. Sie ist am Ende nach einer extremen, aber auch extrem glücklich stimmenden Erfahrung.

Ingolf wird erst nach seiner Rückkehr nach Deutschland erfahren, dass er sich bei seinem Zeltstunt das Schlüsselbein doppelt gebrochen hat. Dinah Münchow und Stephan Liskowsky werden in den nächsten Jahren Preise gewinnen für herausragende Dokumentationen. André gibt den Kampfsport auf, Muak ist wieder ganz der Alte.

Wir sitzen zusammen mit den Dorfbewohnern. Wir feiern, wir essen, wir trinken. Ich bin nicht der geborene Tänzer, aber heute tanze selbst ich. Vor lauter Erleichterung darüber, dass nichts Schlimmeres passiert ist in diesen sechs harten, ereignisreichen Tagen. Fast alles lief anders als geplant. Doch aus einer zusammengewürfelten Truppe ist eine verschworene Gemeinschaft geworden. Wir alle werden diese Tage nie vergessen.

Wir haben die Elefanten nach Hause gebracht.

«Es kommt aber der Tag, an dem vielen von uns
unsere Naturentfremdung sauer aufstößt, an dem
wir überreizt sind, überfordert, ausgebrannt.
Wir brechen auf, um unseren Verstand zu verlieren.
Mutig suchen wir die Natur, ohne zu wissen,
ob wir ihr überhaupt gewachsen sind.»

Christian Schüle in der «ZEIT»

Kapitel 12 Irgendwas ist immer: Der härteste Treck

Als ich vom Probetreck ins Camp zurückkehrte, war ich völlig fertig. Meine Freunde, meine Mitarbeiter, alle hatten sich
bravourös geschlagen. Doch mit externen Gästen und für Geld,
davon war ich erst einmal überzeugt, konnte ich so einen Trip
nicht durchziehen. Wie üblich in solchen Momenten, zog ich
mich zurück. Manchmal bin ich so einzelgängerisch wie ein
Elefantenbulle; während meiner Touren durch Asien war ich
oft wochenlang allein unterwegs. Da gewöhnt man sich daran, Entscheidungen im Alleingang zu fällen; eine Gewohnheit,
die auch dann schwer abzulegen ist, wenn andere von den Entscheidungen betroffen sind.

Drei Tage und zwei Nächte schloss ich mich ein und bilan-
zierte ganz nüchtern den Probetreck. Soll und Haben. Was
konnte bleiben, was musste weg? Dann kam ich wieder raus
aus meinem stillen Kämmerlein. Es stieg zwar kein weißer
Rauch auf, für mich aber hatte ich eine wichtige Entscheidung
getroffen. «Wir machen das», verkündete ich meinem Team,
«wir nehmen den Trip in unser Programm. In Zukunft bringen

unsere Gäste die Elefanten nach Hause und holen sie auch wieder zurück ins Camp.»

Ich gebe halt einfach nicht auf. Und immer ist ein Schuss Blauäugigkeit dabei und ein Kilo Abenteuerlust. So war es beim Aufbau meiner Firma, so war es bei der Einführung dieses Trecks 2006. Alles, was ich machte, war eine Art Laborversuch unter freiem Himmel – keiner hatte so etwas vorher versucht. Nach dem Testlauf wusste ich zumindest, welcher Wahnsinn alle zukünftigen Teilnehmer erwartete. Welche physische und auch seelische Belastung. Beim Probetreck waren alle an ihre Grenzen gekommen, manchmal hatten sie auch darüber hinausgehen müssen. Aber das tägliche Miteinander und die wachsende emotionale Nähe zu den Tieren hatten sie motiviert und nicht nur mit Adrenalin, sondern auch mit zusätzlicher Kraft versorgt.

Was hatte ich aus dem Testtreck gelernt? Ich wusste jetzt, wie ich alle sechs Elefanten und ihre Kälber halbwegs im Blick behalten konnte, wenn ich neben der Gruppe herlief. Ich hatte gelernt, dass unsere Gäste viel mehr Wasser tranken als wir, die wir in Thailand lebten – bei Hitze gerne mal fünf statt zwei Liter. Die Mahuts und ich trinken unterwegs selten, und wenn, nur einen kleinen Schluck. Die Naturvölker hatten Tonkrüge, darin konnte man Wasser auffangen und danach mit der Kelle schöpfen. Trinkwasser war kostbar. Sie konnten kein Wasser mit auf die Jagd nehmen, Plastikflaschen gab es noch nicht.

Zu gerne hätten alle Teilnehmer auf den Trecks eine Stunde Mittagspause gemacht. Welch schöne Gewohnheit! Und so gemütlich. Doch dann hätten die Elefanten eine Stunde in der

Sonne gestanden. Also hatte ich die Devise ausgegeben: «Plane aufbauen, setzt euch drunter, ihr habt zehn Minuten Zeit zu essen, was reinpasst. Und dann geht's weiter!» Viel Zeit zur Entspannung blieb da natürlich nicht. «Aber dann kommen wir doch zu früh ins Lager», wurde als Gegenargument ins Feld geführt. Für die Elefanten aber war es besser, schon um drei Uhr nachmittags im Lager zu sein als erst um sechs. Dann konnten wir sie für den Abend und die Nacht versorgen. Die Tiere hatten ihre Ruhe, und die Gäste konnten abhängen.

Nachdem ich mich positiv entschieden hatte, blieben mir drei Monate zur Vorbereitung der ersten kommerziellen Tour im Juli 2006. Sechs furchtlose Elefantenfreunde würden dabeisein: Birgit und ihr Cousin Marc, das Paar Magda und Peter (genannt Lucky), Jana und Elke. Diesmal würden wir in umgekehrter Richtung reiten – wir brachten die Elefanten aus ihrem Dorf zurück in unser Camp.

Die Tour sollte die längste und härteste von allen werden, die wir je durchgezogen haben. Eine Prüfung, die auch Leistungssportler gefordert hätte. Und doch schwärmen die Frauen und Männer, die für diesen klassischen Regentreck viel Geld bezahlten, noch heute davon. Was bestimmt auch daran liegt, dass sie eines der geilsten Teams waren, die wir je hatten.

Einige hatten den Trip schon früh gebucht, noch vor dem Probetreck. Jana war im Januar erstmals bei uns zu Gast gewesen. Schon da hatte ich das Gefühl, einem besonderen Menschen gegenüberzustehen. Bodenständig und weltoffen, extrem direkt und extrem fordernd – Eigenschaften, die mir nicht fremd waren. Zudem empfand ich sie als unfassbar klug. Klüger als mich auch.

Auch Birgit wollte unbedingt dabei sein. Sie war erstmals im Frühjahr 2005 in unserem Camp aufgeschlagen. Ich übertreibe nicht, wenn ich sage: Birgit war den Elefanten seit Kindheitstagen in Liebe verbunden. Bei ihr allerdings gab es ein ähnliches Problem wie zwei Jahre zuvor bei Krankenschwester Sina. Als Freund des offenen Wortes hatte ich Birgit gleich gesagt: «Du bist zu dick.» Wie sollte, wie wollte sie hochkommen auf den Elefanten? Einen Bocksprung in den Nacken konnten wir vergessen. Dass Birgits Rücken zudem drei Bandscheibenoperationen hinter sich hatte, erfuhr ich erst später.

Trotz allem wollte Birgit unbedingt reiten, also haben wir es versucht. Als sie erwartungsfroh, aber zögerlich vor unserer Kuh Mae Musi stand, sagte ich zu ihr: «Versuche, so hoch zu springen, dass du mit deinen Fingern die vorderen Halteleinen vom Korb greifen kannst. Dann kannst du dich daran hochziehen.» Damit Mae Musi den Kopf möglichst tief neigte, rief Birgit das Kommando «Chelo di». Dann sprang sie hoch und bekam so gerade eben die beiden Leinen zu fassen. Doch nun baumelte ihr Körper vor Mae Musis Gesicht. Dies war der Moment, in dem die Mahuts Birgit am liebsten fotografierten.

Ich schob ihren Hintern nach oben, sie zog sich hoch. Dann saß sie im Nacken des Elefanten. Aber immer noch falsch herum. Die halbe Drehung gelang ihr gut, trotz des angeschlagenen Rückens. «Nun rutsch weiter nach vorn auf ihren Kopf», rief ich, «zieh die Knie hoch, sodass sie ein Dreieck bilden, bis du das Gefühl hast, sicher zu sitzen.» Ihre Füße hakten sich hinter Mae Musis Ohren ein, die Knie ragten fast über den Kopf hinaus. «Jetzt passt es», sagte Birgit, «ich sitze in einer kleinen Kuhle, wie geschaffen für meinen Allerwertesten.» Sie schaute sich um: «Der Ausblick von hier oben ist gigantisch.»

Birgit konnte nicht auf jedem Elefanten sitzen, sie brauchte diese bestimmte Kuhle. Doch wenn sie erst einmal saß und losritt, passte sie sich dem Wiegerhythmus des Elefanten perfekt an, mit einem leichten Sambaschwingen der Hüften. Birgit lächelte. Bis der Abstieg anstand. Sie zog die Füße hinter den Ohren weg, legte sie auf Mae Musis Kopf und hielt sich an den Ohren fest. Die Kuh senkte den Kopf, und nun stellte ich mich ganz dicht an den Rüssel. «Rutsch einfach in meine Arme», sagte ich, «aber erschlag mich nicht!» So kehrte Birgit wohlbehalten zur Erde zurück. Beim zweiten Versuch schaffte sie den Aufstieg schon ohne mein Anschieben. Seither gilt sie als Erfinderin der Lifttechnik, die allen übergewichtigen, hüftgeschädigten und unsportlichen Gästen hoch auf den Elefanten hilft.

Im März 2006 kam Birgit schon zum dritten Mal zu uns, wir hatten uns inzwischen angefreundet. Sie war die Erste, die mich und mein Engagement für die Elefanten wirklich begriff. Was sie nicht davor bewahrte, für den Treck noch einen Eignungstest absolvieren zu müssen. Sie war zwar schon oft geritten, aber selten mehr als eine Stunde. Nun musste sie zur Probe auch mal drei Stunden am Stück reiten, beim Treck konnten es schließlich auch sechs am Tag werden oder mehr. Hielt ihr Rücken das aus? Zudem musste sie zwei Nächte im Wald Probe schlafen, im Schlafsack. Davon eine Nacht bei unserer hochschwangeren Mae Khamu. Birgits Hoffnung, die Geburt des Kalbes live zu erleben, erfüllte sich nicht – der kleine Bulle Bodo kam erst in der Nacht darauf.

Zum Treck reiste Birgit dann am 1. Juli an, ihrem Geburtstag. Ich empfing sie am Flughafen in Chiang Mai, im Anschluss fuhren wir mit allen Teilnehmern ins Elefantendorf nach Ban

Na Klang. Auf dem Weg machten wir Halt in Mae Chaem. In einem chinesischen Restaurant bestellte ich für alle Reis mit süßem, fettem Schweinefleisch. «Das wird euer Essen sein für eine Woche, keine Diskussion», sagte ich. Janas Kinnlade rutschte nach unten weg, ich hörte sie flüstern: «Dann essen wir halt nur den Reis.» Die Angesprochenen nickten zaghaft. Im Dorf der Elefanten blieben wir erst einmal, damit sich alle an die Tiere gewöhnen und schon ein wenig reiten konnten. Marc und Elke hatten bis dahin noch nie auf einem Dickhäuter gesessen. Wir übten, wie man den Korb packt. Es sind einfache Handgriffe, aber sie müssen sitzen. Marcs Hauptjob sollte es sein, abends für sich und Birgit, seine Cousine, das kleine Zelt aufzubauen.

Die «schöne Elke», wie wir sie heimlich nannten, war taff und ein gelungenes Beispiel für die alte Weisheit, dass man Menschen nicht nach dem Aussehen beurteilen sollte. Auf den ersten Blick sah sie nach rhythmischer Sportgymnastik aus. Tatsächlich aber hatte sie als erste Frau in einem semiprofessionellen Eishockeyteam der Männer gespielt, im Tor. Eine Woche vor dem Flug nach Thailand hatte sie sich in Deutschland verliebt. Nun fragte sie sich, ob der Fernosttrip noch eine gute Idee war oder doch schlechtes Timing. Da ihr Geburtstag kurz bevorstand, riet ich ihr in meiner Rolle als Küchenpsychologe: «Wenn dein neuer Freund an deinem Geburtstag vor Mitternacht anruft oder es zumindest versucht – zwischen Bäumen und Hügeln in Thailand hast du nicht immer Empfang –, dann ist er der Richtige. Wenn nicht, vergiss ihn.» Er rief vor Mitternacht an. Soviel ich weiß, sind die beiden heute verheiratet.

Auch kurz vor dem Start stand das Programm der Tour noch nicht hundertprozentig fest. Wir befanden uns mitten in der Monsunzeit; mir wurde klar, dass wir wegen der Kälber nicht wie üblich durch die Flüsse reiten konnten. Das Wasser ging den Kleinen bis zur Brust. So mussten wir öfter als gewohnt auf der Straße laufen. Lia und Mahn sollten dem Treck täglich mit dem Auto vorausfahren, das Essen transportieren und Nachtmahl und Nachtlager vorbereiten – auch das war eine der Änderungen nach dem Probetreck.

Unsere Startaufstellung sah dann wie folgt aus: Auf Position 1 Jana auf Leitkuh Mae Gaeo I (mit ihr lief Kalb Salia); dahinter Birgit auf Mae Moon (schwanger, sie kalbte zwei Tage nach dem Treck); Marc auf Mae Khamu (mit Kalb Bodo); Magda auf Mae Chapo (mit Kalb Dodo); Peter auf dem Bullen Tong Bai. Den Abschluss bildete Elke auf Mae Chede – alle natürlich begleitet von unseren Mahuts. Auch Mae Chede hatte ein Kalb an ihrer Seite, so jung, dass es noch keinen richtigen Namen hatte und «Nong Mai» gerufen wurde, «kleines Nichts». Manche Kälber sterben jung; wenn sie noch keinen Namen haben, können sie von den Geistern nicht identifiziert werden. Ist ein Kalb erst einmal aus dem Gröbsten raus, erhält es einen Rufnamen. Auch der ist vorläufig; erst mit einer speziellen Zeremonie bekommt der Elefant den Namen, den er für den Rest seines Lebens behält.

Den Bullen Tong Bai hatte ich von der Tomali-Familie ausschließlich für den bevorstehenden Marsch angemietet. Er sollte künftig in einem Camp nahe unserem arbeiten; nun konnte er schon auf dem Weg dorthin Geld für seinen Besitzer verdienen. Wir ahnten nicht, welch bedeutsame Rolle Tong Bai noch einmal für Birgit und unser Unternehmen spielen würde.

So wenig wie ich ahnen konnte, dass Jana für mich einmal sehr wichtig werden würde. Wie immer, so hatte ich auch diesmal klare Regeln ausgegeben. Ohne Regeln, das hatte ich gelernt, läuft jede Gruppe bei hohen Anforderungen aus dem Ruder. Für das persönliche Gepäck galt ein Limit von 15 Kilogramm. Jana brachte 800 Gramm zu viel auf die Waage. Doch welche Dinge sollte sie zurücklassen? Jeder Gast hatte von uns ein Päckchen bekommen. Es enthielt einen kleinen Teller, eine Tasse, einen Löffel, eine Leine, um das Gepäck auf dem Korb festzumachen, dazu Kernseife, Shampoo und Conditioner. Die Frauen tuschelten, und unter vernehmbarem Zähneknirschen entsorgte Jana Shampoo und Conditioner.

Die Tassen waren bei diesem Treck noch aus Plastik, später stellten wir auf Metalltassen um. Worauf uns alle zu diesem kleinen Beitrag zum Umweltschutz gratulierten. Allerdings blieben Kaffee und Tee in den Metalltassen länger heiß. Manche(r) verbrannte sich die Lippen am Tassenrand und dachte dann neu über Vor- und Nachteile des Umweltschutzes nach.

Am 4. Juli 2006 ging es endlich los. Für mich als Fußballfan nicht das glücklichste Datum, denn in der Nacht zum 5. spielte Deutschland im Halbfinale der Weltmeisterschaft in Dortmund gegen Italien – ein Spiel, das ich mir gerne am Fernseher angeschaut hätte.

Es war noch dunkel, als Muak mit uns allen die Geister beschwor, auf dass sie uns wohlgesonnen blieben in den nächsten Tagen. Wir schlachteten zwei Hühner und aßen sie gemeinsam – ein Ritual, das bis heute fester Bestandteil eines jeden Trecks ist. Ein Relikt aus alten Zeiten, als die Menschen gemeinsam aßen, bevor die Männer auf die Jagd gingen. Keiner

wusste, wann sie zurückkommen würden; keiner wusste, wann
es wieder etwas zu essen gab.

Um sechs Uhr in der Früh ritten wir los. Die ersten zwan-
zig Kilometer liefen wir auf der Straße; mit insgesamt dreißig
Kilometern und einer Durchschnittsgeschwindigkeit von drei
Stundenkilometern war es gleich die längste Etappe des Trecks.
Da musste ich auch mal die müder werdenden Mahuts moti-
vieren. Unsere Gäste saßen im Nacken der Elefanten, aber mit
den Hinterteilen auf der Kette, mit der die Tiere nachts im
Wald an einen Baum gebunden wurden, damit sie nicht auf
Nimmerwiedersehen verschwanden oder in ihr Dorf zurück-
liefen. Tagsüber trugen die Elefanten die Kette um den Hals; sie
ist, dies gleich zur Erläuterung, keine Belastung für die Tiere.

Obwohl die Kette mit Kissen abgepolstert wurde, rubbelten
sich unsere Reiter die Haut am Hintern auf. Von vielen Schien-
beinen hing die Haut schnell in Fetzen herunter, aufgerissen
von den stacheligen Haaren der Dickhäuter. Erst bei späteren
Trecks trugen die Gäste Stulpen an den Unterschenkeln. Mit
Gärtner Jit lief ich neben der Gruppe her. Leider hatte ich mir
die falsche Hose angezogen und lief mir zügig einen Wolf –
vom Oberschenkel bis zum Knie war alles offen, die Haut komplett wundgescheuert.

Obwohl man auf der Straße schneller vorwärtskommt als
querfeldein, dauerte diese erste Etappe mit Pausen zwölf
Stunden. Ein fordernder Auftakt. Danach mussten wir, obwohl
völlig fertig, auch noch unsere Zelte aufbauen. Alle bemühten
sich, die harschen Bedingungen zu akzeptieren. Und doch war
zu spüren, dass eine Kleinigkeit genügen würde, um die nervöse Ruhe in einen gepflegten Wutausbruch zu verwandeln.

Um uns mal richtig zu waschen, setzten wir uns am frühen

Abend nackt in den nahen Fluss. Die Mahuts hatten wir vorher weggeschickt. Nicht aus ästhetischen Gründen – wir wollten ihre Moral nicht unterminieren. Jana flutschte ihre Kernseife aus den Händen ins Wasser, und weg war sie. Nach dem Verzicht auf Shampoo und Conditioner nun auch noch die Seife. «Scheiße», schrie sie, «nicht einmal richtig waschen kann man sich hier!» Genüsslich packte ich darauf mein Shampoo und den Conditioner aus und wusch mir in Zeitlupe meine damals noch langen Haare.

Aus einer anderen Ecke meldete sich Birgit zu Wort: «Ich hab meine Zahnbürste vergessen.» «Irgendwas ist immer», antwortete ich. Seither gehört dieser Satz zu meinen geflügelten Worten. Er erstickt jede Kritik im Keim und verordnet Gelassenheit. Ein Schild mit diesem Spruch hängt heute an meiner Haustür in Mae Sapok. Auch viele unserer Gäste, so erzählten sie mir, haben den Spruch in ihren Alltag übernommen.

Am nächsten Morgen schickte ich Mahn erst einmal mit dem Auto los, um das Ergebnis des Deutschland-Spiels gegen Italien zu erfahren – leider hatte unser Team das Finale nicht erreicht. Marcs Teilnahme am Treck endete schon an diesem Morgen. Beim Hochspringen auf Mae Khamu riss ihm das Kreuzband. Bis zum Mittag ritt er noch im Korb mit, dann wurde er mit dem Auto nach Mae Sapok gefahren. Da Mae Khamu nun frei war, konnte auch ich hin und wieder ein Stück reiten.

Es war der Tag, als der Regen kam: Vom Mittag an schüttete es nahezu durchgehend. Und doch gibt es von diesem Treck fast nur sonnige Bilder. Weil jeder nur fotografierte, wenn mal die Sonne durchkam. Immerhin gibt es ein paar Fotos, auf denen wir durch den Schlamm latschen. Sonst hätten unsere Aufnahmen ein völlig falsches Bild von diesem Trip vermittelt.

Der härteste Treck

Janas Unmut legte sich irgendwann, der Regen aber blieb.
Dennoch verstand sich die Gruppe bis zum Schluss prächtig.
Auch wenn Etikette mit jedem Tag unwichtiger wurde. Am
ersten Tag hieß es beim Essen noch: «Könntest du mir bitte
mal die Butter rüberreichen? Danke.» Tags darauf starb der
Konjunktiv einen schnellen Tod, und am dritten Tag reduzier-
ten sich die Sätze auf das Überlebensnotwendige: «Die Butter!» Die Schicht unserer Zivilisation ist offensichtlich dünn.
Etwa so dünn wie Elkes Haut. Auf der Kette sitzend, handelte
auch sie sich offene Wundstellen ein – da, wo ihr Auge nicht
hinkam. Vor dem Trip hatte sie ihre Zeltpartnerin Jana noch
nie gesehen; nun rieb Jana der wunden Elke den Hintern mit
Bepanthen ein.

Wenn nach dem Essen Magen, Darm oder Blase nach Erleichterung riefen, boten Nordthailands Wälder ausreichend

Platz für das kleine oder auch größere Geschäft unter freiem Himmel. Bestückt mit einigen Lagen Toilettenpapier und Taschenlampe, war es bei Regen und tiefer Dunkelheit nicht leicht, das richtige Örtchen zu finden. So manch eine(r) musste die Sitzhaltung ändern oder den Platz, weil plötzlich nur wenige Meter entfernt ein Elefant grummelte oder ein Mahut lachte. Wegen des Dauerregens bestand zudem die Gefahr, mit dem Wasser fortgeschwemmt zu werden. Jeder empfindet die Herausforderungen einer solchen Tour anders. Jeder Gast muss glauben und akzeptieren, was ich zu den Elefanten erzähle. Oder auch das, was der Elefant erzählt. Alle müssen sich auf Situationen einlassen, die sie nicht kennen. Den Wert warmen Wassers erkennst du erst, wenn du dich in kaltem wäschst. Zudem klettern wir mit den Tieren auf 2000 Meter Höhe, da geht es dann manchmal steil hoch und wieder runter.

Als ich Kind war, habe ich noch Heidelbeeren gepflückt. Wer macht das denn heute noch? Wir kennen das gar nicht mehr, in der Natur zu leben. Und dann sind wir plötzlich mittendrin. Da gibt es keine Dusche, kein warmes Wasser, keinen Strom, keine Toilette. Wie verhalten wir uns dann? Wie kacke ich im Wald, ohne mir wehzutun? Wir erleben den Elefanten in seiner ureigenen Welt. In einer Welt, in der wir Menschen klein sind und nichts von dem zählt, was uns sonst so wichtig ist. Wenn etwas bleibt am Ende des Trecks, wenn uns der Elefant etwas lehrt, dann Demut.

Bei dieser Art Treck war der Weg in der Tat das Ziel. Anders als beim Elefantenführerschein, wo du jeden Abend wieder im Quartier bist, hast du beim Sechs-Tage-Treck keine Wahl und keine Ausreden – du musst weiter. Keiner traut sich aufzugeben und sich ins Begleitauto zu setzen. In dieser knappen Woche findet bei den Gästen, unseren Großstadtinsekten, wie ich sie gerne nenne, eine Verwandlung statt. Als hätten sie nur darauf gewartet, fernab der Zivilisation längst verschüttete Instinkte zu reaktivieren – es hat etwas Archaisches.

An den Abenden dieses verregneten Trecks versuchten die Mahuts gemeinsam mit Jit, im pitschnassen Nachtlager unter einer Plane eine Feuerstelle zum Kochen einzurichten. Das klappte letztlich nur, wenn wir eine der leeren Plastikflaschen anzündeten. Beim Schmelzen entstanden Tropfen, die wie Brandbeschleuniger wirkten. Die Gäste bauten ihre drei Zelte immer dicht nebeneinander auf, um anschließend einen Graben gegen das ständig drohende Wasser drumherumzuziehen. Dennoch schliefen alle mit den Knien im Nassen.

Wie die Mahuts, so nächtigte auch ich unter einer Plane. Wir lagen auf einer Bambusmatte; auf dem nackten Boden hätten uns die Ameisen zermürbt. Alle zwei Stunden sorgte einer dafür, dass das Feuer nicht erlosch. Wir legten uns abends um sieben schlafen, morgens um fünf endete die Nacht.

Alle Teilnehmer stiegen auf den Etappen ab und zu vom Elefanten, um ein Stück zu laufen. Nur Birgit ritt durch, so ersparte sie sich die Prozedur des Auf- und Absteigens. Die Mahuts, alle zwischen 15 und 20 Jahre alt, nannten Birgit «Mae Ui», «alte Mutti». Dabei war sie damals gerade 43 Jahre jung. «Schläfst du heute wieder bei uns?», fragten Silar und Co. ihre «alte Mutti» abends. Und das tat sie dann. «Birgit will die Sterne sehen», sagten die Mahuts.

«Es mag sich seltsam anhören, aber ich habe mich bei den Jungs aufgefangen gefühlt», erzählte mir Birgit später. Jeden Morgen und jeden Abend versorgte sie die staunenden Elefantenführer mit einer Packung Markenzigaretten und bekam dafür eine «buridoi» geschenkt. Eine aus Tabak, Tamarinde und Bananenblatt gedrehte Zigarette, die so lange vorhalten kann wie eine Zigarre, aber auf Lunge geraucht wird. Am vierten Tag hatten alle wunde Hintern wegen der Kette, alle waren fix und fertig und Jana wieder mal stinkig. «Warum muss ich immer auf der 1 reiten?», rief sie. «Warum muss ich immer den Weg freischlagen durch die Dornen und Spinnweben?» Abends kochten Jit und ich im Freien. Einmal gab es dann auch etwas Feines: Bratwurst, Salzkartoffeln und Sauerkraut. Der Versuch, noch ein weiteres Highlight auf die Speisekarte zu zaubern, misslang jedoch gründlich. Unsere Zimtwürstchen schmeckten wirklich zum Kotzen.

In der vorletzten Nacht schreckte uns ein Unwetter aus dem Schlaf. Wir lagen nahe dem Dorf der tausend Winde, unterhalb des Doi Inthanon, von dem nun ein Taifun herunterstieß mit Windstärke 11. Alle Zelte wurden zerstört. Um Mitternacht holten wir die Elefanten aus dem Wald und stellten sie auf die Straße – wir fürchteten, umstürzende Bäume könnten die Kälber erschlagen.

Auch im Nachhinein kann ich nur staunen, wie friedlich meine Gäste die ganze Zeit blieben. Selbst morgens, wenn sie sich in klammen Klamotten aus den Zelten quälten und ein paar Sachen zum Trocknen an den Elefanten aufhängten. Nur BHs waren verboten; wir wollten das Feingefühl der Einheimischen nicht belasten, wenn wir durch ihre Dörfer schaukelten. Statt zu nörgeln und zu meckern, verlegten sich unsere glorreichen Sechs aufs Singen. Kraftvoll, inbrünstig und unermüdlich schmetterten sie «Raindrops keep falling on my head». Irgendwann konnte ich es nicht mehr hören. Doch

noch heute verbinde ich mit diesem Lied ganz besondere Erinnerungen.

Am letzten Tag, so hatte ich mir vorgenommen, wollte ich
auf unserer neuen Kuh Mae Gaeo II nach Mae Sapok einrei-
ten. Meine Mitarbeiter holten sie aus dem Camp und brachten
sie unserer Gruppe entgegen. Zur Erleichterung gesellte sich
an diesem Tag ein Gefühl der absoluten Genugtuung. Wieder
einmal hatte mir vor dem Treck jeder prophezeit: «Was du da
machst mit ganz normalen Gästen für teures Geld, das klappt
nie!» Doch ich hatte auf meine Fähigkeit vertraut, Menschen
begeistern zu können – gerade auch dann, wenn sie ihre Kom-
fortzone nur noch mit dem Fernglas erkennen können.

So ritt ich denn auf Mae Gaeo II dem Treck voran in unser
Dorf. Es gibt Leute, die noch heute behaupten, ich hätte dabei
gelächelt.

Ich freute mich mit unseren Gästen, die ihren Traum vom
Abenteuer in der Natur gelebt hatten. Mit einer Freude und
Begeisterung, zu der sonst nur Kinder fähig scheinen. «Gerade
wegen der Umstände war dieser Treck so aufregend», sagte
Birgit später. «Wenn wir mit dir abends am Lagerfeuer saßen
und das Essen mal mit Bier, mal mit Schnaps runterspülten,
fühlten wir uns wie Pioniere. Es war so unglaublich intensiv
mit den Elefanten und ihren Mahuts.» So beeindruckend, dass
Birgit, Jana, Magda und Peter diesen Treck später noch drei
Mal buchten. «Der erste aber», da waren sie sich einig, «war
der geilste.»

«Wir bringen die Elefanten nach Hause, und wir holen sie aus
dem Dorf wieder zurück»: Bis 2016 war das zehn Jahre lang
ein aufregender, gut gebuchter Dauerbrenner in unserem Pro-

gramm. Offenbar passte ein solcher Ausflug in die reine Natur perfekt in unsere Zeit, in der Kühe für viele europäische Großstadtkinder lila sind. Jahr für Jahr organisierten wir die Touren immer professioneller – bis heute gibt es keinen vergleichbaren Treck weltweit.

Und jeder Treck war anders. Unterschiedliche Elefanten bedeuteten unterschiedliche Laufzeiten. Unwetter konnten alle Vorsätze über den Haufen werfen. Es war unmöglich, alles exakt vorauszuplanen. 98 Prozent unserer Gäste haben unsere und meine Arbeit immer respektiert; das ist als Echo und Bestätigung für unser Tun auch wichtig. Ich bin allen Teilnehmern unglaublich dankbar. Es ist ja nicht selbstverständlich, dass Menschen viel Geld zahlen, um eine Woche lang von mir angeschnauzt zu werden und einen Teller Reis zu essen, oder?

Den Rekordtreck liefen wir im April 2007: Mit 17 Elefanten unterwegs im bergigen Norden Thailands! Elf erwachsene Tiere und sechs Kälber, dazu elf Gäste, Gärtner Jit, Praktikantin Simone und ich. Ein Höllenritt, eine tolle Karawane. Nicht ohne Komplikationen natürlich, aber selbst ich war beeindruckt von unserem riesigen Tross.

Ein Gast allerdings flippte völlig aus, das hatten wir derart heftig noch nicht erlebt. Die Frau stellte sich gegen die komplette Gruppe, vergiftete das Klima, mobbte einige Teilnehmer regelrecht. Sie mochte, so stellte sich heraus, weder Elefanten noch die Natur ganz generell. Warum hatte sie dann diesen Trip gebucht? Ich nahm sie beiseite, aber auch ein Gespräch brachte uns nicht weiter. Sie musste die Gruppe verlassen und vorzeitig zur Lodge zurück.

Drei Monate später holte der erste reine Männertreck die Elefanten aus ihrem Dorf in unser Camp. Es waren durchweg

Schweizer Banker, eine tolle, gutgelaunte Truppe, die sich wie selbstverständlich auf die schwierigen Umstände einließ – auch dieser Treck war ein feuchtes Vergnügen und machte dennoch allen Spaß.

Nach der ersten Nacht suchten wir unsere Kuh Mae Mo vergebens im Wald; sie war zurück in ihr Dorf gelaufen. Damit war der Reiter der Kuh zum Fußgänger degradiert. Bis der Mahut das Tier zurückgeholt hatte, hatte ich mit dem Schweizer bereits fünfzehn Kilometer zu Fuß weggeschafft, ohne dass er sich auch nur ansatzweise beschwert hätte.

Nach Abschluss erforderte der Bankertreck allerdings doch eine leichte Kurskorrektur. Wie üblich hatte es an einem Abend die Gourmet-Kombination Bratwurst, Salzkartoffeln und Sauerkraut am Lagerfeuer gegeben. Am nächsten Morgen hatten alle Durchfall; der Schweizer ist da wohl etwas weicher. Seitdem offerieren wir bei allen Ausflügen statt Sauerkraut Möhrengemüse, in Butter geschwenkt. Kompatibel auch mit eidgenössischen Mägen.

Gemessen an anderen Touren warfen die Sechs-Tage-Karawanen prozentual den größten Profit ab. Womit sie zur wichtigen Säule wurden in unserem Modell der nachhaltigen Arbeit mit Elefanten, finanziert durch Touristen. Da die Zahl der Camps in unserem Tal in den letzten Jahren stark gestiegen ist, müssen die Elefanten nun ganzjährig Geld verdienen. Drei Monate Pause im heimischen Dorf sind nicht mehr drin, damit wurde unser Treck obsolet. Wir modifizierten unser Programm und starten nun drei Mal im Jahr, im April, Juni und Dezember, die Tour «Around the valley», rund um unser Tal. Als sogenannten Wintertreck gab es dieses Angebot bereits seit 2008, jeweils im Dezember. Die Strecke ist nur noch 100 Kilometer lang, Strapazen und Vergnügen halten sich immer noch die Waage, und auch dieser Treck findet reichlich Liebhaber.

Mit dem allerersten Treck 2006 und seinen Einnahmen glaubten Lia und ich, fortan ganzjährig in Thailand leben zu können. Wir flogen also zur Jahresmitte nicht mehr zurück nach Deutschland. Und so begann unsere erste Ganzjahressaison: Von Juli bis September hatten wir keinen einzigen Gast. Im September 2006 trudelten nach und nach wieder Gäste ein – erst zwei, dann drei, dann vier. Das roch nach Action, doch die spielte in Bangkok. Am 19. September rollten Panzer durchs Zentrum der Hauptstadt. Das Militär übernahm mehrere Fernsehsender, setzte die 2001 und 2005 demokratisch gewählte Regierung unter Premier Thaksin Shinawatra ab und rief eine neue, provisorische Regierung aus. Der Coup verlief ohne Widerstand und ohne Blutvergießen; es war der 18. Militärputsch seit dem Ende der absoluten Monarchie 1932.

Auch die europäischen Medien berichteten über die Geschehnisse im beliebten Urlaubsziel. Staatsstreiche sind organischer Teil der politischen Kultur Thailands. Die Einheimischen nehmen sie hin wie das Wetter – das können sie schließlich auch nicht ändern. In unseren mitteleuropäischen Breiten aber, in Deutschland, Österreich und der Schweiz, klingt das Wort Militärputsch geschichtsbedingt schriller, gefährlicher. Daher gingen unsere potenziellen Kunden Thailand gegenüber erst einmal auf Distanz. Sie fühlten sich nicht mehr sicher.

Bei den Tourismusexperten genießt Thailand den Ruf eines Teflon-Landes. Ob Naturkatastrophen, Epidemien, politische Umwälzungen oder wirtschaftliche Turbulenzen: Alles, was andere Reiseziele für länger von der touristischen Landkarte fegt, perlt an Thailand ab. Bereits nach kurzer Zeit, nach einer überschaubaren Delle in den Buchungszahlen, kehren die Ausländer zurück. Tänzeln wieder durch Bangkoks Bars, futtern sich durch die schmackhafte Thai-Küche und betten sich auf ihre Handtücher an den zauberhaften Stränden von Koh Samui, Koh Phangan, Krabi oder Koh Lanta.

Uns hingegen machte die Buchungsdelle in diesem Herbst zu schaffen. Drei Wochen nach dem Putsch saß ich mit Lia und Birgit auf der Terrasse unserer Lodge, genoss den Blick ins Tal – und war wieder einmal pleite.

«Nicht der Umfang des Arms, sondern die Größe
seines Herzens macht einen Mann zum Mann.»
Sri Chinmoy

Kapitel 13 Der Guru, die Frauen und die Gebrüder Lehman

An einem Freitag im Februar 2007 gönnt mir das Schicksal
nicht einmal einen ungestörten Mittagsschlaf. Vor dem Fenster höre ich Worte in englischer Sprache und schrecke hoch.
Lia ist auf einem Ausflug, also muss ich raus. Vor mir stehen
drei Amerikaner. «What can I do for you?», frage ich. «We want
to lift an elephant», antworten sie. «You want what?»

So viel habe ich schon verstanden mit meinem ostdeut-
schen Englisch: Die Überraschungsgäste wollen einen Elefanten heben. Sie sind Mitarbeiter und Anhänger eines Gurus
namens Sri Chinmoy. Bis zu dieser Sekunde habe ich noch nie
von ihm gehört, dabei ist der Bengale eine Berühmtheit. In
jungen Jahren macht er sich einen Namen als erfolgreicher
Sportler, als Zehnkampf-Champion, im Laufe der Zeit auch
als Schriftsteller, Dichter, Komponist, Musiker, Künstler. Er
boxt mit Muhammad Ali, läuft mit Carl Lewis, wird zum spirituellen Lehrer der Musiker Ravi Shankar und Carlos Santana
und zum Duzfreund von Mutter Teresa. Mit dem Dalai Lama
hat Sri Chinmoy gefrühstückt, und nun will er bei mir einen
Elefanten heben.

Ich erfahre, dass Gewichtheben Sri Chinmoys Spezialität
ist. Doch er hebt nicht nur Eisenscheiben, auch Menschen, Autos, Flugzeuge, Boote, Bäume. Mit diesen Kraftakten, gespeist

aus Gebeten, Meditation und Konzentration, demonstriert er in aller Welt sein Motto: «Nichts ist unmöglich.»

Seine Mitarbeiter haben an diesem Freitag schon einige Camps in der Umgebung aufgesucht, doch keiner der Betreiber wollte dem Guru einen Elefanten zur Verfügung stellen. «Aber es gibt da in Mae Sapok einen Weißen, der ist verrückt genug, der macht das bestimmt», haben die Karen gesagt, und deshalb landen die Besucher bei mir. Und natürlich mache ich mit. Durch puren Zufall haben wir gerade gleich drei Kälber in unserem Camp. Eins ist von buddhistischen Karen ausgebildet worden, eins von Animisten, eins von christlichen Karen. Welches ist nun am ehesten geeignet, eine völlig ungewohnte Herausforderung zu bewältigen? Ich überlege: «Die Animisten machen sich in die Hosen, wenn's ernst wird, die Buddhisten palavern zu lange, bleibt also nur das Christen-Kalb.» Das sind nicht unbedingt wissenschaftliche Kriterien, aber übrig bleibt ein junger Bulle namens Bodo, elf Monate alt. Passt doch, der Name verheißt gutes Gelingen.

Sri Chinmoy, so wird mir gesagt, stemmt bis zu einem Gewicht von 300 Kilogramm alles mit einer Hand. Für alles, was schwerer ist, benötigt er eine ähnliche Einrichtung wie in Fitnesscentern, um das Gewicht über die Schultern zu stemmen. Der kleine Bodo wiegt 317 Kilogramm, also bauen wir am Samstag eine tragfähige Apparatur aus Holz, mit einem Kasten, in den ich Bodo bugsieren werde.

Am Sonntag reiten wir die zwei Kilometer zu unserem ehemaligen Camp in Pathub, einem spirituellen Platz, auch deshalb gut geeignet für die geplante Zeremonie. Bodos Mutterkuh Mae Khomu ist dabei; Mae Gaeo I und Salia komplettieren unser Team, damit das Kalb Bodo die gewohnten Elefanten um sich hat. Der Guru erscheint mit seinem Gefolge, 50 Menschen aus 50 verschiedenen Ländern, dazu ein paar Kamerateams. Bei der Fahrt durch Nordthailands Täler ist die Autokarawane immer länger geworden, sodass wir schon vor Beginn der Zeremonie hunderte Besucher begrüßen, die den Akt live verfolgen wollen. Sri Chinmoy, Anfang 2007 bereits 75 Jahre alt, finde ich sehr interessant, aber noch stärker beeindruckt mich auf den ersten Blick die unglaubliche Ausstrahlung seiner Frau. Mein Respekt vor ihrem Gatten steigt, als er mich zum Aufwärmen mal eben mit einer Hand hochhebt, 120 Kilo immerhin. Unser erster Versuch, den Bullen Bodo in den Kasten zu bugsieren, klappt nicht. Ich scheuche alle lautstark zur Seite: «Weg, alle weg, wir müssen umbauen!» Einer der Amerikaner sagt später: «Ich hab kein Wort verstanden, aber deine Anweisungen hörten sich an wie im Dritten Reich: Seit 5 Uhr 45 wird zurückgeschossen.»

Zusammen mit den älteren Elefanten beruhigen wir das verunsicherte Kalb. Wir bauen die Apparatur so um, dass Bodo hoch auf eine Rampe muss. Ich rede mit Mae Khomu, seiner Mutter, sage etwas in der Art: «Wir brauchen jetzt deine Hilfe. Wenn's nicht klappt, auch okay, dann gehen wir wieder nach Hause. Aber es wäre schon schön, wenn du uns unterstützt.» Ich gehe mit Bodo auf die Rampe. Sri Chinmoy sitzt zehn Meter entfernt und setzt sich in Bewegung. In diesem Moment spannt eine Mitarbeiterin von ihm einen zwei mal zwei Meter großen, schwarzen Sonnenschirm auf, so etwas hat der kleine Bodo noch nie gesehen, und es macht «klack», so etwas hat der kleine Bodo noch nie gehört. Er brüllt oben auf der Rampe, dreht sich um und geht durch.

Unten brüllt seine Mutter und rast ihrem Kalb hinterher; Mahut Sithorn fliegt in hohem Bogen von der Kuh. Plötzlich sind alle Elefanten unterwegs. Ich will nicht sagen, dass in diesem Augenblick Hass in meinen Augen steht. Aber ich bin doch ein wenig ungehalten. Etwa tausend Augenpaare richten sich auf die Frau mit dem Sonnenschirm, sie kann nicht fassen, was sie angerichtet hat.

Ich renne nun Mae Khomu und Bodo hinterher, in der Hoffnung, dass sie nicht gleich zwei Kilometer weit weglaufen, so gut bin ich als Raucher nicht dabei. Nach knapp hundert Metern habe ich die beiden eingeholt. So laut ich kann, in meiner «dragon language», in der Lautstärke eines Drachen also, brülle ich die Kuh an. Sithorn kommt heran, er hat sich bei seinem Sturz die Knie aufgeschlagen. «Sei kein Weichei», sage ich, «steig wieder auf.» Ich führe das Kalb zurück auf die Rampe, unten stehen wieder Mae Gaeo I und Salia als Vertraute, und der Guru stemmt mit den Schultern Bodos 317 Kilo. Wir alle staunen. Für mich ist es ein sehr emotionaler Moment.

Sri Chinmoys Mitarbeiter haben einen Kassettenrekorder dabei, weil sie zum Elefanten-Stemmen eigentlich ein Lied abspielen wollten. «Freedom for elephants» oder so ähnlich. Doch in der allgemeinen Aufregung haben sie vergessen, auf Start zu drücken.

Ich stehe oben auf der Rampe und schreie in die versammelte Gemeinde: «So what?!» Was wollt ihr?! Wir sind Elephant Special Tours, und das ist unser Motto: Tuk Yang Tuk An – Wir können alles! So habe ich mich auch gefühlt in diesem Moment. Wenn das Urvertrauen der Elefanten ein Zeichen für die Fähigkeiten ihres Trainers ist, dann war der Kraftakt mit Bodo, seinen Verwandten und dem Guru mein größter Erfolg als Elefantenmann.

Meine Hochstimmung hielt jedoch nicht lange an. Der Kampf ums Überleben der Firma ging weiter. Die ständigen Probleme belasteten mehr und mehr auch meine Ehe, im März 2007 verließ Lia mich dann. Das tat weh. Abgesehen davon: Ohne Lia, ohne ihre tatkräftige Unterstützung gäbe es unsere Firma nicht; zudem war sie bei allen Mitarbeitern sehr beliebt. Doch nun ging ihr die Kraft aus für unser anstrengendes Leben in Thailand.

Ich habe Menschen verprellt und verloren, die mir am Herzen lagen; ich kann mich da gar nicht freisprechen von meinem Anteil. Warum gehen wir mit Familienmitgliedern und Freunden oft strenger und kompromissloser um als mit Fremden? Zwei Monate später trat eine neue Frau in mein Leben, wie es so schön heißt. So neu war sie für mich allerdings gar nicht. Jana kannte ich bereits seit anderthalb Jahren, bisher allerdings nur als treuen Gast. Nun hatte es den Anschein, als könnten wir eventuell ein Paar werden. Von außen sah das in meinem Fall nach einem fliegenden Wechsel aus, von einer Frau zur nächsten. Doch der Eindruck täuschte – ich musste erst einmal den Tiefschlag mit Lia verdauen und war noch gar nicht klar für eine neue Beziehung.

Verliebt war ich schon in Jana. Das gilt heute erst recht, doch schon damals empfand ich extrem stark für sie. Aber inzwischen war ich mir nicht mehr sicher, ob ich eine Beziehung auf Dauer hinkriegen würde. Und die Frage, ob ich mit dieser Frau alt werden wollte und konnte, hatte ich für mich auch noch nicht beantwortet. Und dann, im Sommer 2007, waren wir auf einmal schwanger. «Was sich liebt, das deckt sich», spottete ein Freund. Im Herbst, in anderen Umständen bereits, machte Jana sogar noch den Elefantenführerschein.

Und da gab es ja noch meinen Beruf. In dieser Phase wollte der Hauptbesitzer von Mae Gaeo II die Kuh verkaufen. In ihrer Zeit bei uns im Camp hatte ich mich sehr intensiv um sie gekümmert. Immer mal wieder litt sie unter gesundheitlichen Problemen. Nun arbeitete sie in einem anderen Camp in der Nähe und war erneut erkrankt. «Gib sie mir für drei Monate gegen Miete», sagte ich zum Besitzer, «vielleicht kriege ich sie wieder hin.» Nach den drei Monaten kehrte sie in ihr Camp zurück und war nach einer Woche erneut verletzt.

Ich saß, wie jeden Nachmittag, gegenüber unserer Lodge auf der Bank und trank nach der Arbeit ein, zwei Bier. Vielleicht auch drei oder vier. Mit jedem Bier wuchs meine Wut, weil Mae Gaeo II offensichtlich schlecht behandelt wurde. Wut ist ein wichtiges Gefühl, aber kein guter Ratgeber. Spontan kaufte ich dem Besitzer seine 67 Prozent Anteile an Mae Gaeo II ab; die restlichen 33 Prozent gehörten schon länger meinen Mitarbeitern Muak und Leka.

So kaufte ich erstmals einen Elefanten für unser Unternehmen. Manchmal denke ich, dass unsere Geschichte erst in diesem Moment wirklich begann. Beim Kauf eines Tieres, ob es eine Katze ist, ein Hund oder ein Elefant, sollten Verantwortung und Vorausschau entscheidend mitspielen. Ein Elefant in Menschenhand lebt im besten Fall ähnlich lang wie der Mensch und muss in diesem Zeitraum gepflegt, betreut und finanziert werden. Mae Gaeo II war Anfang 50, wenige Jahre älter als ich damals. Bei normalem Verlauf konnte ich also bis zu ihrem Lebensende für sie sorgen. Mit Elefanten zu leben und mit ihnen Projekte zu entwickeln, erfordert perspektivisches Denken und eben Zeit.

Mein spontaner Kauf hatte nur einen Haken. Das dafür investierte Geld war längst anders verplant. Damit wollte ich ein Sparkonto zugunsten meiner noch ungeborenen Tochter eröffnen, um ihr in ferner Zukunft ein sorgenfreies Studium zu ermöglichen oder einen gut unterfütterten Einstieg ins Berufsleben. Die Frage, die sich mir nun stellte, war aber nicht: «Wie sag ich's meinem Kinde?», das war ja noch gar nicht geboren, sondern: «Wie sag ich's der Mutter? Und sag ich's ihr überhaupt?»

Der Kater am nächsten Morgen ließ keinen Zweifel zu: Das Geld war weg. «Scheiße», dachte ich, «dann beichte ich es Jana halt.» Die Sprüche, die ich sonst klopfe, ließ ich diesmal weg, denn Jana durchschaut mich schnell. Ich rief sie in Deutschland an und sagte: «Das Geld, das für unsere Tochter gedacht war, habe ich ausgegeben.» «Ich hoffe», antwortete sie, «dass du damit wenigstens die Mae Gaeo gekauft hast, das würde ich verstehen.» Spätestens da hätte ich erkennen müssen, dass diese Frau die richtige ist für mich. Aber dafür brauchte ich noch ein bisschen.

Im März 2008 kam unsere Tochter Sinah auf die Welt. Ein neues Leben begann, für Jana ebenso wie für mich. Sinah – der Name stammt aus dem Arabischen und bedeutet «schön» – besaß gleich einen Elefanten, denn Mae Gaeo II hatte ich ja mit «ihrem» Geld erstanden. Sie wurde zudem in eine sehr bewegte Phase meines Lebens geboren, wichtige Entscheidungen standen an, die Expansion unseres Unternehmens zum Beispiel.

Dietmar kam zu uns, Tiroler, Fußballfan und ein halbes Jahr älter als ich. Mit seiner thailändischen Frau besaß «Didi» ein Guesthouse in Chiang Mai. Er hatte mal als Tierpfleger gearbeitet, aber noch nie mit Elefanten. Deshalb begann er bei uns als Praktikant. Ich arbeitete ihn ein halbes Jahr ein; danach war er so weit, mit Elefanten und Gästen auf Tour zu gehen. Didi kam bei unseren Besuchern gut an, dank seiner Lebenserfahrung bewältigte er auch unvorhergesehene Situationen, die im Umgang mit Tieren zum Alltag zählen. Im persönlichen Umgang blieb er für mich und einige Mitarbeiter ein manchmal schwieriger Geselle, aber er machte über Jahre einen sehr guten Job.

Eines Tages kam Didi von einer Tour zurück ins Camp und sagte: «Überprüf mal die Brücke, Bodo. Ich glaube, die hat einen Knacks.» Oberhalb unseres Camps hatten wir über der schmalsten Stelle des Flusses aus zwei zehn Meter langen Baumstämmen eine Brücke gezimmert, über die unsere Gäste ins Camp gelangen konnten. Einer TÜV-Prüfung hätte die Konstruktion nur bedingt standgehalten. Als ich oben ankam, spazierte mein Partner Mahn gerade mit drei Gästen problemlos über die Brücke.

Danach sprang ich auf die Stämme, wie üblich in Flip-Flops. Es knackte ein wenig, und zur Sicherheit sprang ich noch einmal. Ein Stamm brach durch und ich fiel in den Fluss. Es war mitten im Monsun, das Wasser stand hoch und die Strömung war stark. Auf dem Rücken liegend, schoss ich etwa hundert Meter in Richtung Camp zu Tal. Mit Armen und Händen schützte ich meinen Kopf. Mein Körper stieß hier an und dort, ich spürte jeden Stein, zum Schluss spülte mich der kleine Wasserfall in den Naturteich an unserem Camp. Ich war grün und blau am ganzen Körper, mit Prellungen übersät, zum Glück hatte ich mir nichts gebrochen.

Es war wie in der Geschichte mit dem Hasen und dem Igel: Als Mahn und die verblüfften Gäste im Camp ankamen, war ich schon da. Ich hatte die Direttissima genommen, so sah ich allerdings auch aus.

Wenig später, im August 2008, eröffnete ich Camp Song («song» = zwei), das näher am Dorf lag. Didi sollte es führen. Ich erhöhte die Zahl unserer Elefanten von sechs auf zehn. Das neue Camp stand für die Weiterentwicklung der Firma und für meinen nie versiegenden Optimismus. Der bekam – wie schon so oft – umgehend einen Schlag mitten auf die Zwölf.

Denn just in diesem August besetzten Gegner der thailändischen Regierung für zwei Tage die Flughäfen der Touristenzentren Phuket und Krabi. Einen Monat später beantragte die Investmentbank Lehman Brothers im fernen New York Insolvenz – das war das Symbol schlechthin für den weltweiten Finanzcrash, der die globale Tourismusindustrie nicht verschonte. Ich saß in Mae Sapok und dachte: Was habe ich eigentlich mit der thailändischen Politik zu tun? Und was mit den Gebrüdern Lehman? Zu meiner Familie gehören die nicht!

Auch in Deutschland paarten sich die Sicherheitsbedenken vieler Menschen mit wirtschaftlicher Vorsicht – sie blieben zu Hause. Zu uns nach Mae Sapok kam in dieser Zeit jedenfalls keiner. Wieder einmal saß ich auf unserer Terrasse und blickte ins Tal, diesmal mit Didi an meiner Seite. Gerade noch hatte ich unsere Kosten verdoppelt, und nun: Flaute. Urlaub hatten nur unsere Elefanten, sie waren manchmal zwei Wochen ohne Gäste und ohne Beschäftigung.

Um das Debakel abzurunden, besetzten die oppositionellen «Gelbhemden» Ende November beide Bangkoker Flughäfen, Suvarnabhumi und Don Muang. Nichts ging mehr. Urlauber fliegen nicht gerne in ein Land, dessen Flughäfen besetzt sind.

Und all das kurz bevor wir erstmals unseren Treck «Around the Valley» starten wollten, den Kältetreck im thailändischen Winter, der sich über 1000 Meter Höhe gerne mal in Richtung Gefrierpunkt bewegt. Nun aber hatten wir schon vorher kalte Füße, weil wir fürchteten, dass alle Gäste ihre Buchung stornieren würden. Wir waren so etwas von pleite in diesen Tagen! Um solche Täler zu überstehen, brauchst du manchmal einfach nur Glück. Diesmal spielten uns einige externe Faktoren in die Karten. Unsere Gäste bezahlen ihre Touren in Euro, unser Leben in Thailand basiert auf der einheimischen Währung Baht. Deshalb war der Wechselkurs für uns immer so wichtig. Wenige Wochen zuvor hatten wir für einen Euro 44 Baht bekommen, nun erhielten wir plötzlich 50 Baht – ein Unterschied von zwölf Prozent zu unseren Gunsten. Zeitgleich erschienen in deutschen Medien Berichte über Elephant Special Tours, das hielt uns im Gespräch. Thailand blieb trotz negativer Schlagzeilen ein beliebtes Ziel der Deutschen. Und dies stärker denn je, seit das Land den Imagewandel vom vermeintlichen Sexdorado zur Familiendestination geschafft hatte.

Glück hatten wir auch deshalb, weil die Teilnehmer eines 14-Tage-Trecks knapp vor den Flughafenbesetzungen gerade noch ins Land hereinkamen und zum Ende des Trecks auch wieder nach Hause, als die Demonstranten abgezogen waren. Definitiv gerettet aber hat uns, dass trotz widriger Bedingungen alle gebuchten Teilnehmer des «Kältetrecks» auch anreisten. Sonst wäre ich wohl völlig erledigt gewesen. Danach herrschte auch gleich wieder Windstille. Um Weihnachten und Neujahr herum zählten wir nur jeweils vier Gäste.

Wir befanden uns, das Eingeständnis fiel mir schwer, auch nach acht Jahren immer noch in der Aufbauphase.

2009 sorgte die Schweinegrippe H1N1 in Thailand für Anflüge von Panik, weil die Krankheit bereits durch Händeschütteln, Niesen und Husten von Mensch zu Mensch übertragen werden kann. 44 Menschen starben daran im Königreich, 5000 erwischte die Krankheit. Selbst die, die sich nur eine normale Grippe eingefangen hatten, wurden zu Aussätzigen. Im Taxi in Bangkok reichte ein leichtes Räuspern des Gastes – schon drehte der Fahrer das Seitenfenster runter und hielt seine Nase in die Luft. Doch im Gegensatz zu früheren Epidemien wirkte sich die Schweinegrippe kaum auf unser Geschäft aus.

Schon seit 2006, als uns drei Kälber geboren wurden, dachte ich über ein eigenes Zuchtprogramm nach. Die Idee dahinter: Wir wollten der Natur so nahe wie möglich kommen, damit unsere Elefanten in einer Herde von Familienmitgliedern aufwachsen konnten und nicht in einer zusammengewürfelten Gruppe. Dieses Ziel konnten wir nur mit eigenen, gekauften Elefanten erreichen – bei den gemieteten hatten die Besitzer das Sagen; wegen der kurzfristigen Verträge gab es zu viel Fluktuation.

Die Zucht von Elefanten ist ein sehr komplexes Unterfangen. Du hast nie die Garantie, dass ein Deckvorgang auch zum Erfolg führt, die Kuh also wirklich schwanger wird und ein Kalb zur Welt bringt. In diesem Prozess spielen so viele Faktoren eine Rolle – schon die kleinste Unregelmäßigkeit kann alle Hoffnungen zerstören.

2006 hatten wir zwar drei Kälber und etliche Kühe, aber keine Bullen. Einer zukunftsfähigen Zucht fehlten die Männer. Wir warteten auf passende Gelegenheiten, auf geeignete Bullen. 2008 sah es schon besser aus. Erstmals arbeiteten gleich zwei Bullen in unserem Camp: Kamben und sein Halbbruder

Kamüng. Kamben war der größte Elefant, mit dem ich bis dahin gearbeitet hatte: 3,10 Meter hoch, ein ausgewachsener Fünftonner. Später kam dann Phu Sii zu uns, der stellte das Wachsen erst bei 3,20 Meter ein.

Kamben blieb nur ein Jahr bei uns. Er vertrug sich nicht mit seinem Halbbruder, griff ihn im Fluss an, als der gerade von Gästen gebadet wurde. Kamben war jedoch nicht nur aggressiv, er war auch kein guter Zuchtbulle. Sex gehörte nicht zu seinen Kernkompetenzen. Kamüng blieb neun Jahre lang bei uns. Mit gerade zehn Jahren war er zu Beginn noch ein wenig jung zum Decken. Später deckte er viele Kühe ein. Aber keine der Kühe nahm auf, wie wir sagen, keine wurde tragend.

Auch Bokaeo war ein Bulle, der in unserem Camp hätte landen können. Doch der erste Sohn unserer Mae Gaeo I war leider ein «Killer». Gefährlich und total fixiert auf seinen Mahut Sinchai. Der wiederum war der ältere Bruder unseres Mahuts Silar, und so überlegten beide, ob sie nicht zusammen für uns arbeiten sollten. So kam es dann auch. Sinchai wechselte zu uns, aber ohne «seinen» Bokaeo. Daraufhin verkaufte der Besitzer den Bullen. Ein Jahr später verletzte Bokaeo seinen neuen Mahut tödlich. Ein Albtraum für Sinchai und auch für mich. Wir brauchten Jahre, bis wir die Geschichte wieder aus den Knochen hatten.

Im Oktober 2009 schließlich kamen wir unserem Ziel, der eigenen Zucht, ein gutes Stück näher. Es gab die Möglichkeit, einen Elefanten zu kaufen. Mir fehlten die Mittel, um diese Investition zu stemmen. Drei Gäste aber hatten ihre Bereitschaft erklärt zu investieren: Birgit Sieberling, Uschi K. und Günter S. Einen Monat später begrüßten wir Tong Bai, 25 Jahre alt, in der Blüte seines Lebens. Bis dahin hatte er in einem Camp gearbeitet, wo er von einem anderen großen Elefanten unterdrückt wurde. Tong Bai brachte alle Eigenschaften eines großartigen Zuchtbullen mit. Und er lebte sich hervorragend ein.

«Du kannst dir nicht aussuchen, wie du stirbst.

Oder wann. Du kannst nur entscheiden, wie du lebst. Jetzt.»

Joan Baez

Kapitel 14 Das Glück schlägt zu, der Blitz schlägt ein

Andere Kinder wünschen sich ein Meerschweinchen, einen Wellensittich oder einen süßen Hundewelpen. Durch Birgits Kinderträume aber trampelte ein kleiner Elefant. In ihrer Heimat Schleswig-Holstein war das ein ziemlich verwegener Traum, ohne Aussicht auf Erfüllung. «Dabei hatten wir auf unserem Bauernhof Platz genug», klagt sie noch heute. Es sollte vierzig Jahre dauern, bis Birgit Sieberling ihren Elefanten bekam. Einen großen sogar.

Im November 2003 gewann die gelernte Fremdsprachensekretärin in der Glücksspirale einen Leibrentenvertrag im Wert von 1,4 Millionen Euro. Ein Ereignis, das ihr Leben veränderte, wen wundert's. Sie nutzte die Chance, im zarten Alter von 40 Jahren nicht mehr arbeiten zu müssen, obwohl sie ihren gut dotierten Job als Key Account Managerin in der Pharmaziebranche liebte. Den Gewinn splittete sie in eine einmalige Zahlung von 300 000 Euro und eine monatliche Rente von 5500 Euro. Für den großen Betrag kaufte sie sich ein Haus in Murcia, einer kleinen Provinz im Süden Spaniens.

In ihrer Firma wusste jeder um Birgits Herzensangelegenheit – zum Abschied erhielt sie einen Bildband über Elefanten in Indien. Endlich hatte sie Zeit und Geld genug, ihre Leidenschaft zu leben. Asiatische Elefanten lagen ihr näher als Afrikanische – als Kind hatte sie im Hamburger Tierpark Hagenbeck die «Asiaten» bestaunt. Anfang 2005 googelte sie «Elefantenreisen»; beim Stichwort Elephant Trekking Tour stieß sie schnell auf unsere Website elephant-tours.de. Die Endung «de» deutete auf ein deutsches Unternehmen hin, und Birgit fragte sich irritiert: «Ziehen die mit Elefanten durch den Schwarzwald?»

Auf unserer Homepage wurde gerade der nächste Elefantenführerschein für den folgenden März angeboten. Im Februar rief Birgit mich an und buchte noch während unserer Unterhaltung das Führerscheinpaket. Ich war sprachlos, das bin ich selten. Kurz darauf kam Birgit zum ersten Mal zu uns – es war der Anfang einer Freundschaft, die bis heute besteht.

Als uns 2009 ein Elefant zum Kauf angeboten wurde, ging es zunächst um die Kuh Mae Musi. Für Birgit eine emotionale Angelegenheit, denn Mae Musi war der erste Elefant, den sie geritten hatte. Die Kuh war inzwischen nicht mehr bei uns beschäftigt. Erst nach einem halben Jahr Suche fanden wir heraus, dass sie im Anantara Camp in Chiang Rai arbeitete, einem Luxuscamp mit sehr guten Lebensbedingungen für die Elefanten. Aber das Kaufverfahren zog sich dann zu lange hin.

Wenig später stand Tong Bai zum Verkauf; der Besitzer hatte sogar schon einen Käufer gefunden. Doch unser Mahut Silar bedrängte mich ebenso wie Tong Bais Mahut Dag, den Deal zu verhindern: «Der Mann, der Tong Bai kaufen soll, behandelt seine Tiere schlecht!» Ich erzählte Birgit von der Option Tong Bai. «Okay», meinte sie, «da es mit Mae Musi nicht klappt, bin ich einverstanden. Aber vorher muss ich wissen, ob ich Tong Bai reiten kann – du weißt schon, die Kuhle!»

Tags darauf fuhren wir zwei Dörfer weiter ins Camp, in dem

Tong Bai arbeitete. Als Erstes dachten wir: «Großer Gott, was ist der gewachsen seit unserem Treck 2006!» Als Birgit oben saß, hatte sie gleich ein gutes Gefühl. Sie ritt ein paar Minuten, dann reckte sie den Daumen nach oben. Nun hatten wir einen Bullen, der unsere Kühe decken konnte. Tong Bai kostete 680 000 Baht, etwa 12 000 Euro. Birgit bezahlte 8000 Euro, Uschi und Günter teilten sich die restlichen 4000. Heute würde ein Bulle in dem Alter, voller Saft und Kraft, etwa zwei Millionen Baht kosten, das Dreifache also. Je nach aktuellem Umrechnungskurs gut 50 000 Euro – so haben sich die Preise aufgrund der hohen Nachfrage innerhalb weniger Jahre verändert.

Mein Sohn Roger, der nach Beendigung seines Studiums 2009 zu uns gekommen war, ritt Tong Bai in unser Camp. Dort empfingen wir den Neuzugang mit Bananen und Wasser. Von den anderen Elefanten im Camp hörten wir weder leises Grummeln noch sonst ein Signal; sie nahmen einfach keine Notiz von ihm. Einige der Kühe, voran Leitkuh Mae Gaeo I, kannten Tong Bai aus dem heimatlichen Dorf und von unserem früheren Treck. Doch im Matriarchat einer Elefantenherde und in ihrer Hierarchie findet ein Bulle schlicht nicht statt. Er ist zum Decken da, und damit hat es sich.

Nach der Begrüßung stiefelten wir mit Tong Bai in den Fluss an unserem Camp. Vor dem nahen Wasserfall scheute er ein wenig, doch das legte sich bald. Genau hier, in diesem Camp, hatte für Birgit 2005 alles angefangen. Und nun erfüllte sich ihr Lebenstraum. Tränen flossen – wir alle wussten, was dieser Moment in ihr auslöste. Einige Tage später flog Birgit zurück in ihre Wahlheimat Spanien, bereits wieder voller Vorfreude auf ihren nächsten Thailand-Trip im März 2010.

Wenige Tage vor ihrer Rückkehr erlebten wir in unserem Tal die schwersten Sommerstürme, an die sich selbst ältere Dorfbewohner erinnern konnten. In der Nacht, ich werde sie nie vergessen, schüttete es ununterbrochen. Blitze schlugen ein im Minutentakt. Unsere Elefanten standen, wie immer, im Wald. Ich hatte unseren Mahuts vorher noch gesagt, sie sollten die Tiere zum Übernachten in die Nähe des Camps bringen. Doch das war leider nicht geschehen, warum auch immer. Einer der zahllosen Blitze fuhr in den Baum, an den Tong Bai gekettet war. Die Kette war lang genug, dass er nicht direkt am Baum stehen musste. Doch in seiner Panik riss sich der Bulle los, raste durch die Nacht und stürzte einen Abhang hinunter. So endete das viel zu kurze Leben des Bullen Tong Bai.

Nachdem wir ihn gefunden hatten, setzte ich mich für einige Stunden neben ihn und begleitete ihn ins Elefanten-Nirwana. Den Gedanken, dass der Elefant lange hatte leiden müssen, ertrugen wir nicht. Wir alle hofften, dass er sich bei seinem Sturz das Genick gebrochen hatte und auf der Stelle gestorben war.

Roger rief Birgit in Spanien an und sagte ihr, was passiert war. Dann sprachen beide lange kein Wort. Sechs Tage später holte ich sie am Flughafen in Chiang Mai ab. Ich hielt sie im Arm, wir beweinten Tong Bai und seinen frühen Tod. Die Stimmung auf der Lodge und im Camp war gedrückt. Im selben Jahr hatten wir bereits zwei Kälber verloren. Eins im Alter von anderthalb Jahren durch einen Schlangenbiss und eins zehn Tage nach der Geburt. Die Mutter hatte wegen einer Entzündung kein Colostrum mehr produziert, wie die Erstmilch genannt wird, und so war ihr Kalb verhungert.

Mit Tong Bai starb erst einmal auch unser Zuchtprogramm. In der Nacht neben dem toten Elefanten wurde mir zudem klar, dass ich unsere Firma nicht so weiterführen konnte, wie ich sie aufgebaut hatte. Mit unserer Struktur und unseren Einkünften würden wir nie größere Elefantenprojekte sinnvoll finanzieren können.

Schweren Herzens, aber radikal warf ich in der Nacht vieles über den Haufen, was bis dahin gültig war. Ich nahm Tong Bais Tod als Wink des Schicksals. Manche Maßnahme traf ich da aus dem Bauch heraus, manche würde ich heute so nicht mehr treffen. Doch es gibt eben Situationen, in denen muss man einfach nur machen. Entscheiden. Ich bin kein Freund tagelangen Brainstormings, daher lautet mein Motto auch: «Ein guter Plan heute ist besser als ein perfekter Plan morgen». In diesem Sinne waren meine Entscheidungen in dieser Nacht genau richtig. Auch wenn ich immer schon delegieren konnte – ab sofort würde ich noch mehr Aufgaben und Verantwortung auf noch mehr Schultern verteilen.

Die wichtigste Konsequenz aber war die Gründung der «Tong Bai Foundation», die das Andenken des Bullen bewahren sollte. Stiftungen in Thailand erfordern umgerechnet 20 000 Euro Startkapital – ausgenommen Stiftungen, die sich um Kinder kümmern oder um Elefanten, dann genügen 5000 Euro. Birgit übernahm die Einlage. Zeitgleich gründeten wir in Deutschland den gemeinnützigen Verein «Tong Bai e. V.». So können unsere Gönner – auch aus Österreich oder der Schweiz – ihre Spenden steuerlich einbringen. Alle auf dem Vereinskonto gesammelten Gelder werden auf das thailändische Konto der Tong Bai Foundation überwiesen und ausschließlich für die Elefanten, Mahut-Gehälter und den Unterhalt des Camps sowie administrative Kosten verwendet.

Es dauerte gut zwei Jahre, bis Birgit und ich die Stiftung

so weit aufgebaut hatten, dass sie Einnahmen generierte. Ich habe mich lange gegen den Gedanken gewehrt, dass die Stiftung allein von Spenden lebt: «Wir sind keine Bettler!» Doch ich habe die Bereitschaft, ja sogar den Wunsch der Menschen unterschätzt, die auf genau diesem Weg «ihr» Tier unterstützen wollen. Da Ausländer in Thailand Elefanten zwar kaufen, aber nicht besitzen dürfen, fungiert die Stiftung als Besitzer. Im März 2013 kaufte die Tong Bai Foundation Mae Boonsin, ihre erste eigene Kuh. Henry, der Mann unserer Praktikantin Simone, spendete 25 000 Euro, Birgit legte 10 000 Euro drauf. Roger butterte noch einmal 2500 Euro dazu, mit denen er eigentlich sein Studiendarlehen zurückzahlen wollte. Wir alle hoffen, dass Mae Boonsin einmal Nachwuchs bekommt – ein kleiner Bulle würde Henry heißen, ein Mädchen Simone oder «Momo».

Wir begannen, noch professionellere Strukturen einzuziehen. Wir waren mitten in einem veritablen Umbruch, doch das galt – politisch und gesellschaftlich – in diesen Jahren für ganz Thailand. Im Mai 2010 gingen zur Abwechslung die Rothemden auf die Straße. Die Anhänger des Ex-Premiers Thaksin Shinawatra protestierten gegen die Regierung unter Premier Abhisit Vejjajiva und besetzten das Geschäfts- und Bankenviertel im Zentrum Bangkoks. Die Auseinandersetzung mit Polizei und Armee eskalierte, die Hauptstadt wurde zum Pulverfass.

«Nach manchem Gespräch mit einem Menschen
hat man das Verlangen, einen Hund zu streicheln,
einem Affen zuzunicken und vor einem Elefanten
den Hut zu ziehen.»

Maxim Gorki

Kapitel 15 Durchbruch in unruhigen Zeiten

«Krieg in Thailand», «Wieder fließt Blut in Bangkok», «Bürgerkrieg im Urlaubsparadies?» – so schrien die Schlagzeilen an deutschen Kiosken rund um den 19. Mai 2010. Um die 90 Todesopfer forderten die Auseinandersetzungen in Thailands Hauptstadt, die genaue Zahl steht bis heute nicht fest. Not- und Ausnahmezustand rechtfertigten die blutigen Überschriften. Ein Teil von Bangkok versank im Chaos, gewiss. Doch auf Phuket, auf den Inseln im Golf von Thailand, auf Koh Phi Phi, in Hua Hin und im Norden war von den Unruhen nichts zu spüren. Von Touristen allerdings auch nichts mehr. Die großen Reiseunternehmen sagten ihre Flüge ab, die Menschen suchten sich zunächst wieder einmal andere, weniger unruhige Ziele.

Nichts deutete in meiner sozial und politisch gespaltenen Wahlheimat auf Versöhnung hin. Noch einmal brachen unsere Umsatzzahlen ein. Doch zur Saison 2011/12 verdoppelten sie sich nahezu; seither haben wir uns auf gutem und schließlich hohem Niveau konsolidiert. Der Aufschwung der sogenannten Billigflieger half uns wie allen Mitspielern im Tourismus; viele unserer Kunden hätten sich den Thailand-Trip fünfzehn Jahre

Oben:
1 Der Blick
von der White
House Lodge

Unten:
2 Bodo und Lia

5 Holz schieben für den Führerschein

Linke Seite, oben:
3 Freunde und Partner – die Karen
Unten:
4 Alles im Fluss

Links, von oben
nach unten:
6 Gut gelaunt im
Gelände
7 Der erste Treck:
Beten mit Muak
8 Auf Hannibals
Spuren

Rechts:
9 Sprich mit
dem Elefanten!

10 Geschirr anlegen

11 Ein feuchter Treck

12 Der Regentreck

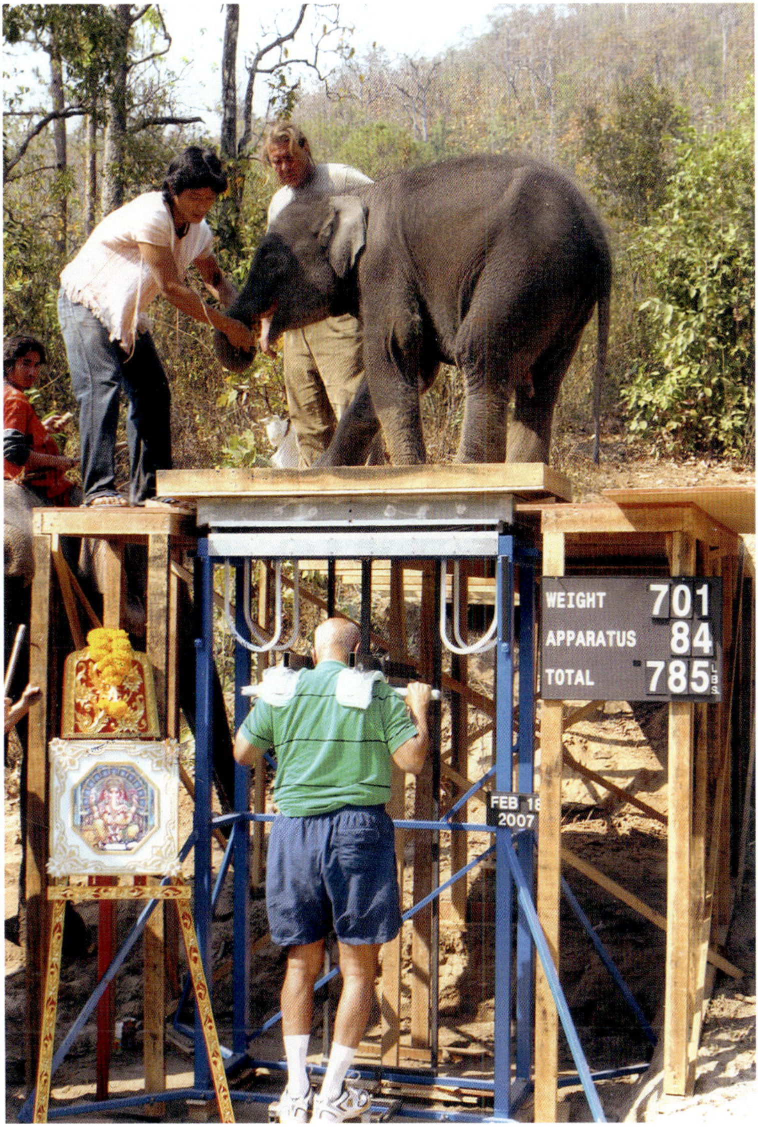

WEIGHT 701
APPARATUS 84
TOTAL 785

FEB 18 2007

13 Der Guru stemmt den kleinen Bodo

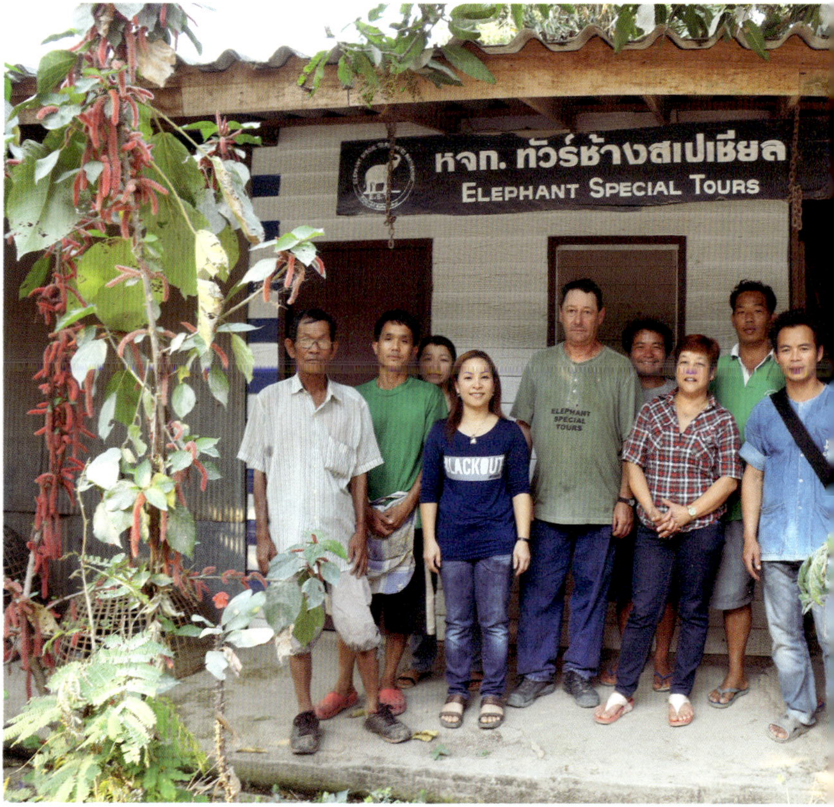
หจก. ทัวร์ช้างสเปเชียล
ELEPHANT SPECIAL TOURS

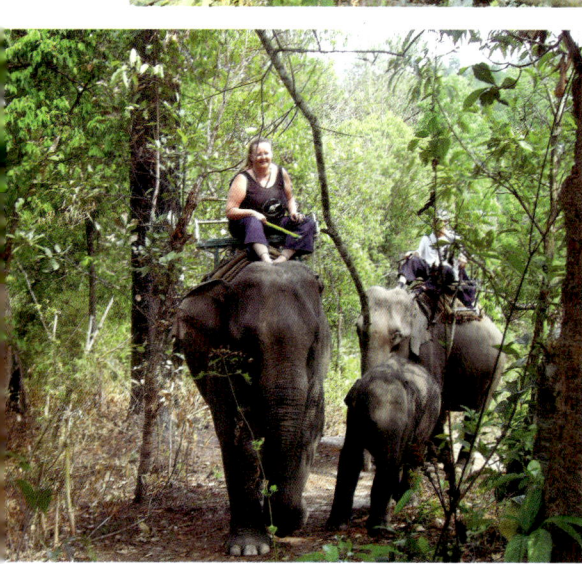

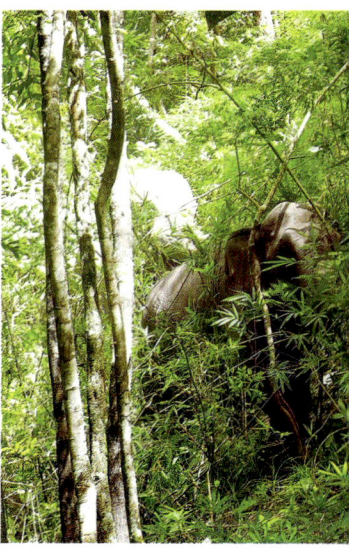

14 Unser Didi mit Seng und Co.

Oben: **18** Roger
Unten: **19** Sinan – gerade angekommen

Oben: **20** Yaya

Unten: **21** Asiens Elefanten – begehrt in vielen Rollen

22 Camp 2

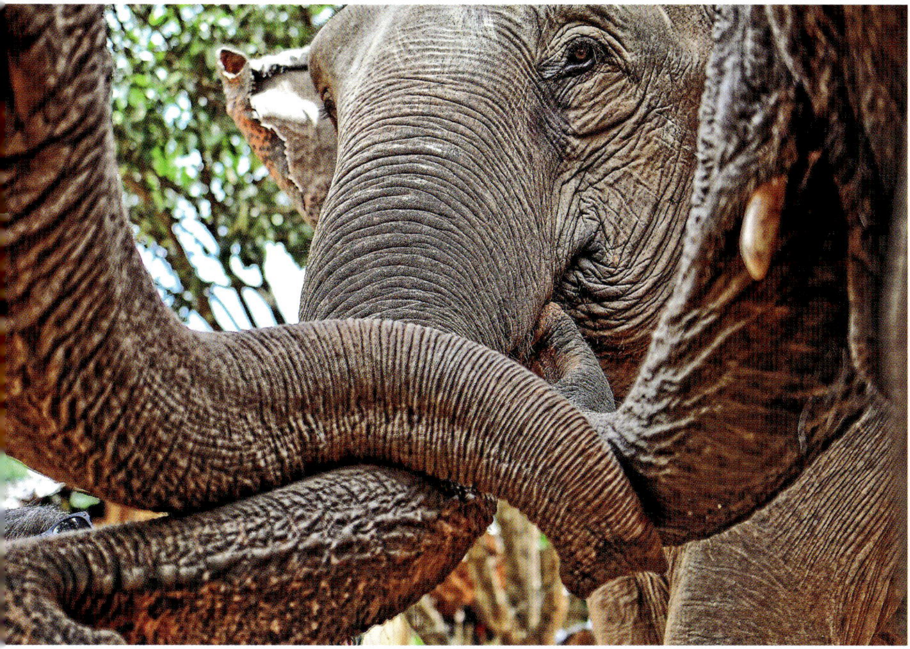

Linke Seite, oben:

26 Herausforderungen der Zukunft

Unten:

27 Unser Riese: Phu Sii

Diese Seite, oben:

28 Elefanten fassen sich an

Unten:

29 Bodo, Sinah, Jana

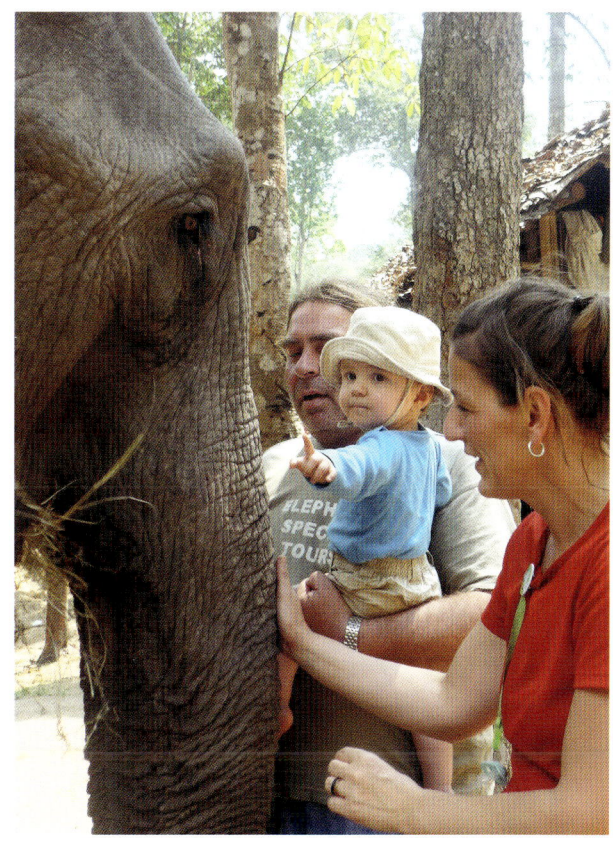

30

31 32 Mahut Banah im Einsatz

vorher noch nicht leisten können, als ein Flugticket 2000 Mark kostete. So wie wir unter den Krisen in Thailand litten, so profitierten wir manchmal auch von Unruhen anderswo. Mit der Revolution in Tunesien begann Ende 2010 der Arabische Frühling. In kürzester Zeit verabschiedeten sich fürs Erste Urlaubsdestinationen wie Tunesien, Ägypten und andere arabische Länder. Ersatzweise orientierten sich viele Europäer nach Asien, speziell Thailand. Erstbesucher aus Deutschland, Österreich und der Schweiz stellten fest, dass ihnen die buddhistisch geprägte Lebensart näher lag als die islamisch geprägte – so habe ich es beobachtet, es soll keine Wertung sein.

Die Zeiten blieben für uns dennoch fordernd. Mitte 2011 registrierten wir das verheerendste Hochwasser seit fünfzig Jahren. 400 Menschen starben. In unserer Region überschwemmte der Ping-Fluss die Felder und Dörfer. Alle Bahnstrecken waren gesperrt und viele Fern- und Landstraßen. Durch unsere Camps schossen gefühlt mindestens fünf Flutwellen. Fürs Elefantenfutter mussten wir Mais zukaufen. Der aber, so stellte sich später heraus, enthielt Dünger mit zu hohem Nitratgehalt. Vier Elefanten erkrankten, zwei mussten wir ins Krankenhaus nach Lampang transportieren.

Mae Chapo überlebte ihre Erkrankung nicht. Nach ihrem Tod musste ich bei der Chefin der Eigentümerfamilie Kachar antanzen und mich für den Verlust der Kuh rechtfertigen. Bis die Frau endlich zu ihren Verwandten sagte: «Jetzt reicht's mir! Hört auf mit euren Vorwürfen. Das ist ein guter Mann, der ist nicht für Mae Chapos Tod verantwortlich.» Zu dem Zeitpunkt hatten wir vom Kachar-Clan drei Kälber und vier Kühe bei uns, immerhin sieben von insgesamt 16 Elefanten.

Mae Chapo ließ ihr Kalb Nina zurück; die kleine Waise wurde von der Oma «übernommen» und gut betreut, von Mae Chapos Mutter also. Wie in der Natur!

2011 kam Natalie Pla zu uns, im März zunächst als Gast für drei Tage. Lange genug, um ihr Leben zu ändern. Sie kündigte bei ihrem Arbeitgeber und begann noch im selben Jahr ein fünfmonatiges Praktikum bei uns. Das fand ich erst einmal erstaunlich. Anfang 30, mit einem gut dotierten Job als Teamleiterin in einer Wiesbadener Werbeagentur gesegnet – den wirft man doch nicht einfach weg! Doch Natalie empfand ihren Job mittlerweile als Mühle – zu viele Überstunden, zu dichte Taktung der Termine. Es schien ihr an der Zeit, zu fragen: Arbeite ich eigentlich, um zu leben, oder lebe ich nur noch, um zu arbeiten? Auch mehr Geld und gute Worte konnten sie nicht halten. Sie tauschte Agentur gegen Natur. Ihr Chef zweifelte wohl an Natalies Verstand, als sie sagte: «Ich gehe nach Thailand zu den Elefanten.» Salia hieß der Auslöser für ihre Entscheidung, ein fünfjähriges Elefantenmädchen. «Sie hat mich in nur drei Tagen so beruhigt und so geerdet», erzählte mir Natalie später, «das war so heftig und schön, dass ich mehr Zeit mit ihr verbringen wollte.» Auch nach fünf Monaten Praktikum fühlte sie keinen Drang abzureisen. Da sie eh ein Jahresvisum hatte, blieb sie ein komplettes Jahr und schließlich bis heute, mittlerweile schon länger als Geschäftsführerin.

Es gibt immer mal wieder junge Leute, die auf Dauer bei uns arbeiten wollen. Meine Erfahrung ist: Anfangs sind sie alle Feuer und Flamme, aber wenn es hart auf hart geht, wenn sie merken, dass sie nicht nur ihre Zeit einbringen, sondern ihr Leben – dann sind sie auch schnell wieder weg.

Unsere Praktikanten haben es nicht leicht bei mir, ob Mann, ob Frau. Ich schone sie nicht, will immer sehen, ob sie belastbar genug sind für unsere täglichen Anforderungen, die ja alles andere sind als alltäglich. So erging es auch Natalie, sie hatte keinen einfachen Start. Ziemlich zu Anfang begleitete sie einen Treck mit sechs Elefanten, die im Gänsemarsch liefen. Der erste auf der 1, wie wir sagen, der letzte folglich auf der 6. Natalie hielt sich gerade bei der 6 auf und sollte auf mein Geheiß hin in zehn Sekunden zur 1 nach vorne sprinten. Das war allerdings schwierig, weil auf dem schmalen Pfad rechts neben den Elefanten der Abgrund gähnte und links kein Platz war zum Sprinten. Natalie schaffte es bis zur 3, dann musste sie zurück und einen neuen Versuch starten. Und dann noch einen. Für die Mahuts war das wie Schaulaufen einer schönen Frau auf der Düsseldorfer Königsallee, nur im Wald eben.

Wenn du mit lebenden Tieren arbeitest, kann immer etwas passieren. In kritischen Situationen kann ich nicht gleichzeitig auch noch auf meine Leute achten. Ich muss vielmehr wissen, dass ich mich auf sie verlassen kann und dass sie die Unsicherheit der Gäste und der Elefanten nicht noch verstärken. Solche brenzligen Situationen sind schwer zu simulieren. Deshalb habe ich mir immer Aufgaben ausgedacht und zu Herausforderungen aufgebaut. Wie bei Natalie: «Das ist natürlich schwer für eine Werbetusse aus Wiesbaden», rief ich ihr während ihrer Laufperformance zu. «Zehn, neun, acht ...» Sie hat die Prüfung bestanden, und es war dabei völlig egal, ob in 10 oder 16 Sekunden – ich wusste nun, dass auf sie auch in kritischen Situationen Verlass ist. Das ist nicht selbstverständlich für jemanden, der gerade noch in Deutschland im Büro saß und

Tage später mit Elefanten im thailändischen Mittelgebirge an einem Abgrund entlangspaziert.

Wie zuvor schon mal angedeutet, gab es die gefährlichsten Situationen für unsere Kälber immer dann, wenn wir Flüsse queren mussten. Vor allem kurz nach der Regenzeit, bei hohem Wasserstand und starker Strömung. Üblicherweise bildeten drei erwachsene Elefanten flussaufwärts einen Damm, wodurch ein sogenannter Strömungsabriss entstand. In diesem toten Winkel marschierten die Kälber auf die andere Seite. Wir gingen neben den Tieren her und hielten uns an den Leinen fest, mit denen die Körbe auf dem Rücken der Elefanten fixiert waren.

Einmal habe ich mich auf die falsche Seite der Strömung gestellt. Dadurch geriet ich unter den Körper unseres großen Bullen Phu Sii. Ein Elefant tritt sofort zu, wenn er etwas unter seinem Körper spürt. Ich hing in der Strömung und kriegte alle zwei Sekunden einen Tritt ab. Hätte ich die Leine losgelassen, wäre ich mit der Strömung zwei Kilometer weit flussabwärts getrieben. Zum Glück blieb ich unverletzt.

Um zu verhindern, dass eines der Kälber flussabwärts getrieben wurde, standen auf der Seite zwei weitere Elefanten. Oder PraktikantInnen. Wie Natalie.

Ihr reichte das Wasser bis zur Hüfte; an der Seite unseres neunmonatigen Babys Bouvie geriet sie an die tiefste Stelle des Flusses. Bouvie hatte fast das andere Ufer erreicht, da haute die Strömung Natalie die Beine weg. Sie konnte das immerhin schon 200 Kilogramm schwere Baby nicht mehr halten und sich selbst auch nicht. «Hilf mir, Bodo!», rief sie – für «Reich mir die Hand, mein Leben» war die Zeit zu kurz. Im letzten Moment packte sie meine ausgestreckte Hand, sonst wäre sie von der Strömung weggerissen worden. Später ist sie dann tatsächlich mal abgeschmiert, blieb jedoch glücklicherweise mit dem Fuß zwischen zwei Felsen stecken.

Ich merkte schnell, dass die Werbekauffrau Natalie nicht zur Fraktion der Rosétrinkerinnen gehörte. Aufregende Vorfälle nahm sie eher als Herausforderung denn als Risiko. So wurde sie auf vielen Feldern zu einem sehr wichtigen Teil unseres Unternehmens. «Hier bin ich in der Natur, das passt», sagte sie immer. «Und in dieser Firma gibt es nie Stillstand. Mit dir schon gar nicht.» Damit meinte sie mich.

Natalie und Roger

Für zusätzliche Bewegung sorgte mein Sohn, der 2009 schon zu uns gestoßen war. Die Hauptsäulen seines gerade beendeten Studiums deuteten nicht unbedingt auf Elefanten hin: Soziologie und Politikwissenschaft. Das dritte Fach aber – interkulturelle Wirtschaftskommunikation – nutzte er nun in Nordthailand nicht mehr nur theoretisch, sondern täglich in der Kommunikation zwischen unterschiedlichen Kulturen. Doch im Mai 2010 verließ Roger uns wieder: «Ich will noch was anderes sehen und machen im Leben.» In Köln arbeitete er dann als Medienredakteur mit den Schwerpunkten Film und Fernsehen. Guter Job, normales Einkommen, interessant.

Aber im Endeffekt doch nichts, was ihm wirklich am Herzen lag. Mit etwas Abstand schien ihm doch sinnvoller zu sein, was ich da in Thailand machte. Das Zusammensein mit den Elefanten, das Konzept mit den Touristen. 2012 brachten wir wieder mal die Elefanten nach Hause, Roger war beim Treck dabei. Schon am Abend der zweiten Etappe, bei Bier und Grillfleisch, sagte er zu mir: «Ich mache mit, ich komme zu dir.» «Denk nochmal drüber nach», erwiderte ich, «wenn du nichts getrunken hast.»

Doch seine Entscheidung stand. Ab Januar 2013 wuchs er organisch in unser Geschäft hinein. Wir wechselten uns ab – wenn ich mich in Deutschland um meine Familie kümmerte und um die Repräsentanz unserer Firma, hielt Roger zusammen mit unserem Team die Stellung in Mae Sapok. Heute ist er verantwortlich für das operative Geschäft und fast das ganze Jahr über da.

Mit Rogers Antritt testeten wir neue Geschäftsfelder. Ab 2013 probten wir die Expansion über die Grenzen Thailands hinaus. Unsere Touren führten nach Laos, Myanmar und Sri

Lanka. Wir kombinierten Tierbeobachtung mit dem Eintauchen in die jeweilige nationale Kultur. In Myanmar sahen wir die vom Aussterben bedrohten Irrawaddy-Delfine, in Sri Lanka Delfine und Wale. Und überall vor allem Elefanten. Wilde Exemplare in Nationalparks und domestizierte in unterschiedlichsten Projekten, von Menschen geführt. Die Exkursionen wurden unserem Namen gerecht, es waren in der Tat Special Tours, und alle Touren fanden ihr Publikum. Doch die Reisen dienten eher unserem Image als wirtschaftlichem Erfolg, denn der Aufwand an Recherche, Einsatz und Invest war immer enorm hoch.

Im Mai 2014 putschte wieder einmal Thailands Militär. Für das Land begann eine neue Ära. Staatsstreiche gehören hier zwar zur politischen Kultur und verlaufen meist gewaltfrei, aber sie verändern natürlich Leben und Stimmung im Land. Die Armee griff ein, nachdem sich Anhänger diverser politischer Richtungen monatelang Straßenkämpfe in Bangkok geliefert hatten. Das Militär setzte die gewählte Regierung unter Premierministerin Yingluck Shinawatra ab. Sie erlitt somit ein ähnliches Schicksal wie ihr Bruder, der einstige Premier Thaksin Shinawatra, und floh wie er ins Exil.

Im August des Jahres waren Jana und Sinah gerade bei mir in Mae Sapok, als uns ein Elefant zum Kauf angeboten wurde. «Ich habe das Geld nicht», sagte ich. «Ich habe 30 000 Euro», erwiderte Jana. Für mich war das ein weiteres Signal, dass meine Partnerin zu mir und meinem Projekt stand. Was nichts daran änderte, dass zur Kaufsumme immer noch 14 000 Euro fehlten. Innerhalb von fünf Minuten mussten Roger und ich entscheiden, ob wir den Rest irgendwie stemmen konnten.

Wir nahmen die 14 000 Euro in die Hand, die wir eigentlich für die bevorstehende Nebensaison zurückgelegt hatten. So kauften wir die junge Kuh Yaya, und damit waren wir blank.

Die Hälfte des Kaufpreises zahlten wir an, so ist es üblich. Die andere Hälfte musste Roger zahlen, wenn Yaya auf unseren Mitarbeiter Silar überschrieben wurde. Zur Erinnerung: Ausländer dürfen in Thailand laut Verfassung zwar Elefanten kaufen, doch nur Einheimische dürfen sie besitzen. Als der Tag der Überschreibung nahte, bereitete ich mich in Deutschland gerade auf eine besondere Aufgabe vor. Bei einer TEDx-Konferenz in Klagenfurt sollte ich einen Vortrag zum Asiatischen Elefanten halten. Das passte gut zu meinen Zukunftsplänen, in denen ich verstärkt die Rolle eines Botschafters für die Tiere spielen wollte.

TED ist die Abkürzung für Technology, Entertainment, Design; das Motto des Veranstalters lautet *Ideas worth spreading* («Ideen, die es wert sind, verbreitet zu werden»). Alle TED-Reden werden in englischer Sprache gehalten; Künstler, Wissenschaftler, Umweltschützer, Unternehmer präsentieren ihre Ideen oder Projekte. Die Videos der besten Vorträge werden kostenlos auf die TED-Talks-Website gestellt und mit Untertiteln versehen, auch in deutscher Sprache.

Nie hätte ich mir träumen lassen, dass der kleine Elefantenjunge Bodo mal eine Rede mit solch hoher Öffentlichkeitswirkung halten würde. So schwankte meine Stimmung zwischen Euphorie und Lampenfieber. Es war für mich und für unsere Firma ein wichtiger Event. Das übergeordnete Motto «Der Ethikpreneur – wie können Unternehmer und Unternehmen nach ethischen Grundsätzen arbeiten?» übersetzte ich für mich in: «Wie kann ich meinen Job zum Wohl der Elefanten anständig und mit Freude ausüben?» Ich sollte über die Rolle und die Stellung des Elefanten in Asiens Kultur sprechen. Ein komplexes Thema. Entsprechend sorgfältig bereitete ich mich in Bonn auf meinen Auftritt vor. Eines Mittags erhielt ich einen Anruf, mein Sohn war dran.

Just in dem Moment, da Roger die restlichen 50 Prozent für Yaya bezahlt hatte und die Überschreibung der Kuh erfolgt war, hatte er selbst einen Anruf bekommen. Die Nachricht: Das Forest Department hatte als zuständige Behörde fünf unserer Elefanten beschlagnahmt und deren Mahuts ins Gefängnis geworfen. Sie waren im Wald verhaftet worden, wo sie mit ihren Tieren übernachteten. Jeder Mahut wurde separat verklagt – alle hatten mit ihren Tieren auf Grund und Boden gestanden, der gutes und vielfältiges Futter für die Elefanten bot, uns aber nicht gehörte. Lange war das geduldet worden, doch nun hatte sich offenbar jemand beschwert. In erster Konsequenz wurde unser Camp 1 mit sofortiger Wirkung geschlossen.

Drei Monate nach dem Militärputsch und dem folgenden Regierungswechsel auf vielen Ebenen kannte uns keine der handelnden Personen, sodass wir nicht auf klärende Gespräche hoffen durften. Durch unser Dorf jedoch schwappte sofort eine Welle der Solidarität. Um den Mahuts beizustehen, ging sogar der Bürgermeister ins Gefängnis und übernachtete dort mit ihnen.

Roger bat am Telefon um meine Unterstützung. Als klar wurde, dass unsere Mahuts vorerst im Gefängnis bleiben mussten, setzte ich mich nur mit Handgepäck in den Zug von Siegburg nach Frankfurt. Während der Fahrt buchte ich übers Handy bei einer befreundeten Reisebüro-Inhaberin einen Flug für denselben Abend: Frankfurt – Bangkok – Chiang Mai mit

Thai Airways. Das Ticket erhielt ich online zugestellt. 24 Stunden später, am späten Nachmittag Ortszeit, kam ich in Chiang Mai an. Ich war fest entschlossen, meinen Reisepass bei der Polizei als Pfand auf den Tisch zu knallen und statt meiner Jungs ins Gefängnis zu gehen.

Mit unseren Mahuts hatte ich eine klare Vereinbarung: Ich helfe euch, was immer auch passiert. Außer bei Drogengeschichten. Seit meinem ersten Thailand-Trip 1990 wusste ich, dass Opium zum Leben der Mahuts gehörte. Jede Gesellschaft braucht ihr Ventil, jede hat ihre Suchtmittel. Für die Elefantenführer war es völlig normal, nach harter Arbeit mit Opium wieder runterzukommen. Wir saßen abends im Wald, manchmal regnete es seit Wochen, und morgens um vier mussten wir alle wieder hoch und zu unseren grauen Freunden. Aber die Mahuts Anfang der Neunziger, das waren gestandene Männer, sie konnten mit den Tieren umgehen und mit der Droge auch. Wegen der heute starken Nachfrage nach Elefanten sind nun auch halbwüchsige Mahuts im Einsatz. Mit den Elefanten können sie umgehen; Drogen aber können schnell mal zu psychischer oder physischer Abhängigkeit führen. Deshalb meine klare Ansage: «I don't help you, if drugs are involved.»

Im aktuellen Fall aber spielten Drogen keine Rolle. Nach zwei Stunden Verhandlung verlangten die Behörden eine Million Baht Kaution für die Freilassung der Beschuldigten. Wir aber hatten gerade all unser Geld in den Kauf von Yaya gesteckt. Von der Kautionsforderung hörte «Lung» Sui, «Onkel» Sui, das 84-jährige Oberhaupt der Familie, die gegenüber unserer Lodge das Mae Win Resort betreibt und den Tante-Emma-Laden, vor dessen Tür wir traditionell unser Feierabendbier trinken. Lung Sui bürgte für uns beim Staatsanwalt mit dem Chanot Thi Din (vergleichbar mit dem deutschen Grundbuchauszug) für eines seiner Grundstücke.

Das war so einer der Momente, die sich bei mir eingebrannt haben. Das war mehr als nur Hilfe in der Not, es war praktizierte Wertschätzung. «So etwas mache ich sonst nur für meine Familie», sagte Lung Sui, «aber wir kennen dich nun lange genug. Wir wissen, wer du bist.»

Ich flog nach Deutschland zurück, die TED-Rede nahte. Zwei Tage blieb ich noch in Bonn, konnte aber den so wichtigen Vortrag weder gescheit fertigstellen noch auswendig lernen. Extrem verunsichert reiste ich nach Klagenfurt, wo ein echtes Schloss auf mich wartete. Die Generalprobe fand in einem riesigen Rittersaal statt, vielleicht war es auch nur der Frühstücksraum des Schlossherrn. Auf jeden Fall ging die Probe grandios schief. Ich hatte den Kopf nicht frei. In der Nacht schlief ich schlecht.

Als ich tags darauf auf die Bühne ging, hingen meine Gefühle immer noch an den bedrohlichen Szenen in Mae Sapok fest. Nach mir würde der ehemalige Premierminister von Bhutan sprechen – ich befand mich also in ehrenwerter Gesellschaft, aber das beruhigte mich keineswegs. Mein Vortrag war auf 14 Minuten ausgearbeitet, erlaubt sind maximal 18. Minute für Minute redete ich mich jedoch so in Rage, dass ich erst nach 26 Minuten durchs Ziel ging. Zu meinem Erstaunen hatte mich keiner von der Bühne geschossen; die TED-Regeln sind eigentlich streng.

Das Publikum klatschte nach meinem Vortrag, aber eher verhalten. Auch egal, dachte ich. Dann kam der Moderator auf die Bühne. Er verklickerte mir, die Zuhörer seien einfach nur sehr berührt: So ungefiltert, so leidenschaftlich habe noch keiner gesprochen. Ich war beim Thema geblieben, beim Elefanten in Asien und seiner Gefährdung, hatte mich aber auch darüber ausgelassen, wie Thailands Behörden unserem kleinen Unternehmen Knüppel zwischen die Beine warfen. Selbst das thailändische Militär hatte ich nicht geschont; es war meinem Zorn geschuldet und meinem Unterbewusstsein. Meine Zeit bei der Nationalen Volksarmee hat mich halt geprägt. Uniformen mag ich nicht. Deshalb tragen unsere Mitarbeiter auch keine einheitliche Kleidung, im Gegensatz zur Kleiderordnung in anderen Camps.

Für Ausländer, die in Thailand leben oder arbeiten, kann es ein gefährliches Vergnügen sein, das politische Geschehen öffentlich zu kritisieren.

Nüchtern betrachtet, kehrte nach dem Putsch von 2014 Ruhe ein in Thailand. Politische Stabilität, auch das ohne Wertung, bedeutete Planungssicherheit und Erfolg für alle im Tourismus engagierten Unternehmen. Mit etwas Verzögerung stimmte das auch für uns im kleinen Mae Sapok.

Bis Ende 2014 mussten unsere Mahuts noch zweimal mit Fußfesseln zur Anhörung vor Gericht erscheinen, so sah es das Gesetz vor. Jedes Mal marschierte unser Bürgermeister mit. Beim dritten Termin meinte der Richter: «Jetzt reicht's mir.» Er reduzierte das Delikt von einer Straftat zur Ordnungswidrigkeit, dafür zahlten wir 15 000 Baht Strafe. Unser schönes Camp 1 am Wasserfall aber blieb für immer dicht. Und unsere jungen Mahuts brauchten lange, um ihr Trauma zu überwinden.

Von einem Tag auf den anderen standen unsere 18 Elefanten jetzt alle im zweiten Camp, darunter drei Bullen. Das wurde zu eng. Wir brauchten schnell ein neues Camp; im Februar 2015 konnten wir es beziehen.

Blicke ich zurück auf unseren Weg seit 2000, sehe ich eine Chronik des Scheiterns. Erst in den letzten Jahren haben wir uns konsolidiert. Obwohl die Rahmenbedingungen wie immer waren: alles andere als einfach. Unser Kerngeschäft stand bei Tierschutzaktivisten unter Beschuss. Es gab politische Unruhen und Naturkatastrophen im Land. Und seit 2008 bis heute mussten wir einen Währungsverlust des Euro gegenüber dem Thai-Baht von 30 Prozent hinnehmen – unsere Kunden zahlen in Euro, und der war immer weniger wert.

Von Beginn an hatte ich nicht die Rucksacktouristen im Visier, sondern die Mittelschicht. Nur sie konnte die Preise bezahlen, die wir mit unserem Individualkonzept verlangen mussten. Wirklich beflügelt hat uns eine Änderung im Konzept. Nachdem ich lange vor allem auf 14-Tage-Touren gesetzt hatte, mit dem Elefantenführerschein als Trumpf, konzentrierten wir uns ab 2008 sukzessive auf Touren von zwei, drei und fünf Tagen. Dafür hatten wir Didi als zusätzlichen Guide verpflichtet; er brachte uns als Unternehmen weiter. Mit den kürzeren Trips trafen wir die Bedürfnisse der Kunden präziser. Drei Tage Bangkok, drei Tage Elefanten, zehn Tage Strand im Süden – so sah meist ihr Programm aus.

Trotz aller Rückschläge war ich mir immer sicher, dass unser Angebot Gäste anlocken würde. Zumal es schwer zu kopieren war. Dennoch empfinde ich es heute als kleines Wunder, dass die Firma noch steht und sogar gewachsen ist. Ich habe sie mit den eigenen Händen aufgebaut und mit der Unterstützung vieler Menschen, die an mich glaubten.

Die Kampagnen gegen Elefanten im Tourismus und speziell gegen das Reiten der Tiere dauerten an, blieben jedoch ohne negativen Einfluss auf unser Geschäft – obwohl wir Interaktionen mit den Tieren und auch das Reiten (im Nacken) weiterhin anbieten. Einige wenige Reiseveranstalter führen uns weiterhin in ihrem Angebot, wir wissen diese Partner zu schätzen. Andere Reiseunternehmen reagierten auf die Forderungen der Tierschützer und strichen Elefantenreiten aus ihrem Angebot oder kündigten dies zumindest an. Ich verstehe das. Warum Shitstorms riskieren, die mit dem Multiplikator Social Media zu Taifunen anschwellen können?

Wieder andere Veranstalter verlangten nun die Einhaltung bestimmter Standards in der Elefantenhaltung. Sie orientierten sich dabei an den Richtlinien des britischen Reiseverbandes ABTA: «Die Tiere dürfen nicht unter Hunger oder Durst leiden. Sie müssen geeignet untergebracht sein. Sie dürfen nicht unter Schmerz, Krankheit oder Verletzung leiden und nicht unnötig belastet werden. Sie sollen ihr normales Verhalten zeigen.»

Diese Standards erfüllten wir in Mae Sapok schon immer. Trotz guter Absichten mussten die Forderungen der Touristikunternehmen an die Elefantencamps jedoch verpuffen. Das Vorhaben war so nicht praktikabel. Es war eine Kopfgeburt von Organisationen und Unternehmen aus dem Westen – doch von zehn Elefantentouristen in Thailand kommen nur zwei aus dem Westen, der Rest sind Asiaten. Alle Mitspieler verdienen gut am Geschäft mit den Elefanten, und viele zeigten sich unbeeindruckt von Forderungen, die von ferne geflogen kamen. Am Ende entscheiden immer noch die Kunden.

Dass unser Unternehmen ausgerechnet in den bewegten

letzten Jahren wirtschaftlich erfolgreich war, liegt sicher auch daran, dass 90 bis 95 Prozent unserer Gäste ihren Besuch bei uns privat buchen. Sie stoßen fast ausnahmslos durch persönliche Empfehlungen auf unser Angebot – und das sind die effektivsten Empfehlungen, da sie auf Vertrauen gründen. Jedem neuen Gast sagen wir: «Guckt hin und erzählt von uns, ob es euch gefallen hat oder nicht!» Zufriedene Gäste sind unsere besten Botschafter. Wer Gutes tut, wird Gutes bekommen. Davon war ich immer überzeugt. Wenn man das, was man tut, mit Liebe macht, dann klappt das auch. Und ich behaupte ohne falsche Bescheidenheit: Ich habe es gut gemacht in Thailand, von Anfang an. Gut heißt hier: naturnah und adäquat für die Kräfte der Elefanten und ihre Bedürfnisse. Unseren Gästen blieb das nicht verborgen; Menschen akzeptieren anständige Arbeit. Natürlich wollte ich genügend Geld verdienen, um mein Leben, das unserer Leute und vor allem der Tiere lebenswert zu gestalten. Für all das haben wir lange gekämpft.

Wenn zur positiven Selbsteinschätzung noch die Anerkennung von außen kommt, ist das immer schön. 2016 sollte ich von höchster Stelle für genau das ausgezeichnet werden, was manchmal kritisch gesehen wird: für die Arbeit mit Elefanten im Tourismus.

«Es gibt mehr Leute, die kapitulieren,
als solche, die scheitern.»

Henry Ford

Kapitel 16 Royaler Ritterschlag: Der Kniefall von Berlin

Anfang 2016 erhalte ich eine Einladung zur ITB in Berlin, der größten Tourismusmesse der Welt. Ich soll dort eine leibhaftige Prinzessin treffen, die eigens von Thailand nach Deutschland fliegt, um mir eine Auszeichnung zu verleihen. Einige Tage vorher sitze ich in Bonn und frage mich: Was trägt der Elefantenmann von Welt im Angesicht einer Königstochter? Meine Standardausrüstung – Jeans oder Khakihose, T-Shirt, Flip-Flops und Stoffumhängetasche – scheidet vermutlich aus. Den letzten Anzug habe ich zur Jugendweihe in der DDR getragen, ein paar Tage vor der Veranstaltung in Berlin habe ich immer noch keinen neuen. Zunächst einmal frage ich Natalie, dann Jana: «Was für ein Hemd soll ich anziehen?» «Ein weißes», sagt Natalie. «Weiß eher nicht», empfiehlt Jana. Für so ein Hin und Her mögen Frauen die Geduld haben, ich habe sie nicht. Genervt ziehe ich alleine los, auf der Suche nach einem passenden Outfit.

Für das Verständnis dessen, was dann folgt, ist eine kurze Rückblende nötig. 2011 drehte der Kinderkanal mit mir in Berlin für das Entdeckermagazin *Pur+*. Der Tierpark verweigerte überraschend eine Drehgenehmigung. War ich etwa auch zwanzig Jahre nach unserer juristischen Auseinandersetzung noch immer Persona non grata? Im Tierpark waren wir jedenfalls nicht erwünscht, daher wichen wir in die Innenstadt aus. Für den Dreh auf einer Verkehrsinsel wurde kurz der Verkehr angehalten. Worauf mich ein Taxifahrer in typisch Berliner Art anmachte: «Wat bist'n du für'n Arschloch? Sean Connery für Arme oder wat?» Mit dem Kamerateam zogen wir weiter zur Kreuzung Friedrichstraße/Unter den Linden. Als wir vor einem Bugatti-Laden standen, fragte mich die KiKA-Redakteurin: «Sie leben in Mae Sapok. Was denken Sie beim Anblick eines solchen Luxusautos?» «Mit dem nötigen Kleingeld würde ich mir auch eins kaufen», sagte ich.

Fünf Jahre später stürze ich am Bonner Marktplatz in das einzige Herrenfachgeschäft, an das ich mich erinnern kann. Ich ignoriere diverse beflissene Verkäufer und wende mich an ihre attraktive Kollegin: «Können Sie mich eventuell adäquat einkleiden? Ich bekomme demnächst in Berlin einen Preis vom thailändischen Königshaus und brauche dazu was Schönes. Meine Figur ist, wie sie ist, ein V-Kreuz kann ich nicht bieten. Das Ganze soll übrigens nicht gleich 3000 Euro kosten.» «Das kriegen wir schon hin», sagt die Dame, «fangen wir mit dem Sakko an. Hier haben wir ein Sonderangebot, ein heruntergesetztes Sakko von Bugatti.» «Bugatti ist ein Auto», sage ich. «Nein», klärt sie mich auf, «so wie es eine Design-Linie von Porsche gibt, gibt es auch eine Design-Linie von Bugatti.» Die Jacke ist reduziert auf schlappe 800 Euro. Schnäppchen habe ich mir immer anders vorgestellt. Aber ich bin halt nicht so firm in den Preisen und schlage zu: Mein erster Bugatti ist ein Sakko!

Die Hose, feines italienisches Tuch, kostet um die 250 Euro. Wir kommen zu den Hemden. «Sie sind eher der blaue Typ», sagt die Verkäuferin. Der Punkt geht an Jana! Bei der Wahl des

Schlipses bin ich völlig hilflos – wann hätte ich je einen getragen? Mit einem Paar schwarzer Socken endet mein Powershopping. Schuhe brauche ich nicht – seit der Beerdigung meiner Großmutter drei Jahre zuvor besitze ich schwarze Lackschuhe.

Zum Abschluss fragt die Frau: «Was ist das denn für ein Preis, den Sie da in Berlin bekommen?» Ich erzähle ihr kurz vom Elefantencamp in Thailand und von meinem Beruf. «Sind Sie etwa der Herr Förster?», fragt sie. «Ja, warum?», frage ich verblüfft zurück. «Vor vier Wochen waren meine Schwiegereltern bei Ihnen, sie sind immer noch hellauf begeistert!» Was aber auch nichts am Rechnungsbetrag von 1300 Euro ändert. Immerhin bin ich nun endlich fein genug für den großen Tag. Nur Fliegen ist billiger: Für das Ryanair-Ticket von Bonn nach Berlin zahle ich 13,64 Euro. Ein Satz Knöpfe für das Sakko hätte mehr gekostet.

Am 10. März ist es so weit: Ich bin unterwegs zur ITB. Frisch rasiert, die langen Haare zum Zopf gebändigt. Die Eintrittskarte muss ich selbst bezahlen, das erdet. Als ich endlich am Thailandstand ankomme, habe ich mir in meinen Lackschuhen bereits Blasen gelaufen. Thailändische Beamte erklären mir, wie ich mich gegenüber der Königlichen Hoheit zu verhalten habe. Sie atmen auf, weil ich mich seit der Begegnung mit König Bhumibol und dem weißen Elefanten ein wenig auskenne mit dem Protokoll.

Der feierliche Moment kommt, ich knie nieder vor Thailands Prinzessin Ubolratana, mit vollem Namen Thunkramom Ying Ubolratana Rajakanya Sirivadhana Barnavadi, Tochter des Königs Rama IX.

27 Jahre nach dem Mauerfall nun der Kniefall. Wieder in Berlin. In der Stadt, in der meine Reise mit den Elefanten einst begann. Ihre Königliche Hoheit spricht mich an, ich antworte. Ich bin so auf den Augenblick konzentriert, dass ich mich heute an Details nicht mehr erinnern kann. Schließlich überreicht sie mir die Plakette für den «Discover Amazing Stories Award», verliehen von der Tourism Authority of Thailand.

Und hier ihre Begründung für die Auszeichnung:

«Der Elefant ist sicherlich das Tier, das die meisten Menschen mit Thailand verbinden. Elefanten waren immer Teil der thailändischen Kultur und Identität und gehören zum geschichtlichen Vermächtnis des Landes.

Kein anderer Mensch aus dem Westen hat die Verbindung zwischen Elefant und thailändischer Kultur und die Bedürfnisse der Elefanten besser verstanden als Mr. Bodo Jens Förster von Elephant Special Tours.

Er hat es zu seiner persönlichen Mission erklärt, diese kulturelle Verbindung der westlichen Welt verständlich zu machen und in seinem Camp eine Umgebung für die Elefanten zu schaffen, die natürlichen Bedingungen nahe kommt und den Touristen ermöglicht, die Tiere zu besuchen und mehr zu lernen über die Geschichte des Elefanten in Thailand.

Einige nennen ihn gar den ‹Elefantenflüsterer› – er ist ein wahrer Botschafter der Elefanten Thailands.»

Mit dem Preis für Elephant Special Tours sendet das Königreich ein wichtiges Signal an alle Zweifler und Gegner: Elefanten haben ihren Platz im Tourismus. Wenn das Konzept

Der Kniefall von Berlin

stimmt. Wichtiger noch: Wenn die Umsetzung stimmt. Meine Freunde und Unterstützer recken den Daumen freudig nach oben, nachdem sie sich vom Anblick meines Leibes in Anzug und Krawatte erholt haben.

Ich könnte nun allen den Mittelfinger entgegenstrecken, die mir nie etwas zugetraut und nur Häme für mich bereitgehalten haben. Schließlich habe ich es jetzt schriftlich, dass ich nicht der Spinner aus dem Osten bin. Dass meine Ideen keine naiven Träumereien waren. Dass ich mein Handwerk verstehe. Doch ich verspüre keinerlei Genugtuung.

Die Auszeichnung ehrt mich, ich weiß sie zu würdigen. Aber ich bin für die Elefanten angetreten, nicht für mich. Was habe ich schon erreicht für mein Viehzeug? Was hat sich denn für die Tiere geändert seit meinem Start im Jahr 2000? Dank menschlicher Gier, schwindender Lebensräume und öffentlicher Kontroversen ist die Lage der Tiere nicht besser geworden, nur komplexer.

Für unser Team aber freue ich mich von ganzem Herzen. Für die Menschen, die mir so viel gegeben haben. Ursprünglich sollte die Auszeichnung nur mir als Person gelten. «Dann kann ich sie leider nicht annehmen», habe ich gesagt, «sie muss auch für unsere Mitarbeiter sein – ohne die hätte ich nichts erreicht.»

Und so sind in Mae Sapok alle unglaublich stolz auf die Ehrung unseres Unternehmens. Am Abend wird die Berliner Zeremonie in Thailands täglichen «TV-Nachrichten aus dem Königshaus» ausgestrahlt. «Wir waren im Fernsehen! Wir haben einen Preis bekommen!», werden unsere Leute noch lange danach ihren Familien und Freunden erzählen. Nach dem Trauma der Verhaftungen unserer Mahuts ist ihre Welt nun wieder in Ordnung.

Nur einer, der seinen Teil zu unserer Geschichte beigetragen hat, kann nicht mitfeiern: unser Didi. Er stirbt 2016 nach langer, schwerer Krankheit.

Angesichts der Ereignisse von 2014, inklusive der Schließung unseres Camps 1, staune ich noch heute, dass das Tourismusministerium gerade uns ausgezeichnet hat. Thailands Behörden scheuen normalerweise Entscheidungen, die umstritten sein und Probleme bereiten könnten. So aber ist der Preis ein Bekenntnis der staatlichen und königlichen Stellen zum Elefanten und dazu, dass ein «Weißer» für diesen nationalen Schatz sein Leben einsetzt.

Unsere Firma ist in gewisser Weise auch Familie. Auch Unternehmen, davon bin ich überzeugt, werden eher von Vertrauen zusammengehalten als von Angst oder Druck. Zeit-

weise haben bei uns Menschen aus sieben Nationen mit drei
verschiedenen Religionen gearbeitet. Kein ungewöhnlicher
Anlass für Konflikte. Es sei denn, die Menschen fühlen sich
aufgehoben und akzeptiert. Sie müssen stolz sein auf ihre Firma und über den Lohn hinaus partizipieren.

Unsere Seng wurde anfangs von ihren Freunden angefeindet:
«Warum arbeitest du eigentlich für diesen verrückten Farang?»
Sie fing an für 100 Baht am Tag. Heute kontrolliert sie unsere
Finanzen, führt die Bücher unserer Firma. Eine energische,
durchsetzungsfähige, kompetente Frau. Ein echtes Alphaweib-
chen. Sengs Tochter haben wir auf eine weiterführende Schule
geschickt, damit sie später einen guten Job bekommt.

Eine zentrale Rolle spielt unverändert Pa Luang Muak,
unser Alt-Bürgermeister. Auch er profitiert von unserer Partnerschaft. Mit der Zeit stellte er zwei seiner Ländereien zur
Verfügung, auf denen ich gegen eine jährliche Miete von je
40 000 Baht zwei Camps aufgebaut habe; zudem erhält er eine
monatliche Rente von 6000 Baht. Von all dem war zu Beginn
unserer Zusammenarbeit im Herbst 2003 noch keine Rede.

In jungen Jahren Opiumhändler, ist der «große Papa» heute
mein Priester, mein Zeremonienmeister bei unseren spirituellen Ritualen, in der Firmenhierarchie auf einer Stufe mit Roger
und mir.

Bei jedem unserer Trecks bittet Muak die Geister des Waldes um Beistand, auch bei besonderen Anlässen wie der «Mat
Mü» genannten Zeremonie, bei der unsere Elefanten gesegnet
werden. Von Anfang an haben wir unseren Gästen am ersten
Tag im Camp einen Schnaps ausgeschenkt, danach habe ich
ein Gebet gesprochen. Anschließend kippten wir ein wenig
Schnaps auf den Waldboden und tranken den Rest aus – so

baten wir die Waldgeister um ihren Schutz. Diese Rituale sind für uns ganz, ganz wichtig.

Mein Verhältnis zu Mahn ist geprägt von langjähriger Partnerschaft unter Freunden und einem stetig gewachsenen Vertrauen, das nur in Ausnahmefällen auch mal zur Last werden kann. Eines schönen Tages, ich war dabei, lernte er Bee kennen. Er verliebte sich in sie und hielt um ihre Hand an. Bee sah mich als Mahns großen Bruder und nutzte einen stillen Moment, um mich zur Seite zu ziehen: «Bodo, ist Mahn ein guter Mann? Du weißt, ich bin die einzige Tochter meiner Eltern.»

Mahn war in den Neunzigern schon einmal verheiratet gewesen, nun sollte ich moralisch für ihn bürgen. Da habe ich schon geschluckt. Er war mein Freund. Aber wie gut kennt man seine Freunde? Wusste ich, ob er ein verantwortungsvoller Vater sein würde, ein guter Ehemann? Der Begriff «mia noi» (wörtlich «kleine Ehefrau») schoss mir durch den Kopf; eine Nebenfrau oder Geliebte ist bei vielen Thai-Männern immer noch gelebte Tradition.

Im Dezember 2006 wurde die Hochzeit vorbereitet, mein Sohn Roger war Trauzeuge. Mahn sollte als Mitgift 600 000 Baht einbringen (ca. 12 000 Euro damals), zwei Drittel in bar, ein Drittel in Gold. Da mussten wir uns etwas einfallen lassen. Ich gab Mahn 60 000 Baht, den Rest brachte seine Familie auf. Geld und Gold wurden der Öffentlichkeit bei der Trauung auf dem Tablett serviert, als Beleg für Mahns Fähigkeit, eine Familie zu ernähren. Damit war das Gesicht gewahrt, anschließend erhielt Mahn einen Teil der Kohle zurück.

Von seinem Bruder, einem Hotelmanager in Bangkok, bekam Mahn einen Fernseher mit Flachbildschirm geschenkt.

Damals eine Novität und sauteuer, etwa 50 000 Baht musste man dafür hinlegen. Zwei Monate später klaute Bees Bruder das Gerät und verkaufte es. Mahn und Bee sind noch heute zusammen und haben zwei Kinder.

In unserer Firma konnte sich jeder darauf verlassen, sein Geld pünktlich in der Lohntüte zu haben, zur Monatsmitte und zum Ende. Das ist in Thailand bis heute keine Selbstverständlichkeit. Mal erhalten die Leute ihren Lohn am 1., mal am 5. Doch manchmal ist die Rate fürs Auto bereits am 2. fällig – und schon beginnt der finanzielle Eiertanz.

Aus all den Gründen gab es bei uns sehr wenig Fluktuation. Ich war immer bemüht, mehr zu zahlen als das gesetzliche Minimum, auch die Überstunden und eine Arbeitslosenversicherung. Der Sonntag ist frei. Wenn du deine Leute am Existenzminimum hältst, dann kriegst du auch nur das Minimum, oder sie sind ganz weg. Aber die Relation muss stimmen: Selbst wenn wir die Mittel hätten – wir könnten nicht einfach die Löhne verdoppeln, dann würden die Nachbarn neidisch.

Jede Gemeinschaft braucht Regeln. Eines meiner Gesetze lautet: Wer einmal raus ist, kommt nicht wieder rein. Spötter meinten, das hätte ich aus der DDR in die Gegenwart hinübergerettet. Ich dulde in meiner Firma keine Form von sexualisierter Gewalt; häusliche Gewalt ist in Thailand generell nicht selten. Ich muss meine Angestellten beschützen. Einmal stand ein Mitarbeiter mit einer Machete vor seiner Ehefrau. Ich ging dazwischen und sagte ihm: «Wenn du deiner Frau den Kopf abschlägst, esse ich deine Leber roh!» Das hat er verstanden. Schwierig ist der Umgang mit denen, die ein Alkoholproblem haben. Den einen oder anderen habe ich zweimal verwarnt und nicht gleich gefeuert. Es ist nicht einfach – in meiner Rolle als Chef –, mit dieser Krankheit umzugehen.

Mitarbeiter sind Menschen, also machen sie Fehler. Es kommt vor, dass ein missgelaunter Mahut seinem Elefanten gegenüber gewalttätig wird. Dann gilt das Prinzip «gelbe Karte», im Wiederholungsfall Platzverweis.

Von Anfang an habe ich von allen 105 Prozent gefordert. «Kein Mensch kann 105 Prozent geben», riefen meine Leute. «Aber 100 Prozent reichen nicht, wenn wir erfolgreich sein wollen», erwiderte ich dann. Manchmal rief ich morgens unsere Truppe zusammen: «Wie viel Prozent müsst ihr heute bringen?» «Nüng loi ha!», rief der Chor. «Hundertfünf!» Manchmal aber riefen sie: «Kao sip ha!» («95!») «Wie bitte?» «Wir haben gestern Abend gesoffen.»

2012 bauten wir für die Mahuts in unseren Camps das erste richtige Wohnhaus, damit endlich jeder einen Raum für sich hatte. Doch die jungen Leute fühlten sich dort eher isoliert. Sie sind es gewohnt, auf engem Raum zusammenzuleben und zu nächtigen. So lerne auch ich immer noch dazu – nun bauen wir den Mahuts lieber alle zwei Jahre eine neue Bambushütte. Sinchai, Silar, Dag – auch sie haben schon früh eine Rolle gespielt bei uns und sind heute noch da. Mit ihrer Erfahrung und unserem Vertrauen klären sie mit den Mahuts alles, was diese betrifft. Das können sie besser als wir, und es ist nicht leichter geworden mit der Zeit.

Ob ich mit unseren Mitarbeitern herumalberte oder mich selbst auf die Schippe nahm – es war immer klar, wer der Chef ist. Hätte ich mich jedoch aufgeführt wie ein Kolonialherr – «Hey, bring mir mal nen Kaffee!» –, dann wären meine Leute in schwierigen Situationen nie für mich ins Wasser gesprungen.

Und sie hätten erst recht nicht gefragt, wie tief sie tauchen sollen. Heute bin ich für alle «Lung Bodo» («Onkel Bodo»), aber vom verrückten Weißen bis zu dieser Respektsbekundung war es ein langer Weg.

Inzwischen steigt an meinem Geburtstag im November die größte Firmenparty des Jahres. Die Thais machen die Musik, das kann für den Gehörgang auch mal anstrengend sein, und sie gestalten die Speisekarte. Viel rohes Fleisch, dazu mal Spanferkel, mal Rind, mal Fisch, immer umzingelt von den Kräutern und Gewürzen, die Thai-Food berühmt gemacht haben. Der Alkohol fließt, und dann kann es schon mal vorkommen, dass die Teilnehmer am nächsten Tag nur 95 Prozent leisten.

«Wenn jede Geburt so ist wie diese,
dann weiß ich nicht, wie die Elefanten
evolutionär überlebt haben.»

Roger Förster

Kapitel 17 Die Geburt des Sinan

Die Zukunft unseres Unternehmens und damit auch meine beginnt am vorletzten Tag des Jahres 2017.

Yaya, 15 Jahre jung, erwartet nach 22 Monaten Schwangerschaft ihr erstes Kalb. Es wird auch mein erstes «eigenes» Elefantenbaby sein. Vier Jahre ist es nun her, dass Jana und ich in einer spontanen Aktion die Mutterkuh gekauft haben. Für die Geburt des Kalbs bin ich zum Jahresende vorzeitig vom Besuch meiner Familie aus Deutschland zurückgekehrt. Ich will dabei sein. Zwar ist eine Elefantengeburt etwas völlig Normales, auch für mich und meine Mitarbeiter – trotz allem kann eine Erstgeburt schon mal ein Kampf ums Überleben sein, für Mutter und Kalb.

Die ersten Wehen kommen, und die nächsten drei Nächte schlafe ich bei Yaya, auf dem nackten Boden. Es ist arschkalt, wie immer im Dezember in Thailand. Ich bin drauf und dran, mir zum ersten Mal in meinem Leben ein Zelt zu nehmen. Doch dann denke ich: Das kannst du jetzt nicht machen. Du hast dich doch als Held erfunden! Als Jäger, nicht als Sammler, oder? Also kein Zelt.

Ich friere wie Sau.

Die Wehen erweisen sich jedoch als Fehlalarm, und so gehe

ich über Weihnachten mit Kunden auf eine viertägige Tour mit
Elefanten in Laos.

In der Nacht zum 30. Dezember schlafe ich wieder in meinem Haus. Um halb vier morgens klopft es an der Tür. Mein
Sohn Roger ruft: «Das Kalb kommt, hoch!» Wir laufen hin, und
da ist es grad schon heraus. Ein Bulle!

Unsere Mahuts haben die Geburt live erlebt. Jetzt sind sie
aufgeregt, schreien herum, auch vor Erleichterung. Im Oktober zuvor haben wir ein Kalb sehr unglücklich verloren. Da
durfte diesmal nichts schiefgehen. Und deshalb sind alle unsere Mahuts am Start. Es gibt genug zu tun. Den kleinen Bullen
müssen wir in den ersten vier Stunden dazu bringen, bei der
Mutter zu säugen. Trinkt er nicht, stirbt er. Zunächst aber
fordert uns die Mutter. Yaya tobt eine Stunde lang. Für sie ist
alles neu, aufregend, beängstigend. Sie hatte ja nie die Chance, in und von der Natur zu lernen. Dort schützt die Leitkuh
das frisch geborene Kalb. Und die Tanten, die alle Kinder und
Kindeskinder der Leitkuh sind, beruhigen die Mutter nach der
Erstkalbung. Eine Erstgebärende selbst hat schon bei anderen
Geburten zugeschaut und gelernt.

Der beste Trainer des Elefanten ist – das habe ich schon
erwähnt – immer der Elefant. Aber jetzt, in diesen Stunden,
müssen wir die Leitkuh ersetzen. Mit drei Mann legen wir eine
Decke unters Neugeborene, rechts und links und vorne, dann
heben wir's hoch und bringen es zur Mutter. Damit zumindest
der erste Kontakt schon mal da ist.

Ein Kalb orientiert sich bei der Mutter immer nach hinten.
Doch die Zitzen sitzen vorne. Also müssen wir das Junge nach
vorne bringen und Yaya im selben Moment dazu bewegen, ein
Bein nach vorne zu setzen. Sonst kann das Baby nicht trinken.

Die Mutter macht das nicht intuitiv, es ist nicht angeboren. Deshalb trainieren wir das vorher. Doch in ihrer Panik nimmt Yaya keine Kommandos mehr wahr.

Wenn sich das Kalb akklimatisiert hat, wenn also die Körper- und Vitalfunktionen da sind, dann stecken wir ihm den Daumen in den Mund, oben am Gaumen, um den Saugreflex zu wecken. Elefanten trinken mit dem Mund, nicht mit dem Rüssel! Das für die Milchausschüttung maßgebende Hormon wird erst durchs Saugen aktiviert. Wie beim Menschen – wenn du das Baby nicht anlegst, schießt bei der Mutter keine Milch ein.

Nach weiteren zwei Stunden Kampf ist der Kleine an den Zitzen, das Colostrum schießt ein. Diese Erst- oder auch Biestmilch enthält in hohem Maße Proteine, Enzyme, Vitamine, Mineralien, Wachstumsfaktoren, Aminosäuren und von der Mutter gebildete Antikörper, um das Kalb und sein Immunsystem zu stärken.

Als wir endlich durch sind, bin ich es auch. Ich strahle schon Autorität aus, das ist einfach so. Aber in dieser Nacht bin ich total fertig. Ich habe 12 Kälbern auf die Welt geholfen. Dieses ist mein 13., mein erstes eigenes, und ich weiß nichts mehr. Ich stehe daneben, gebe keine Anweisungen mehr, nichts. So muss das sein, wenn du stundenlang über fremde Kinder redest, aber wenn es um dein eigenes geht, kommt nix. Die Mahuts schauen mich fassungslos an. Auch Roger ist nach diesen vier Stunden fix und alle.

Für den Moment ist alles gut. Bis zum nächsten Stressfaktor. Die Nachwehen kommen und mit ihnen die Nachgeburt. «Sie kommt! Sie kommt!» Wir brauchen einen Eimer, sofort, damit sie nicht in den Dreck fällt. Oder in die Scheiße, das wäre wirklich blöd. Denn wir wollen das Blut der Plazenta ablecken und sie dann essen. Wir stürzen uns regelrecht drauf.

Es ist erst einmal ungewohnt, die Nachgeburt abzulecken. Aber das Blut eines Elefanten zu trinken – das macht dich stark. Du wirst Teil von ihm. Wir essen die Nachgeburt roh. Roger reicht mir das Messer, ich bin der Besitzer des Elefanten, mir gebührt der erste Schnitt. Mein Sohn ist nach mir dran. Er ist ja mit all dem Wahnsinn groß geworden, von Anfang an. Dass ich ein Freak bin, wusste er schon, da war er drei Jahre alt. Auch Natalie, unsere Geschäftsführerin, isst die Nachgeburt. Dann sind die Mahuts dran. Selbst unsere Praktikanten machen das in der Regel, auch wenn sie erst kurz bei uns sind.

Die Nachgeburt schmeckt nach nichts. Aber sie symbolisiert das neue Leben, es ist eine Form der spirituellen Begleitung: Wir begleiten das Kalb auf seinem Weg in die Welt. Durch das tägliche Zusammensein mit den Tieren bauen wir eine Verbindung auf, die ist so tief – Außenstehende können sich das nicht einmal vorstellen. Das Essen der Nachgeburt ist natürlicher Teil dieser Verbindung. Mehr noch: Wenn wir es nicht machen, sind wir todunglücklich.

Die erste Nacht nach der Geburt schlafe ich bei unserer Yaya und dem Kalb. Wir werden unseren kleinen Bullen Sinan nennen. Der Name kommt aus dem Arabischen und bedeutet «Eiserne Speerspitze». Wir schlafen in den nächsten Tag hinein. Silvester 2017. Noch ahnen wir nicht, dass uns ein ganz besonderer Jahreswechsel bevorsteht.

«Ob Tiere eine Seele oder Gefühle haben,

kann nur jemand fragen, der beides nicht hat.»

Eugen Drewermann

Kapitel 18 Yaya – die Panik einer Mutter

In dieser Silvesternacht tickt Yaya völlig aus. In der Natur würde sie durchgehen, wegrennen, das Baby zurücklassen und es letztlich verlieren. Das Kalb hat in den ersten zwei Wochen keine Prägung auf die Mutter. Das ist auch nicht nötig, weil es in der Natur in der Herde aufwächst. Da sind alle verwandt miteinander und eingebunden. Im Camp aber gibt es keine organisch gewachsene Herde.

Silvester ist jedes Jahr, auf die Raketen und die Knallerei reagieren die Elefanten normalerweise gar nicht. Aber kurz nach einer Geburt sind die Sinne so geschärft, dass alles extreme Auswirkungen hat, was für die Mutterkuh abseits des alltäglichen Lebens läuft. Sie vergisst und verliert alles. Bei Yaya ist das so stark, dass es fast nicht zu bewältigen ist. Sie tobt.

Ich schlafe weiterhin bei ihr. In der Neujahrsnacht geht sie drei Mal mit dem Kopf auf mich drauf, als ich am Boden liege. Ich versuche aufzustehen. Sie greift mich an, sie ist in Panik. Sie meint ja nicht mich persönlich. In dieser Verfassung sieht sie nichts mehr. Sie will nur weg, zerrt und reißt an der Kette. Und ich stehe endlich vor ihr und versuche, sie zu beruhigen. Und gleichzeitig drängt das Kalb unter den Körper der Mutter, die dann mit den Beinen um sich schlägt, nach mir, nach dem Kalb. Da kommt die Angst von unten noch dazu.

Panik und Angst sind immer Schutzfaktoren. Wenn du aus
Erfahrung Angst hast, die heiße Herdplatte anzufassen, dann
schützt dich das. So ist das beim Elefanten auch. Das sind
Urinstinkte, die sind nicht kontrollierbar. Der Urinstinkt ist
Angst, die Folge ist Panik. Da gibt's kein Pardon, da muss ich
dazwischen und fertig. Wenn ich es schaffe.

Ruckzuck ist eine Stunde rum. Gefühlt waren es drei.
Schließlich bekomme ich Hilfe, und wir sind zu dritt beschäftigt. Wir müssen ja noch das Kalb wegziehen. Und je mehr wir
am Kalb ziehen, desto stärker tobt die Mutter. Aber ich habe
den Kleinen mit meinem Leben zu beschützen. Das ist meine
verdammte Pflicht.

In den ersten Tagen des Jahres 2018 kann sich Yaya nicht
auf das Kalb konzentrieren. Sie wiegt den Kopf hin und her –
im Zoo, im Zirkus, in Camps das wichtigste Symptom für Hospitalismus. Jede Form von Hospitalismus ist eine Blockade im
Gehirn, die kriegst du mit normalen Mitteln nicht raus.

Also muss ich noch einen draufsetzen. Ich habe keine Ahnung von Psychologie. Aber ich verstehe etwas von Elefanten.
Ich muss ein starkes Mittel einsetzen, aber eins, das zum Alltag gehört. Mein Auto gehört zu ihrem Alltag. Doch als ich mit
dem Pajero direkt auf sie zufahre, bis auf einen Meter, da ist
das für sie das Schlimmstmögliche. Schlimmer als das Trauma
der Silvesternacht. Und das war mein Ziel. Den Schock mit
dem Auto überwindet sie eher. Weil eben das Auto zu ihrem
Alltag gehört, morgen wieder in ihrer Nähe ist, in ihrem Blick-
feld. Und übermorgen wieder.

Ich bin selbst tausend Tode gestorben bei dieser Aktion.
Ich wusste ja, was sie für Yaya bedeutete. Ein solches Mittel
darf ich nicht oft benutzen. Es ist eine totale Überspitzung.

Die kann Blockaden lösen, muss es aber nicht. Es bleibt ein Vabanquespiel. Wenn es gelingt, ist das ein Überschreiben des alten Programms, eine neue Programmierung. Da ist dieser Schock: Jetzt will der mich umbringen, aber irgendwie kenne ich das Auto, und dann steigt der Bodo aus. Diese Beschreibung ist natürlich Quatsch, das ist wieder Vermenschlichung, aber eine bessere fällt mir nicht ein.

Ich habe tagelang nicht schlafen können, habe noch einige Male bei Yaya übernachtet. Ihr Schmerz war auch mein Schmerz. Noch Tage später wiegt Yaya manchmal den Kopf hin und her. Aber das hat viel mit innerer Unruhe zu tun und mit «schweres Leben», wie der Russe Sascha sagte, wenn er Deutsch sprach. Als Mama hat Yaya mit dem Baby den Kopf voll. Hat keine Freunde, will aber auch keine um sich haben.

Zwei Wochen später bekommt Yaya ein dickes Bein. Sie kann nur an einem Bein angebunden werden. Da ist es schwierig, ein Bein nach vorne zu stellen, damit das Kalb trinken kann. In diesen Tagen haben wir das Gefühl, die Mutter hat zu wenig Milch. Also hole ich anderthalb Tonnen Zuckerrohr, einmal 700 Kilo, einmal 800, damit sie Kraft aufbauen kann. Dazu 100 Kilo Bananenblüten, die sind angeblich milchfördernd, und tonnenweise Bananen. Auf jeden Fall funktioniert es.

Ich höre schon die Frage, gestellt von Männern: Wo bleibt eigentlich der Vater? Er heißt Phu Chapo, das muss reichen. Denn mit dem Vater haben Mutter und Sohn gar nichts zu tun. In der Natur geht er zum Decken rein in die Kuh und dann geht er wieder raus. Das haben wir im Camp nicht gesteuert oder herbeigeführt. Sie war heiß, und dann ist er drauf.

Wichtiger ist unser kleiner Bulle Sinan. Vielleicht stärkt ihn sein turbulenter Start ins Leben. Er ist nun die Speerspitze einer neuen Generation. Einer Generation, in der sich vielleicht das Schicksal des Asiatischen Elefanten entscheiden wird.

Und dieses Schicksal treibt mich um. Der Elefant in Asien ist vom Aussterben bedroht. Obwohl er vom Washingtoner Artenschutzabkommen geschützt wird, lautet sein offizieller Status «stark gefährdet». Weder seine Größe noch seine Stärke werden ihn künftig schützen. Sehen wir Asiens Elefanten bald nur noch als mythische Wesen, die buddhistische Tempel bewachen?

Etwa eine Milliarde Hindus und an die 500 Millionen Buddhisten verehren den Elefanten als heiliges Tier, in der Verkörperung Ganeshas gar als Gott. In vielen asiatischen Ländern ist der Elefant die Quelle nationalen Stolzes und landestypischer Traditionen. Wappentier, Glücksbringer und Symbol für das Wohlwollen der Götter. In Silber geprägt, in Seide gefasst, auf Gemälden verewigt, in Skulpturen gehauen. Wie kann er da vom Aussterben bedroht sein? In den Ländern, wo man ihn besonders verehrt?

«Glück ist die Haltestation zwischen
zu wenig und zu viel.»
Asiatisches Sprichwort

Kapitel 19 Asiens Elefanten – begehrt in vielen Rollen

Von Königen und Maharadschas in Palästen verwöhnt, bei
Paraden bejubelt und in Prozessionen prunkvoll geschmückt:
Seit Urzeiten waren Asiens Elefanten unverzichtbarer Teil der
Kulturen, der Religion und der Mythologie in Indien, Sri Lan-
ka, Myanmar, Laos, Kambodscha und Thailand. Einen religiö-
sen Festzug ohne Elefanten konnten sich weder Hindus noch
Buddhisten vorstellen – man durfte Unglück ja nicht mutwillig
heraufbeschwören.

Vor Jahrhunderten war die Anzahl der auf dem Schlacht-
feld verfügbaren Elefanten in ganz Asien die Messlatte für königliche Macht. Als gewichtige und doch bewegliche Truppe
auf vier Beinen leisteten die Tiere in vielen Nationen Dienst
am Vaterland. Nach speziellem Training erduldeten sie Kano-
nendonner und, Auge in Auge mit Artgenossen, blutige Kämpfe, die Verletzungen mit sich brachten oder gar den Tod.

In Indien unterlagen die Elefanten zeitweise gar der
menschlichen Rechtsprechung; die Tiere wurden für ihre Vergehen angeklagt und vor Gericht gestellt. Noch heute muss ein
Richter entscheiden, ob ein Elefant, der Menschen getötet hat,
seinerseits von Menschen getötet werden darf. Denn normalerweise kommt es für einen Hindu nicht in Frage, das Leben
dieses heiligen Tieres zu beenden.

Thailand zog seine Stärke lange aus der schier unendlichen Zahl seiner Elefanten; 120 000 waren es noch vor hundert Jahren. Von 1855 bis 1916 schmückte ein weißer Elefant die Flagge Siams, wie Thailand bis 1939 hieß. Der Elefant stand für das Land und seine Menschen. Die Spieler der Fußball-Nationalmannschaft nennen sich «Kriegselefanten» – ein Anspruch, der sich nicht immer in den Resultaten niederschlägt. Auch im Alltag begegnet einem der Elefant auf Schritt und Tritt. Auf dem beliebten Sonntagsmarkt in Chiang Mai decken sich die Touristen mit Souvenirs ein, die in zahlreichen Formen den Elefanten variieren. Elefantenmotive schmücken auch die luftigen Beinkleider der Besucher beiderlei Geschlechts, die durch Chiang Mais Altstadt pilgern – «elephant pants» heißen die Pumphosen auf Englisch. Und der Name eines der beliebtesten Biere ist «Chang» (Elefant).

Bei aller Verehrung aber blieben Asiens Menschen pragmatisch, nutzten den Elefanten für profane Zwecke. Als Reit- und Lasttier. In den Eingangshallen vieler Hotels hängen noch heute hundert Jahre alte Bilder, auf denen Elefanten Reisende vom Bahnhof zur Unterkunft tragen. Mal Gott, mal Tempelwächter, mal Dickschiff im Transport – Asiens Elefanten erfüllten viele Aufgaben, und alle hatten mit Arbeit zu tun. Sie spielten auf ihrem Kontinent eine ähnlich vielfältige Rolle wie die Pferde in Europa. Dort gab es Brauerei- und Polizeipferde und die Rösser der Kavallerie in Kriegen. Noch heute genießen einige gutmütige, speziell trainierte Exemplare das Privileg, in Karnevalszügen Böller, schmetternde Fanfaren, Konfetti und Kamelle aushalten zu müssen. Ganz abgesehen von den zahllosen Narren.

Laut Dr. Richard Lair, einem der führenden Experten auf

diesem Gebiet, arbeiten Menschen und Elefanten, historisch belegt, seit 4000 Jahren zusammen. Erst transportierten die kräftigen Tiere Waren und Menschen, später trugen oder zogen sie schwere Lasten wie Steine und Baumstämme. Gewaltige Tempelanlagen wie Angkor Wat, errichtet vor etwa 900 Jahren im Norden Kambodschas, entstanden mit Hilfe von Elefanten. Nur sie konnten große Steinquader auf Flößen durch flache Dschungelgewässer ziehen.

In Burma – heute Myanmar – arbeiteten die Elefanten mit ihren Mahuts für die englische Kolonialmacht. Die Engländer wussten zu schätzen, dass die Karen ihre Tiere in der Regel gut behandelten. Doch wo Menschen wirken und Geld im Spiel ist, gibt es immer auch Missbrauch. In Burma verabreichte man den Tieren auch mal Metamphetamin, damit sie bis zum Umfallen arbeiten konnten – Elefanten auf Speed.

Das härteste Los trifft heute die Tempelelefanten. Früher kauften reiche Leute kleine Elefanten und schenkten sie den Tempeln, um ihr eigenes Karma günstig zu beeinflussen und Verdienste zu erwerben für ihr nächstes Leben. Heute sind diese Elefanten die ärmsten Viecher. Schlecht gepflegt, vegetieren sie meist nur vor sich hin, stehen bis auf seltene Einsätze bei Zeremonien bloß herum. Da frage ich mich schon, ob diese Art Elefantenleben im 21. Jahrhundert noch sein muss. Aber wenn bei der Einweihung eines Tempels der Elefant fehlt, sind die Leute kreuzunglücklich, das hat sich nicht geändert.

In Indien arbeiten die Tempelelefanten Vollzeit. Ein Bulle namens Ramachandran hat es sogar zum Facebook-Star geschafft. Mit den Einsätzen bei Tempelfesten verdient sein Besitzer etwa 125 000 Rupien pro Veranstaltung; das macht im Jahr etwa zehn Millionen Rupien, um die 125 000 Euro.

Solche Gagen haben ihren Preis. Vielen Kollegen von Ramachandran droht der Kollaps, obwohl allein im südindischen Bundesstaat Kerala 500 Tempelelefanten leben – der Guruvayoor-Tempel als größter von allen hält etwa 50 Tiere. Wie können die überlastet sein? Doch in ganz Kerala werden jährlich mehr als 1600 hinduistische Feste veranstaltet, aus Prestigegründen mit immer mehr Elefanten. Und die Prozessionselefanten, so berichtete der *Spiegel* schon 1980, werden von Tempeldienern und Mahuts oft miserabel behandelt.

So ist das Tier, mit dem ich täglich zu tun habe, immer auch Geschichte, immer auch Philosophie, Tradition, Kultur, Spiritualität. Zu gerne würde ich mal von den Elefanten hören, was sie eigentlich selbst zu den vielen Rollen sagen, die ihnen der Mensch zugedacht hat. Vor allem zu ihrer jüngsten Rolle: die Erde zu verlassen.

Es wäre ihre letzte Rolle. Obwohl die Asiatischen Elefanten nie ihres Fleisches wegen gejagt wurden und eher selten wegen des Elfenbeins. Nur die Bullen tragen Stoßzähne in Asien, und auch von ihnen nur fünfzig Prozent; bei manchen Kühen sind Stoßzähne rudimentär vorhanden.

Die Zeiten sind vorbei, da sich Asiens Elefanten darauf verlassen konnten, durch religiöse Glaubenssätze und kulturelle Traditionen geschützt zu sein. Es ist der knapper werdende (Über-)Lebensraum, der das Tier in seiner Existenz bedroht – durch immer mehr Menschen, Urbanisierung, wachsende Industrien, expandierende Landwirtschaft und illegale Rodungen.

An der Zerstörung und Schrumpfung seines natürlichen Habitats war der Elefant aber auch selbst beteiligt. Er ist das einzige Tier, das seine Umwelt zu seinem Nachteil verändert –

mit seinem Appetit und seiner Kraft. Reißt ein Elefant einen Baum aus dem Boden, ist der Baum tot. Thailand betrieb die Zerstörung des Waldes über Jahrzehnte in industriellem Ausmaß. Edelholz wurde zum grünen Gold. Und nur die Elefanten konnten es ziehen, schieben, für den Weitertransport auf den Flüssen vorbereiten. So vernichteten Mensch und Elefant in einer prächtig funktionierenden Arbeitsgemeinschaft ein Biotop, in dem der Elefant nicht nur lebte, sondern auch eine vitale Rolle spielte beim Formen und Erhalten eines reichhaltigen Ökosystems.

Ich kann nur schwer einschätzen, wie sehr heute Wilderei die Zahl der Elefanten dezimiert. Aus Myanmar berichtete der World Wildlife Fund im Mai 2017:

«In den Wäldern Myanmars werden derzeit vermehrt riesige blutige Fleischberge gefunden – die Überreste gehäuteter Elefanten. Nach WWF-Angaben ist diese neue Art der Wilderei in dem ostasiatischen Land auf dem Vormarsch. Seit 2013 sind bereits 110 Dickhäuter der Jagd auf ihre Haut zum Opfer gefallen. ‹Die Haut der Tiere wird zu Cremes verarbeitet. Angeblich sollen sie gegen Hautkrankheiten helfen. Aber das ist natürlich Aberglaube›, erklärt Katharina Trump, WWF-Expertin für Wildtierkriminalität.»

Laut WWF gehen die Wilderer äußerst brutal vor. Meistens würden die Tiere mit selbstgebauten Gift-Darts beschossen, sie sterben erst nach einem langen und qualvollen Todeskampf. Begünstigt werde die illegale Jagd durch schwache Kontrollen und Sanktionen des Staates. «Für die Aufklärung der Verbrechen wird viel zu wenig getan. Und wenn der Polizei mal ein Täter ins Netz geht, ist es meistens mit einem Bußgeld von maximal 35 Euro getan», so Katharina Trump.

An eine Abschreckung sei unter diesen Bedingungen nicht zu denken.

Unter der Überschrift «Skinned – The growing appetite for Asian Elephants» meldete im April 2018 Elephant Family, eine in London und New York ansässige Organisation zum Schutz des Asiatischen Elefanten: «Elefantenhaut ist ein begehrtes Produkt in der Traditionellen Chinesischen Medizin (TCM). Beliebt sind dazu Armbänder mit Kügelchen aus Elefantenhaut. Chinas State Forestry Administration (SFA) vergab sogar Lizenzen für die Verarbeitung und den Verkauf pharmazeutischer Produkte, die Elefantenhaut enthalten. Das ermöglicht den offenen Verkauf.»

China ist weltweit der größte Abnehmer geschützter Wildtierprodukte. In Laos und Myanmar wurden Verarbeitungsstätten für diese Produkte entdeckt. Berüchtigt war China schon als größter Abnehmer von afrikanischem Elfenbein. Seit dem 31. Dezember 2017 ist der Handel mit diesen Erzeugnissen verboten, mittlerweile auch in Hongkong. Doch wie immer bleibt abzuwarten, wie Umsetzung und Strafen gehandhabt werden.

Aktuell finden wir den Asiatischen Elefanten noch in dreizehn Ländern: Indien, Nepal, Bhutan, Sri Lanka, Bangladesch, Myanmar, Thailand, Kambodscha, Laos, Vietnam, China, Malaysia, Indonesien. Extrem unterschiedliche Regionen, extrem unterschiedliche Lebensbedingungen. Und in fast allen Ländern deuten die Zahlen der Tiere auf ihr baldiges Verschwinden hin.

«Verurteilung ohne Untersuchung
ist die höchste Form der Unwissenheit.»
Albert Einstein

Kapitel 20 Der Mensch-Elefant-Konflikt

Laos nannte sich einst Lane Xang – Land der eine Million Elefanten. So viele waren es vermutlich nie, aber übrig geblieben sind noch etwa 850, davon nach Angaben des Elephant Conservation Center Sayabouri 400 Wildtiere. Seit 1988, in furchtbar kurzer Zeit also, verschwanden neunzig Prozent der Population. Setzt sich dieser Trend fort, wird es in Laos schon 2030 keine wilden Elefanten mehr geben. Das kleine Land liefert das radikalste Beispiel für die Bedrohung der Spezies in Asien – es ist die Vorstufe des Aussterbens.

Zwischen 2013 und Dezember 2017 habe ich in Laos mit meinem lokalen Partner Kor einige Touren realisiert. Das blieb nicht ohne Echo; einige Leute schätzten offensichtlich meine Arbeit. 2015 fragte mich ein guter Freund, ob ich mir in Laos auch größere Projekte mit mehr operativer Verantwortung vorstellen könnte. Im nächsten Schritt traf ich mich mit einer hochrangigen Persönlichkeit; in Asien läuft manches informell und dennoch seriös. Sollte ein solches Treffen ohne Ergebnis bleiben, verliert keiner sein Gesicht.

Drei Tage nach dem Treffen erhielt ich über meinen Freund ein konkretes Angebot: Ich sollte ein touristisches Projekt vorantreiben mit 70 domestizierten und 40 wilden Elefanten. Das war eine spannende Herausforderung. Und die Entschei-

dung fiel mir nicht leicht. Doch meine Antwort lautete schließlich: Ich habe nur ein Leben, für so etwas bringe ich die Kraft
einfach nicht mehr auf.

Laos ist in Infrastruktur und Bürokratie noch mal eine andere Nummer als Thailand. Am Geld wäre es nicht gescheitert. Mein Vorschlag, für ein symbolisches Gehalt als Berater
mitzumachen, wurde nicht realisiert – sie wollten mich als
Chef. Das Projekt hat dann ein Thai übernommen, auch er ein
Freund von mir. Das Vorhaben zeigt mir, dass man in Laos dem
Verlust der Elefanten nicht tatenlos zusehen will. Hoffentlich
kommt die Initiative nicht zu spät.

In Kambodscha sieht es ähnlich aus. Dort sollen noch 50
domestizierte und etwa 450 wilde Elefanten leben. Die Tiere in Menschenhand sind längst in die Jahre gekommen, sie
gelten als letzte Generation der kambodschanischen Arbeitselefanten. Die Airavata Elephant Foundation vesucht nun, in
Abstimmung mit Vertretern der Regierung ein Programm für
Zucht und Erhalt der Tiere zu etablieren.

Im Frühjahr 2012 erwischte eine Kamerafalle im größten
Waldschutzgebiet des Landes zwölf Elefanten, darunter auch
einige Jungtiere. Die kleine Herde mit Nachwuchs wurde als
Indiz dafür gewertet, dass das Schutzprogramm in den Kardamom-Bergen funktioniert. Leider aber entwickelte sich Kambodscha in den letzten Jahren zu einem Drehkreuz des Multi-
Milliarden-Geschäfts mit illegal geschmuggelten Tieren. Das
Land soll, so las ich, bevorzugt die hohe Nachfrage aus China
und Vietnam befriedigen – unter anderem sogar nach Elfenbein. Einem Elefanten, der von Wilderern im Februar 2019 in
einem Schutzgebiet getötet wurde, fehlten die Stoßzähne.

Die geringsten Chancen gebe ich den Elefanten in Vietnam.

Dort wird nicht gezüchtet. 1990 zählte man 2000 wildlebende Tiere; heute sollen es noch 20 wilde sein und dazu 80 in Gefangenschaft. In China spielte der Elefant nie eine große Rolle, in der südlichen Provinz Yunnan werden aktuell 200 bis 250 wilde Exemplare geschätzt.

In Myanmar gibt es derzeit etwa 6000 Arbeitselefanten ohne Job. Die letzten Konzessionen für Holzeinschlag endeten 2015, was ähnliche Konsequenzen hatte wie zuvor schon in Thailand. Die Karen müssen sich nach neuen Beschäftigungen für ihre Tiere umschauen, manche laufen bei religiösen Zeremonien oder Festivals mit. 2015 richtete die Regierung sieben Elefantencamps zur Förderung des Tourismus ein. Viele Elefanten aber wurden in die Wälder entlassen, sagt Saw Htoo Tha Phoe von der Wildlife Conservation Society. Allerdings ist auch da der Platz nach Jahrzehnten des Abholzens knapp geworden.

In Indien und auch auf Sumatra/Indonesien sind seit den sechziger Jahren 70 Prozent des Lebensraums der Elefanten verschwunden. So können die Herden ihren historischen Wanderrouten nicht mehr folgen, weil die blockiert sind durch menschliche Siedlungen und Plantagen.

Insgesamt gibt es auf dem asiatischen Kontinent noch etwa 15 000 Elefanten in Gefangenschaft. Bei den Wildelefanten schwanken die Angaben je nach Quelle zwischen 25 000 und 35 000. Die Hälfte aller noch wild lebenden asiatischen Exemplare wird Indien zugerechnet.

Heute leben in Asien vier Milliarden Menschen, da wird das Leben vielerorts zum Verdrängungswettbewerb, zum Kampf um Platz und Ressourcen. Dennoch, und das ist die gute Nachricht, gibt es mittlerweile Regionen, in denen der Schutz der

Wildelefanten greift und ihre Zahl steigt, so beispielsweise in Indien und Thailand. Der Erfolg aber provoziert sofort das nächste Problem: Elefant trifft auf Mensch. Im nordindischen Bundesstaat Assam entdeckten die Elefanten ihre Vorliebe für Reisbier und traten betrunken ganze Ernten nieder. Und wenn die Tiere das Halbjahreseinkommen ganzer Dörfer vernichten, ist es mit der Verehrung schnell vorbei. Im Bundesstaat Andhra Pradesh hat sich die Zahl der Elefanten seit 2008 verdoppelt. In diesem Zeitraum wurden 13 Menschen bei Zusammenstößen mit Elefanten getötet.

Im Way Kambas National Park auf Sumatra patrouillieren die Ranger auf domestizierten, speziell trainierten Elefanten, weil die am ehesten die Laufwege ihrer wilden Verwandten aufspüren können. Die Dörfler wehren sich gegen eindringende Elefanten mit Feuer, Gift und Bienenstöcken. Dank der Ranger-Arbeit haben die Kollisionen zwischen Mensch und Tier seit 2015 um achtzig Prozent abgenommen. Die Bauern, die oft in den Reisfeldern schliefen, berichteten jüngst von den ersten ungefährdeten Ernten seit Jahren. Mittlerweile schlafen sie wieder daheim. Die Ranger hingegen leben weiterhin gefährlich, wenn sie mit Hilfe moderner Technik – GPS und Drohnen – Elefantenfallen entdecken. Dann stören sie die Netzwerke des illegalen Wildtierhandels.

In Thailand wurden 2018 3400 Exemplare gezählt, Schätzungen sprachen gar von bis zu 4000; die Anzahl der Tiere in Menschenhand stieg auf etwa 3500. Aus meiner Sicht hat die oft kritisierte Nationalpark-Behörde in den letzten zwanzig Jahren einen guten Job gemacht. Ebenso die Regierung des Landes, die ein klares Konzept verfolgt. Der World Wildlife Fund (WWF) ehrte Thailand 2015 für seine vorbildlichen Bemühungen im Kuiburi-Nationalpark. Begründung: 2015 seien dort überhaupt keine Elefanten gewildert worden, und die Zahl der getöteten Elefanten sei dramatisch zurückgegangen (nur vier Todesfälle zwischen 2006 und 2015). Zeitgleich ging die Zahl der Zusammenstöße zwischen Menschen und Elefanten enorm zurück, von 332 (2005) auf 146 (2014). Doch das sind immer noch drei pro Woche. Es ist ein weiteres Beispiel für den «Mensch-Elefant-Konflikt» in Asien, für den es derzeit keine Lösung gibt.

Wenn Mensch und Jumbo aufeinanderprallen, ist der Ausgang vorhersehbar, wie ein paar Schlagzeilen zeigen:

- 1. April 2019: Elefant tötet Dorfbewohner in Buriram (*Der Farang*)
- 13. Februar 2019: Wild elephants kill Monk (*Bangkok Post*)
- 21. Januar 2019: Elefanten trampeln Plantagenbesitzer zu Tode (*Der Farang*)
- 11. Dezember 2018: Vor Elefanten im Khao-Yai-Nationalpark wird gewarnt (*Der Farang*)
- 30. November 2018: Pick-up-Fahrer stirbt beim Zusammenstoß mit Elefant (*Der Farang*)

In manchen Gegenden Afrikas sieht es übrigens ähnlich aus, wie Zahlen aus Kenias Provinz Kajiado belegen: Allein dort gab es zwischen 2013 und 2016 1700 Fälle, in denen Elefanten über Ernten herfielen. Dabei starben 40 Menschen, etwa 300 wurden verletzt.

So schwer die Erkenntnis auch fällt: Erfolgreicher Elefantenschutz gefährdet und fordert zwangsläufig Menschenleben. Dort, wo sie nun zur Gefahr werden, genießen die Elefanten seit Jahrtausenden Wohnrecht. Aber Wohnraum, um im Bild zu bleiben, ist knapp geworden – der Platz zum Leben, den sich beide Parteien nun teilen müssen.

Auf unseren Sri-Lanka-Touren besuchte ich mit meinen Gästen ein ganz besonderes Projekt: Im Wasgamuwa-Nationalpark versuchen mein Freund Chintaka Weerasinghe und sein Team seit Jahren, den Konflikt zwischen Mensch und Elefant zu minimieren. Wie genau, davon werde ich gleich noch erzählen.

Das Beispiel Sri Lanka hat mir vor Augen geführt, dass der Kampf ums Überleben der Elefanten vor allem eins ist: mühselige Arbeit an der Basis. Auf dem Land, in den Dörfern – dort, wo sich Mensch und Elefant täglich begegnen. Wo Kinder auf dem Schulweg plötzlich vor riesigen Bullen stehen. Vor Bullen, die so gar keine Lust verspüren, den sanften Riesen zu mimen.

«Wege entstehen beim Gehen.»
Antonio Machado, spanischer Dichter

Kapitel 21 **Die Bergpredigt von Sri Lanka**

Ein Tag im März 2018, es ist halb sechs Uhr morgens im Wasgamuwa-Nationalpark. Vor uns schlägt Siriya, Mitarbeiter der Sri Lanka Wildlife Conservation Society, mit einem Stock dorniges Gestrüpp aus dem Weg. Eben noch hat es geregnet, nun lichten sich die Wolken ein wenig. Auf schwarz-grauem Gestein steigen wir einen Hügel hinauf; auch nach dem Regen ist die Mischung aus Granit, Laterit und Quarz noch nass, aber erstaunlicherweise nicht rutschig. Auf halber Höhe entscheiden wir uns, den Hügel zum Berg zu erklären. Die Oberschenkel übersäuern, es ist halt noch früh. Endlich oben, genießen wir den Ausblick auf Wälder und Seen. Uns zu Füßen liegt die unberührte Natur im Zentrum Sri Lankas.

Schön wär's.

Chintaka Weerasinghe hat das Wort. Er ist bereits hellwach und hält uns eine Bergpredigt der besonderen Art. «Die Natur hier mag euch beeindrucken», sagt er, «unberührt ist sie keineswegs.» Er deutet hinunter auf die Flächen, wo nur noch lockerer Primärwald steht. Seit 45 Jahren bewirtschaften dort Bauern ihre Felder. Und wieder einmal mussten die Elefanten in ihrem natürlichen Wohnzimmer lernen, ein wenig zur Seite zu rücken.

Dabei streiften sie schon durchs Gelände, da war Sri Lanka noch nicht einmal eine Insel, sondern Teil der indischen

Chintaka: Die Bergpredigt von Sri Lanka

Landmasse im Norden. Die Elefanten waren lange vor den ersten Siedlern da, vor den ersten Königen und den Kolonisatoren aus Portugal, den Niederlanden und England. Der Grund und Boden, auf dem wir an diesem Morgen stehen, gehört eigentlich den Tieren. Doch mehr denn je ist ihr Schicksal untrennbar verknüpft mit dem ihrer menschlichen Nachbarn.

Sri Lanka, der Inselstaat im Indischen Ozean, ist nicht groß. Doch mit etwa 5000 wilden Exemplaren finden wir dort die höchste Elefantendichte in ganz Asien. Das bleibt nicht ohne Folgen. 2017 wurden 87 Menschen von Elefanten getötet, im gleichen Zeitraum starben 285 Elefanten. Manche wurden erschossen, andere stießen mit Zügen zusammen, manch einer trat auf eine Hakkapata, eine Granate Marke Eigenbau. Elefanten lieben die Reste auf abgeernteten Reisfeldern. Früher wurden sie ihnen von den Bauern überlassen, bis die Felder wieder eingesät wurden. Doch inzwischen sehen die Bauern den Elefanten immer stärker als Feind. Und deshalb verstecken sie die explosiven Hakkapatas in den Feldern. Wie kann man den alten Frieden zwischen den Parteien wieder herstellen? Das ist schwer, aber vielleicht sogar möglich und vor allem die einzige Chance. Hier setzt die Sri Lanka Wildlife Conservation Society an; sie konzentriert sich auf den Mensch-Elefant-Konflikt. Ravi Corea gründete die Organisation 1995, da studierte er gerade an der Columbia University in New York Naturschutzbiologie. Seine Motivation: «Der Elefant ist der Schatz meines Landes. Er kann nur überleben, wenn der Mensch ihn nicht bekämpft.» Heute ist Ravi – ein Mann voller Energie und optisch eine unwesentlich schmalere Version des Hollywoodstars Dwayne «The Rock» Johnson – Präsident seiner privat finanzierten Organisation.

Nun sind wir mit seinem Projektmanager unterwegs, mit Chintaka Weerasinghe. 40 Jahre jung, verheiratet, eine Tochter. Chintaka studierte Wirtschaft und verdiente gut als Manager, doch er vermisste in seinem Job Freude und Sinn. Seit mittlerweile zwölf Jahren versucht er, Lösungen zu finden für eine möglichst friedliche Koexistenz zwischen Bauern und Dickhäutern. Immer nach dem Prinzip «Versuch und Irrtum und Weitermachen».

Chintaka hat es mit dem Ceylon-Elefanten zu tun, einer von vier Unterarten der Spezies Asiatischer Elefant (*Elephas Maximus*):

Elephas maximus indicus (Indischer Elefant; dazu gehört auch der Thailändische Elefant), *Elephas maximus maximus* (Ceylon-Elefant), *Elephas maximus sumatranus* (Sumatra-Elefant), *Elephas maximus borneensis* (Borneo-Elefant).

Chintakas Begeisterung, seine Kompetenz und seine Leidenschaft rühren mich an. Da steht ein Mann, der seinen Lebenssinn gefunden hat und ein Ziel, für das es sich zu kämpfen lohnt. Kennengelernt habe ich ihn 2016 in Singapur, bei einem internationalen Symposium zum «Erhalt von Elefanten und Nashörnern». Es war der 15. Kongress zum Thema, neu ist es leider nicht.

Neu hingegen könnte sein, dass die Wildlife Conservation Society die Menschen, die unter den Elefanten leiden, direkt in ihre Projekte einbindet: Es muss für die Betroffenen einen Wert haben, das Tier zu schützen. Zum ersten Mal sehe ich Leute am Werk, die das ganze Beziehungsgeflecht im Blick haben. Nicht allein den Menschen, nicht allein den Elefanten. Das gefällt mir. Ich mag kein Philosophieren um des Philosophierens willen, für mich muss es immer einen konkreten Nutzen geben.

«Wir haben so einiges versucht in all den Jahren», sagt Chintaka, «es fruchtete wenig. Der Elefant ist smart. Er stellt sich auf unsere Maßnahmen ein. Lernt täglich dazu. Und sabotiert, was wir uns einfallen lassen.» Barrieren mit Chilipfeffer etwa oder biologische Zäune. Auch Elektrozäune wurden gezogen, der Kilometer kostet 3000 US-Dollar. Zäune unter Strom, die nicht die Tiere schützen sollten, sondern die Dörfler und ihre Felder mit Reis, Gurken, Kürbis. Doch es dauerte nicht lange, bis die Elefanten die Zäune an einigen Stellen so niedertraten, dass sie die unangenehmen, aber nicht lebensbedrohenden Stromstöße vermeiden konnten. In einigen Fällen brachten die älteren Bullen auch mal ein paar junge Kollegen mit und warfen sie einfach in die Zäune. Auf Dauer wurde es zu kostspielig, diese immer wieder zu reparieren.

Vor einigen Jahren wurden die Nationalparks Wasgamuwa, Flood Plains, Somawathiya und das Trikonamadu-Reservat durch Korridore miteinander verbunden, um den Elefanten eine größere Gesamtfläche als Lebensraum zu bieten. Doch 65 Prozent von ihnen leben unverändert außerhalb der Schutzgebiete Sri Lankas. Auch die Korridore nutzten nur bedingt. Hungrige Elefanten kannst du weder einschüchtern noch stoppen. Wenn die Bullen mit etwa zwölf Jahren aus ihrer Herde rausgekickt werden, laufen die noch zehn, zwanzig, dreißig und mehr Jahre herum. Sie haben vor nichts und niemandem Angst. Deshalb fürchten die Bauern diese Einzelgänger besonders. Bullen gehen hin, wohin sie wollen.

Doch halt! Nur wenige Kilometer von den anderen Gemeinden entfernt gibt es, frei nach Asterix, ein Dorf, das sich die Eindringlinge vom Leib hält. Wir haben uns die Ansiedlung angesehen. Dorf ist ein großes Wort für die drei Häuser, die da nah beieinander stehen, mitten im Wald und mitten in den bevorzugten Routen der Elefanten. Vier Familien leben in den Häusern, seit 150 Jahren schon. Immer mal wieder stehen Bullen, manche gar in der Musth, am Rand der Ansiedlung. Dann treten die Bewohner vor die Tür, heben die Hand, und die gefürchteten Gäste drehen ab. Obwohl wenige Meter entfernt ähnlich verführerische Leckereien warten wie anderswo auch. Faszinierend, oder? Eine Erklärung für das Phänomen habe ich nicht. Haben diese Menschen vielleicht eine besondere spirituelle Kraft?

Mit seinem feinen Geruchssinn riecht der Elefant Reis und andere Verlockungen aus großer Entfernung. Vielleicht kamen Chintaka und seine Mitstreiter 2014 deshalb auf die Idee, Bäume mit grünen Orangen als Schutzwall um die Felder und

Hütten der Bauern herum zu pflanzen. Die grünen Apfelsinen sind etwas kleiner als die gewöhnlichen Orangen und schmecken nicht ganz so intensiv. Auch ihr Geruch ist keineswegs dominant. Aber Elefanten nehmen ihn wahr, und er gefällt ihnen gar nicht. Wo grüne Orangen wachsen, wandern sie jetzt, wie von den Menschen erhofft, durch die Korridore nahe den Feldern – und verzichten auf den Einkehrschwung.

Als ich mit unseren Gästen vor den Apfelsinenbäumen stand, fielen mir meine eigenen Erfahrungen wieder ein. Auch organisches Mückenspray verströmt diesen Zitrusgeruch. Wenn sich unsere Gäste im Camp damit einsprühten, gingen die Elefanten sofort auf Distanz. Und es gab Momente, in denen ich selbst eine Zitrone nahm und den Saft in Richtung eines nervösen Bullen spritzte – sofort wurde er ruhiger.

Für Chintakas Arbeitgeber waren die Orangenbäume nur der erste Schritt in einem ganzheitlichen Konzept. Mit Unterstützung der NABU International Naturschutzstiftung wurden zunächst etwa tausend Bäume gepflanzt. Jede Familie erhielt eine Schulung in Anbau und Pflege sowie Wassertanks, Pumpen, Schläuche und Gartengeräte. Außerdem kaufte man den Bauern die Orangenernte ab und organisierte den Verkauf auf den lokalen Märkten.

Heute sind die Farmer wieder bereit, den Elefanten als natürlichen Nachbarn zu akzeptieren und nicht als Feind. Die Konflikte nehmen ab. 50 000 Bäume sollen mittelfristig gepflanzt werden, eine gelungene Finanzierung vorausgesetzt.

Was aber passiert mit den Elefanten – immerhin ist es die Mehrzahl –, die sich immer noch außerhalb der Schutzgebiete aufhalten? Die Strategie, Elefanten in die Reservate umzusiedeln, hielt den realen Erfahrungen nicht stand. Es gibt im Norden des Landes durchaus noch Regionen, die nicht so dicht besiedelt sind und Platz und Futterquellen bieten. Doch von der logistischen Herausforderung ganz abgesehen, würde eine Umsiedlung nur zu neuen Konflikten führen. Denn die Herden aus Müttern, Tanten und Kälbern sind standorttreu. Der Zwangswechsel in eine ungewohnte Umgebung wäre eine traumatische Erfahrung. Zudem erfüllen einige der Schutzgebiete schon jetzt ihr Soll an Elefanten. Für mehr Tiere reichen die Nahrungsquellen nicht.

Nach mehr als zehn Jahren Forschung sagt auch die Schweizerin Jenny Pastorini, die mit ihrem singhalesischen Mann Pruthu Fernando Sri Lankas Elefanten studiert: «Wir können die Tiere nicht umsiedeln. Sie kehren wieder an ihre gewohnten Plätze zurück. Das macht einen schon ziemlich mutlos.» Auch Wasgamuwa hat einmal versucht, Elefanten in weniger dicht besiedelte Regionen umzusiedeln. Nach drei Monaten waren alle wieder da.

Wir brauchen praktikable Lösungen. Es gibt keinen Elefantenschutz von der Stange – jede Region, ob innerhalb Sri Lankas oder in anderen Ländern, erfordert unterschiedliche Strategien und Maßnahmen. Manchmal scheinen sich Maßnahmen sogar zu widersprechen, dabei sind sie nur maßgeschneidert für die jeweilige Region. Fast immer ist es sinnvoll, die Menschen am Ort einzubinden. Durch Training und Finanzierung lokaler Ranger etwa oder die regulierte Lizenzierung von Tourveranstaltern. In Einzelfällen kann es sogar besser sein, die Menschen außen vor zu lassen, wenn Tierschutz oder Erholung des Lebensraums nur so möglich sind.

Männer wie Chintaka und seine Kollegen stehen in der vordersten Linie des Naturschutzes und doch oft in der Kritik, wenn eine Maßnahme nicht greift. Häufig wollen sich auch die gerade amtierenden Politiker mit irgendwelchen Anordnungen profilieren – Naturschutz kommt gut an bei den Wählern –, nach der Wahl springen dann die nächsten Politiker aufs Karussell und kommen mit neuen Vorschlägen.

Nach einem langen Bürgerkrieg (1983 bis 2009) versucht Sri Lanka, politisch und wirtschaftlich stabil auf die Füße zu kommen. Elefanten-Tourismus kann eine wichtige Ressource sein; viele Touristen kommen auch deswegen, und Sri Lanka verfügt über ein gutes Nationalparkkonzept. Doch das alles steht auf der Kippe, wenn verheerende Terroranschläge wie am Ostersonntag 2019 das Land fast auf null zurückbomben. Die besten Absichten ändern nichts daran, dass es in ganz Asien furchtbar schwer ist, ein friedliches Zusammenleben zwischen Elefant und Mensch zu realisieren. Es gibt tausend Fragen, und vielleicht haben wir nur zwei Antworten. Vielleicht müssen wir auch erst einmal die bescheidenen Erfolge feiern und sagen: Jeder vermiedene Zusammenstoß zwischen Mensch und Elefant zählt.

Tierschützer aus dem Westen fokussieren ihre Vorschläge oft allein auf den Schutz der Tiere. Sri Lankas Elefanten aber töten, statistisch gesehen, alle vier Tage einen Menschen. In Deutschland gehen die Leute schon auf die Barrikaden, wenn ein einziger Bär durch Bayerns Wälder tapert. Bruno, der Problem-Bär! Und wenn ein Wolf ein paar Schafe reißt, grenzen die Reaktionen an Hysterie: «In Schleswig-Holstein wollen Tierhalter Wölfe lynchen» – «Jette weint: Der böse Wolf hat meine Schafe gefressen» – «Die Blutspur von Problem-Wolf ‹GW924m›». Und flugs dreht sich die Diskussion darum, ob man die gefährlichen Tiere vielleicht doch erschießen sollte. Ich will die Geschehnisse in Deutschland keineswegs verharmlosen; sie zeigen nur, dass Konflikte in der unmittelbaren Nachbarschaft deutlich bedrohlicher empfunden werden als die in sicherer Entfernung, in Fernost etwa. Nirgends auf der Welt richten Industrie und Landwirtschaft ihre Zukunftsplanungen an den Schutzbedürfnissen der Natur aus. Also zählen die kleinen Lösungen. Grüne Orangen zum Beispiel.

Wenn wir von der Rettung des Asiatischen Elefanten sprechen, sprechen wir von zwei Szenarien:
- Wie kann der wilde Elefant überleben?
- Wie können wir die Bedingungen für den Elefanten in Menschenhand verbessern?

Wir können jedoch nicht darüber debattieren, ob wir die Elefanten in Menschenhand freilassen. Genau diese Forderung steht im Raum. Da fallen dann die Zauberworte «Freiheit» und «Auswildern».

Ich stehe unverändert zu meinem Credo: Der Elefant ist nicht geboren, um dem Menschen zu dienen.

In einer idealen Welt leben alle Elefanten frei in der Natur, unbehelligt von den Menschen. Doch wir leben nicht in einer idealen Welt. Die Probleme der Elefanten in Menschenhand werden nicht dadurch kleiner, dass die Menschen an ihren Idealvorstellungen kleben.

Da besucht beispielsweise der bekannte chinesische Künstler Ai Weiwei mit dem Team einer Tierschutzorganisation Elefantencamps in Myanmar, um anschließend festzustellen: «Es macht mich so traurig, das zu sehen. Elefanten sind Kreaturen, die uns Menschen ähnlich sind. Sie sind intelligente, sensible Tiere. Leider wurden sie von Menschen in diese Lebensbedingungen hineingezwängt. Das ist nicht richtig und nicht fair. Elefanten verdienen es, in Freiheit zu leben. Aber sie wurden von jeher misshandelt. Ich würde sie sofort freilassen. Sie wurden geboren, um in Freiheit zu leben, und nicht in Gefangenschaft. Lasst die Elefanten frei!»

Ich kenne die Bedingungen in den Camps nicht, die Ai Weiwei besucht hat – wenn ihm das dort Gesehene naheging, ist das seine Sache und okay. Doch er spricht als Person des öffentlichen Interesses, versteht dabei jedoch von Elefanten so viel wie ich von seiner Kunst. Seine Forderung, die Elefanten freizulassen, geht komplett an der Realität vorbei. Doch wer braucht schon Argumente, wenn er die Moral auf seiner Seite hat?

Prinzipiell kann man domestizierte Elefanten wieder verwildern. In der Wildnis leben Elefanten jedoch in Familienverbänden, die über Generationen gewachsen sind und von erfahrenen Leitkühen geführt werden, die ihr Wissen in 40 oder 50 Jahren in der Natur gesammelt und gespeichert haben. Um den natürlichen Bedingungen nahezukommen, müsste man also ganze Familienverbände von domestizierten Elefanten auswildern. Doch die gibt es kaum, weil die Mitglieder der Familien in Menschenhand an unterschiedlichen Orten leben. Und gäbe es die Verbände, gäbe es für sie nicht genügend Platz.

Von Ausnahmen abgesehen, finden sich in Gefangenschaft geborene Elefanten in der Wildnis nicht mehr zurecht. Sie werden weiterhin die Nähe der Menschen suchen, denn von denen haben sie immer ihr Futter bekommen. Sie sind es gewohnt, mit Menschen zu interagieren, und sie haben keine

Angst vor ihnen, was zu weiteren Zwischenfällen im Mensch-Elefant-Konflikt führen kann. Nicht zuletzt können zahme Elefanten ihre wilden Artgenossen mit Krankheiten anstecken. Da die Zahl der Wildelefanten in Thailand wieder gestiegen ist und die vorhandenen Nationalparks voll sind, wurde der Vorschlag gemacht, neue Reservate zu schaffen für Thailands Elefanten in Menschenhand. Doch schon jetzt sind 13,5 Prozent der Fläche Thailands als Nationalparks ausgewiesen – ein Wert, den Industrieländer wie Deutschland kaum erreichen. Wo soll da Platz sein für zusätzliche Schutzgebiete, wenn die existierenden Habitate kaum ausreichen?

Auch der Vergleich mit Afrika hinkt. Dort gibt es Schutzgebiete, in denen die Elefanten frei in der Ebene herumlaufen und von Touristen gegen Entgelt aus der Ferne beobachtet werden können. In Nordthailand leben die Elefanten jedoch im Wald, in gebirgigen Regionen, da siehst du aus der Entfernung mit Glück Bäume und sonst nichts.

Interessanterweise drehen sich die meisten Forderungen ausschließlich um die Elefanten und ihre Bedürfnisse. Doch was ist mit den Menschen, die mit und von den Tieren leben? Die Touristen sind morgen wieder weg, aber ich und andere Campbesitzer, unsere Angestellten und die Mahuts – wir alle sind weiterhin da. Und hinter uns stehen Familien. Isolieren wir den Elefanten aus seinem Umfeld, lösen wir keines seiner Probleme. Ich respektiere jeden, der sich seriös um Lösungen im Sinne der Menschen und der Tiere bemüht. Nach meiner Einschätzung ist das Aus- oder Verwildern von Elefanten in Asien derzeit eine Illusion, erst recht in größerem Maßstab. Also müssen wir akzeptieren, dass Tourismus und auch Zucht unverzichtbare Optionen sind, ohne die der Elefant auf dem asiatischen Kontinent nicht überleben wird. Auf dieser Basis können wir über die Art und Weise diskutieren, wie wir die Elefantenhaltung im Tourismus auf das Ziel hin optimieren können, naturnahe Lebensbedingungen für die Tiere zu schaffen. Zu dieser Diskussion gehören die Fähigkeit und der Wille, zuzuhören und die eigene Position in Frage stellen zu können, sowie die Bereitschaft, trotz unterschiedlicher Standpunkte zu kooperieren. Vor allem auch mit den Menschen, die in Koexistenz mit dem Elefanten leben.

«Denken ist schwer, darum urteilen die meisten.»

Carl Gustav Jung, Schweizer Psychologe und Psychiater

Kapitel 22 Wer steht nicht gern auf der Seite der Guten?

In der emotionalen Auseinandersetzung um den Elefanten im Tourismus geht es um Ideale und um Geld. Ich habe längst den Überblick verloren, wie viele Organisationen sich dem Wohl der Elefanten verschrieben haben; fast alle haben ihren Sitz in der westlichen Welt. Auch andere Tierarten sind bedroht, nicht zu sprechen von Menschen in Not usw. Und alle, die sich in irgendeiner Form für einen guten Zweck engagieren, wollen und müssen im allgemeinen Informationsgetöse gehört werden. Die heutige Währung heißt Aufmerksamkeit, und Empörung ist ein wirksames Rezept: Geht es um Spenden, wird der Ton der Wortmeldungen schon mal schrill. Problematisch wird es, wenn die Fakten dabei auf der Strecke bleiben.

Emotionen und Empathie begrüße ich ausdrücklich. Empathie macht uns als Menschen aus, und von Emotionen lebe auch ich in meinem Beruf. Gefühle aber ersetzen weder Tatsachen noch Analyse.

Wir freuen uns alle, wenn wir auf der richtigen Seite stehen, auf der Seite der Guten. In der Auseinandersetzung um das Wohl und Wehe des Elefanten führt das dazu, dass viele Menschen nicht mehr wissen, wie sie ihre Liebe zu den Elefanten politisch korrekt ausleben sollen. Die wahren Verlierer im me-

dialen Spiel allerdings sind die Elefanten. Wir diskutieren, sie
haben keine Stimme.

Es ist nicht mein Job, mich in jedes Argument pro oder contra
hineinzudenken. Es ist auch nicht mein Job herauszufinden,
warum manche Menschen einem singenden Hund in der TV-
Sendung *Amerika sucht den Superstar* applaudieren und sich
im nächsten Moment über malende Elefanten aufregen. Doch
auch wenn es nicht mein ureigener Job ist – ich will und muss
über die Grenzen unseres Camps hinausschauen. Seit ich um
die ernste Situation des Asiatischen Elefanten weiß, habe ich
meinen Vertrag mit dem Viehzeug um einen Paragraphen erweitert. Ich will meinen Teil dazu beitragen, dass wir dieses
wunderbare Tier auch in fünfzig Jahren noch in seiner natürlichen Umgebung antreffen und nicht im Museum neben
den Dinos. Künftig sehe ich mich mehr und mehr als Botschafter für die Elefanten, der zusammen mit anderen Fachleuten
die Lage analysieren, Netzwerke bilden und Vorträge halten
wird. Schon deshalb verfolge ich die aktuelle Diskussion aufmerksam.

Der Elefant ist Teil des kulturellen Erbes aller Menschen,
auch wenn er nicht in allen Regionen leibhaftig vorkommt.
Natürlich freue ich mich, dass sich auch Menschen für seinen
Schutz engagieren, die nicht direkt mit ihm zu tun haben.
Ich erwarte weder von den Journalisten noch von den Tierfreunden, dass sie Elefanten-Experten sind. Doch ich gebe zu
bedenken: Seit 4000 Jahren kooperieren Mensch und Elefant
in Asien. Die westliche Zoohaltung ist 160 Jahre alt. Und wir
Westler wollen den Asiaten erklären, wie der Elefant funktioniert?

Jeder, der bei diesem Thema mitsprechen möchte, sollte sich zumindest über die Kultur und Geschichte des Tieres informieren und die Fakten und Traditionen bei seinen Urteilen einbeziehen. Das bedeutet auch, eine Mentalität zu berücksichtigen, die mit unserer westlichen wenig zu tun hat. In dieser Mentalität ist der Buddhismus ebenso verankert wie der Einfluss der Geister. Nur vor diesem Hintergrund werden wir der Situation der Elefanten gerecht, nur so erreichen wir die Menschen, die mit und von diesem Tier leben. Ohne ihre Zustimmung wird es keine Veränderungen geben.

Auf den Social-Media-Kanälen laufen Inhalte besonders gut, die polarisieren, die Angst und Wut auslösen. Aus Angst und aus Wut können Forderungen werden, Lösungen eher nicht. Aus dem Überangebot an Informationen kann sich heute jeder eine Haltung zimmern, indem er nur noch das hört, was er hören will, und alles ausblendet, was nicht passt. Differenzieren scheint genauso anstrengend geworden zu sein wie die Bereitschaft, sich andere Ansätze zumindest mal anzuschauen.

Ich habe kein Problem damit, mir andere Meinungen anzuhören und auch zu akzeptieren. Wie wollen wir uns denn entwickeln, wenn sachliche Diskussionen nicht mehr möglich sind? Wenn nur noch Lager aufeinanderprallen, die sich keinen Zentimeter bewegen? Das gilt für die Diskussion um Elefanten genauso wie für jedes andere öffentlich behandelte Thema.

Ich habe nicht die geringste Ahnung, wie wir aus der Nummer wieder rauskommen. Für mich persönlich habe ich entschieden, dass ich in den sozialen Medien beim Thema Elefanten nicht mehr mitmische. Mir ist das Tier zu wichtig, und ich verstehe einfach zu viel von Elefanten und ihren Bedürfnissen, um mir jeden Blödsinn bieten zu lassen, hasserfüllte Kommentare eingeschlossen.

Meine Priorität ist es, dafür zu sorgen, dass es den Elefanten in unseren Camps gutgeht. Heute, morgen und übermorgen. Auf der Basis der Erfahrungen, die ich in dreißig Jahren gesammelt habe. Wenn die Bedürfnisse unserer Tiere erfüllt sind, kümmern wir uns um den zweiten Schritt: Wie können wir unseren Gästen ein außergewöhnliches Erlebnis bieten, für das sie mit gutem Gewissen zahlen und so unsere Elefanten finanzieren. Mit Träumen allein helfen wir den Tieren so wenig wie mit reinem Profitdenken.

Auch wir, die wir in Thailand mit den Elefanten leben und arbeiten, machen uns Gedanken, entwickeln uns weiter. Leider waren wir in diesem kontinuierlichen Prozess bisher viel zu leise. Damit wir uns nicht falsch verstehen: Die Debatte über Elefantenhaltung ist legitim und berechtigt. Die Tierschützer haben recht, wenn sie sagen: Die Geschichte des Elefanten in Menschenhand verlief nicht zum Vorteil des Tieres. Unsere Rituale haben ihm eher geschadet. Die Elefantenbesitzer und Elefantenführer in Asien haben von ihren Tieren über Jahrhunderte immer nur genommen.

Vor sechzig Jahren wurden selbst Tierfänger noch als Abenteurer bewundert. *Hatari!* hieß 1962 ein populäres, drei Stunden langes Hollywood-Epos mit John Wayne und Hardy Krüger in den Hauptrollen. Laut Wikipedia «eine romantische Abenteuerkomödie vor der Szenerie der Landschaft Ostafrikas, wo Tierfänger ihrem Gewerbe nachgehen und wilde Tiere für zoologische Gärten einfangen».

Seither hat der engagierte und kompetente Einsatz vieler Tierschützer dazu beigetragen, dass die meisten Menschen heute Tiere als Lebewesen mit Seele wahrnehmen, sensibler hinschauen und Missstände eher monieren als früher. Von dieser Entwicklung profitierten auch die Elefanten in Menschenhand – das gilt zwar nicht in jedem Einzelfall, aber im Großen und Ganzen.

Ich bezweifle allerdings, dass die extremen Forderungen mancher Tierschützer die Veränderungen bringen werden, die sie anstreben. Denn die Kritiker fahren das westliche Modell: Vorwürfe, Anschuldigungen, Konfrontation. In Asien aber werden Konflikte nur in einem Klima gelöst, das um Harmonie bemüht ist und Gesichtsverlust vermeidet. Die Menschen hier reagieren allergisch auf mangelnde Wertschätzung und elitäres Denken, sprechen hinter vorgehaltener Hand von neukolonialer Arroganz.

«Im Tierschutz ist nicht Emotion gefragt, sondern Pragmatismus», sagt der afrikanische Tierschützer Ivan Carter, «die Debatte kann emotional geführt werden, doch die Lösungen müssen pragmatisch sein.» Bei unserem Bemühen, pragmatische Lösungen zu finden, werden wir um Kompromisse nicht herumkommen. Wenn wir zu viel wollen, wenn wir es allen recht machen und allen gefallen wollen, werden wir letztlich nichts erreichen. Ich habe mich immer schon gefragt, warum viele Menschen im Westen beim Elefanten eher fühlen als denken. Ich glaube, es war gar nicht der große, der erwachsene Elefant, der ihnen unter die Haut gekrochen ist. Nicht dieses wilde Ungetüm, das durch Asiens Wälder wandert oder über Afrikas Savannen läuft. Es war dieser kleine, niedliche Elefant, der schnurstracks in ihre Herzen flog. Es war: DUMBO!

«Es gibt die Sehnsucht, Freund der Tiere zu sein.
Aber man darf Tiere nicht romantisieren. Tiere schließen
eigentlich keine Freundschaft mit einem Menschen.
Wir füttern unsere Haustiere, wir umsorgen sie,
also bleiben sie bei uns. Aber sie lieben uns nicht.
Warum sollten sie auch?»
Andreas Kieling, Tierfilmer

Kapitel 23 Natur ist nicht Disneyland

Sie werden gepriesen für ihre Intelligenz, ihre Kraft und ihre
sanfte Natur. Kräftig sind sie, die Elefanten, kein Zweifel. Und
neben Menschenaffen, Rabenvögeln und Delfinen zählen die
größten Landsäuger der Welt tatsächlich zu den intelligentes-
ten Tieren, gemessen an ihren kognitiven Fähigkeiten.

In ungewohnten Situationen muss der Elefant neue Lösungen finden, und die findet er meist auch. Er kann Werkzeug
herstellen, kann beispielsweise einen Stock nehmen und ihn
auf genau die Länge knicken, die er braucht, um sich an einer
entlegenen Stelle zu kratzen. Er kann abstrahieren und eine
Handlung vom Start bis zum Ziel durchdenken. Wenn er vor
einem elektrischen Zaun steht, der ihn von einer Plantage
mit verführerischen Früchten trennt, muss er den Zaun überwinden. Muss überlegen, wie er's macht. Das ist fraglos ein
Zeichen von Intelligenz – aber im Endeffekt geht es um seinen
Lebensinstinkt.

Elefanten haben Selbst-Bewusstsein – sie erkennen sich
selbst im Spiegel, das tun Hunde oder Katzen zum Beispiel

nicht. Hunde und Katzen können springen, das kann der Elefant nicht. Er besitzt keine Sprunggelenke.

Letztlich aber funktioniert auch der Elefant – wie alle Tiere – in seiner Umgebung. Und natürlich gibt es auch dumme Elefanten. Es ist wie bei uns. Gäbe es nur kluge Menschen, wo bliebe die Dummheit? In der Natur sind es die Leitkuh und ihre Stellvertreterin, die alles Wissen speichern. Die anderen Tiere der Herde haben andere Aufgaben. Die älteren Verwandten kümmern sich um den Nachwuchs, das ist das Tantenprinzip. Bei Erstgeburten stellen sich die Tanten zwischen Mutter und Kalb, bis sich die Aufregung gelegt hat.

Bleibt noch die Frage offen: Ist die Natur des Elefanten sanft?

Buchautor Prof. Hans Werner Ingensiep (*Der kultivierte Affe*), Naturphilosoph an der Universität Duisburg-Essen, hält aus «biowissenschaftlicher Sicht jede Art von Übertragung menschlicher Begriffe auf eine Tierpsyche für höchst kritisch». Das ist die wissenschaftliche Sicht, und die unterstreiche ich aus eigener Erfahrung. Vermenschlichung verzerrt die Realität. Was nichts daran ändert, dass auch ich vieles rund um den Elefanten nur erklären kann, wenn ich zu menschlichen Bildern greife.

In der Natur sind Elefanten weder gutmütig noch aggressiv noch sanft. Wenn Elefanten klar im Kopf sind und vertrauen, können sich unsere Gäste im Camp unter sie setzen. Wenn man die Tiere quält, wehren sie sich. An einen wilden Elefanten heranzugehen, ist ziemlich dämlich. Ein Bulle in der Musth kann Leben gefährden.

Wir mögen den Elefanten, wir wollen sein Wesen verstehen und nähern uns dem mit unseren Begriffen. Wie auch sonst.

Geprägt von Vorstellungen, die oft in unsere Kindheit zurück-
reichen. Als wir diesem eindrucksvollen Tier erstmals begeg-
neten – im Kino, im Zirkus.

Sägemehl, wilde Tiere, der Duft der großen weiten Welt.
Clowns, Abenteuer, Exotik – da kommen sie, die Giganten mit
den langen Zähnen und dem Riesenrüssel. In der westlichen
Welt war es der Zirkus, der unser Bild vom Elefanten zeichne-
te. Schön rund war er meist, echt proper, jedes Exemplar ein
Berg und doch: so folgsam, so gemütlich. Ein Tier und doch:
ein Menschenfänger.

Heute reisen wir dem Duft der Welt hinterher und beobach-
ten exotische Tiere da, wo sie zu Hause sind. Zu den Zirkus-
Attraktionen zählen sie nur noch sehr selten, das Konzept
Zirkus kämpft gegen den Zeitgeist und mutiert zum Varieté;
Roncalli verzichtet inzwischen komplett auf echte Tiere und
zeigt Hologramme. Unsere zählebigen Vorstellungen vom
Elefanten aber haben wir in die Gegenwart hinübergerettet.
Ein freundliches Schwergewicht, so bleibt er für unser Gemüt
kompatibel.

Menschen mögen Tiere. Verstärkt wird dieser Impuls durch
Geschichten, in denen sie menschliche Züge zeigen oder unseren Beschützerinstinkt wecken. Keiner hat das so genial genutzt wie Walt Disney und seine Mitstreiter und Nachfolger.
Disneys Zelluloid-Abenteuer haben den Elefanten erfolgreich
romantisiert, unsere Sympathie und Empathie geweckt oder
verstärkt. In der modernen Währung der «Likes» kann nur
Flipper dem Elefanten das Wasser reichen.

1941 kam *Dumbo* erstmals in die Kinos. Verspottet wegen
seiner großen Ohren, hebt er mit ihnen ab und fliegt in die
Herzen der Zuschauer. Für die beste Filmmusik – auch sie

Emotion pur – gab es einen Oscar. Verdammt lang her, könnte man sagen. Doch der Mythos lebt. Er ist auch deshalb zäh, weil er künstlich beatmet wird und künstlerisch auch. 2019 kam Disneys neueste *Dumbo*-Version ins Kino. Schon nach Ansicht des Trailers posteten Facebook-User: «Rechnet damit, im Tal der Tränen zu ertrinken!» Regisseur Tim Burton nannte *Dumbo* eine «kleine, ganz einfache Fabel. Es geht um Familie, um Gefühle und darum, seinen Platz in der Welt zu finden.»

Die Älteren unter uns erinnern sich zudem an die tollpatschige Elefanten-Patrouille, die 1967 mit Oberst Hathi durch die Originalversion von Disneys *Dschungelbuch* trampelte, mal trompetend, mal textsicher im Chor. So wurde selbst Militärkultur zu etwas, über das die Menschen schmunzeln konnten. Auch vom *Dschungelbuch* gibt es mittlerweile neue Versionen.

Eigentlich geht es in diesen Filmfabeln immer um uns Menschen – das ist das, was ich Vermenschlichung nenne und nur deshalb erwähne, weil es uns ein unrealistisches Bild vom Elefanten injiziert.

Disneyfilme sind Märchen für Kinder und Erwachsene. Manchmal fast naturgetreu, oft auch ins Niedliche gleitend. Leider schreiben viele TV-Dokumentationen den Disney-Mix in einer Weise fort, die ich kaum ertrage. Weil sie so nur bestätigen, was das Publikum sehen und hören will, und dabei die Realität ausblenden. In der Natur prügeln sich die Bullen bei ihren Rangkämpfen bis zum bitteren Ende. Es gibt kaum Aufnahmen von den Kämpfen alter Asiatischer Elefantenbullen in den Wäldern. Die fallen die Abhänge runter, die töten sich. In Afrika können sich die Tiere umdrehen und wegrennen, aber in Thailand, Laos und Myanmar wird so lange gekämpft, bis der Rivale kampfunfähig ist.

In der Wildnis und in der Gefangenschaft gibt es Alphatiere und Omega-Typen. Leader und Follower. Selbst Schimpansenforscherin Jane Goodall fiel es schwer, die dunkle Seite «ihrer» Tiere anzuerkennen: «Die Erkenntnis, dass Schimpansen – ebenso wie Menschen – zu Gewalt und Brutalität neigen, war für mich die schockierendste von allen. Sie sind dazu fähig, Krieg zu führen. Wir beobachteten extreme Gewalt, Verstümmelungen, Morde und Kannibalismus.»

Der Elefant in Menschenhand bleibt genetisch ein Wildtier. Im Verhalten mag er weniger wild sein als sein Bruder in Freiheit – zahm ist er nicht. Unsere Kühe maßregeln ihre Kälber und verdreschen sie dabei nach allen Regeln der Kunst. Vor allem aber nach den Regeln der Natur.

Unsere Mae Boontong ist ausschließlich bei Menschen aufgewachsen. Auch im hohen Alter hat sie noch immer Angst vor Bullen; Elefanten mag sie generell nicht, so seltsam das klingt. Das beruht auf Gegenseitigkeit – die anderen Elefanten mögen sie auch nicht. Wenn wir Boontong und die anderen im Stiftungscamp ohne Kette laufen lassen würden – die würden sich totprügeln.

Und wer einmal live erlebt hat, wie die alte Frau Mae Gaeo II unsere Bullen zurechtweist, bis die nicht mehr wissen, wo vorne und hinten ist, der weiß ganz sicher:

Natur ist nicht Disneyland.

Wenn wir in dieser für Elefanten schwierigen Zeit darüber nachdenken, wie wir ihnen nachhaltig eine gute Zukunft bieten können, dann hilft uns ein Schuss Realismus mehr als das Idealisieren. Denn nur so können wir alle Faktoren berücksichtigen, auch die, die uns unbequem sind.

So habe ich in zwanzig Jahren Dialog auch einige Einschätzungen unserer interessierten Gäste zu den Elefanten gehört, die ich skeptisch sehe.

Der Elefant liebt Wasser!
Warum soll er Wasser lieben? Damit er besser riecht? Er trinkt Wasser. Und wenn wir schon mit einem Begriff wie Liebe operieren, dann liebt er vielleicht Schlamm. Der hat aber nichts mit Abkühlen zu tun. Zwar ist die sprichwörtlich dicke Elefantenhaut real ein sehr empfindliches Organ, doch Schlamm, der bei tropischen Temperaturen auch schnell trocknet und abfällt, hat nach meiner Beobachtung weder säubernde Funktion noch irgendeine andere. Vielleicht fühlt sich der Elefant einfach wohl mit einer Schlammpackung, vielleicht entspannt es ihn, sich mal den Rücken zu kratzen. So wie wir uns manchmal am Ohr kratzen, ohne wirklichen Grund. Der Elefant hat keine Schweißdrüsen. Er schwitzt nicht. Wenn er länger in der Sonne steht und Abkühlung braucht, lädt er sich eine Ladung Wasser in den Rüssel und spritzt sie sich hinter die Ohren, die ihm nicht nur zum Hören und zur Kommunikation, sondern auch zur Wärmeableitung dienen. Bei heißem Wetter muss ich darauf achten, dass wir uns nahe an einem Gewässer bewegen. In der Natur stünde der Elefant bei Hitze im Schatten des Waldes und bräuchte keine Abkühlung.

Der Elefant badet gerne.
Nein, tut er nicht. Er geht nur ins Wasser, weil wir ihm das sagen. Daraus wird dann Routine; Baden richtet beim Tier ja keinen Schaden an. Die Elefanten bekommen durchaus mit, dass ihr Bad ein Highlight für die Touristen ist. In der Wildnis würde der Elefant nicht den Kopf unter Wasser legen, weil es

Kontrollverlust bedeutet und damit potenziell Gefahr. Bei uns muss er diese Angst nicht haben. Auch unser kleiner Sinan ist erst einmal nicht ins Wasser gegangen. Es ist eben nicht angeborenes, sondern erlerntes Verhalten. Irgendwann spielen die Kleinen und die Halbwüchsigen auch mal im Wasser. So wie unsere Kinder im Freibad herumtollen.

Es wird immer mal den einen oder anderen Elefanten geben, der gerne badet. Aber grundsätzlich gilt: Elefanten trinken Wasser und «lieben» Schlamm.

Elefanten zeigen Emotionen wie Mitgefühl – sie betrauern tote Artgenossen.

Unzweifelhaft gehören sie zu den Tieren mit den stärksten sozialen Bindungen. Schon alte Schriften erwähnen Elefanten, die nicht arbeiten wollten, wenn ihr Partner nicht dabei war. Es gab sogar Elefanten, die an gebrochenem Herzen starben. Da besteht also manchmal eine extreme Form emotionaler Verbindung, eine Art von Liebe. Es gibt Bilder, die den Eindruck zu bestätigen scheinen, dass sie um tote Artgenossen trauern.

In meinen dreißig Jahren mit Elefanten habe ich einige von ihnen verloren. Ihr Tod hat die anderen Tiere in der Nähe überhaupt nicht beeindruckt. Damit will ich nicht sagen, dass Elefanten keine Emotionen haben oder zeigen. Aber es ist furchtbar schwer, sie zu erklären. Für uns wirken sie manchmal verspielt oder bedrückt – es ist halt menschlich, ihr Verhalten zu vermenschlichen.

Bananen sind gut für Elefanten.

In vielen Camps können die Touristen Bananenkränze oder gar Stauden kaufen, um sie an die Tiere zu verfüttern. Das

trägt zur Refinanzierung der Futterkosten bei. Im Zoo haben
wir oft schon morgens fünf Brote verfüttert. Pro Elefant. Doch
der Elefant ist Grasfresser. In unserer nordthailändischen Region frisst er weder Zuckerrohr noch Wildbananen, denn die
sind bitter. Ob fünf Brote oder reichlich Bananen, mit denen
die Tiere nun im Massentourismus vollgestopft werden: eine
solche Menge an Kohlenhydraten benötigt allenfalls ein Rad-
fahrer, der an der Tour de France teilnimmt. Für die Elefanten ist ein Übermaß an Kohlenhydraten genauso gesund wie
für mich eine Ernährung ausschließlich mit Schokolade. Ein
Gedanke, der mir sogar gefallen könnte. Aber der Tour-de-
France-Fahrer verbrennt alle Nährstoffe beim Rennen. Elefanten verbrennen wenig, und ich auch.

Wie immer kommt es auf die Dosis an. Auch wir geben un-
seren Tieren hin und wieder kleine Mengen an Bananen. Auch
bei uns möchte der Gast den Elefanten manchmal füttern.
Wirklich angebracht sind Kohlenhydrate dann, wenn wir den
Energiespeicher schnell füllen wollen. Zum Beispiel bei einer
Kuh, die nach der Geburt eines Kalbes geschwächt ist.

So viel zu den kleinen und größeren Mythen und Vorstellungen, von denen wir uns verabschieden sollten. Das ist nicht
einfach, denn wir beobachten so viele Gemeinsamkeiten.
«Wenn man eine Kreatur auf der Suche nach Nahrung sieht,
auf der Flucht vor Gefahr oder bei der Sorge um ihre Jungen,
so ist das alles für uns vollkommen plausibel, denn sie agiert in
ihrem Leben auf die gleiche Weise sinnvoll, wie wir das auch
tun», sagt Carl Safina, Professor für Natur- und Menschen-
kunde.

Wenn wir den Elefanten als das Tier anerkennen, das er ist,

ist das auch eine Form des Respekts. Er behält ja seine Größe,
und er behält unsere Zuneigung. Deshalb wollen ihn so viele
aus der Nähe erleben. In einem Camp in Thailand zum Beispiel. Mit einem guten Gewissen. Doch was ist heute ein «gutes» Camp? Hängt die Antwort allein davon ab, ob Interaktionen zwischen Mensch und Elefant erlaubt sind oder nicht?

«Ich bin gegen [...] diese absolute Sicherheit,
die in ihrer äußersten Konsequenz fanatisch ist.
Das ist die Tyrannei des Guten.»
Ove Knausgård im Buch «Kein Heimspiel»

Kapitel 24 Was macht ein gutes Camp aus?

Einmal auf einem Elefanten reiten, einmal einem Elefanten ganz nahe sein, einmal mit einem Elefanten baden: Davon träumen immer noch viele Thailand-Urlauber. Doch sie sind zunehmend verunsichert, weil Tierschützer direkte Interaktionen zwischen Mensch und Elefant pauschal verurteilen.

«Wie sollten Camps beschaffen sein, die ich guten Gewissens besuchen kann? Und wo finde ich sie?», fragen sich daher viele Urlauber. Als Campbetreiber bin ich bei diesem Thema natürlich befangen. Für unseren Umgang mit den Tieren haben wir selbstverständlich Kriterien entwickelt. Doch ein Thailand-Urlauber, der daheim in Europa seine Reise plant, kann die Qualität der Camps aus der Ferne nur schwer beurteilen. Wenn ihm persönliche Empfehlungen fehlen, sucht er vermutlich im Internet – anschließend ist er meist noch verunsicherter als vorher schon. Unterschiedliche Konzepte, Kritik, Lob, widersprüchliche Kommentare – letztlich bleibt nur, der Eigenwerbung der Camps zu vertrauen oder den Rezensionen in den sozialen Medien.

Auch wir sehen im Internet hin und wieder Bewertungen von Elefantencamps im Norden Thailands. Es kommt vor, dass wir Punkte bekommen. Manchmal nur einen zum Beispiel.

Daraufhin schauen wir in unserer Gästeliste nach. Dort aber tauchen die Namen derer, die die Punkte verteilt haben, nicht auf. Also versuchen wir, eine Mailadresse ausfindig zu machen. Dann schreiben wir: «Sehr geehrte(r)..., Sie können uns gerne in unserem Camp in Mae Sapok besuchen. Dann haben Sie eine deutlich breitere Basis für Ihre Punktevergabe.» Auf eine Antwort warten wir in solchen Fällen vergeblich.

Wartet der Urlauber aber bis zur Ankunft in Chiang Mai, um sich erst dort für ein Camp zu entscheiden, wird er vom Angebot verschiedenster Veranstalter erdrückt und nimmt meist einfach das, was kurzfristig noch verfügbar ist.

Leider gibt es in Thailand keine neutrale, allseits akzeptierte Institution, die Zertifikate für die Camps vergibt und so Orientierung bieten könnte. Laos hingegen steht vor der Vollendung eines offiziellen Konzepts für nachhaltigen Tourismus, gemeinsam erarbeitet von internationalen und einheimischen Organisationen. Das Konzept enthält auch Kriterien für die Elefantenhaltung in Camps. Dort heißt es unter anderem: «Elefantenreiten kann nicht per se als Indiz für schlechte Behandlung der Tiere angesehen werden. Auch Camps, in denen Elefantenreiten angeboten wird, können ihre Tiere exzellent behandeln. Auch in Camps, die Elefantenreiten nicht anbieten, kann es sein, dass die Tiere schlecht behandelt werden.» In Thailand ist das Department of Wildlife and Stock für die Vergabe von Betreiberlizenzen zuständig. Die Gesundheit der Elefanten ist ein wichtiger Indikator. Daher kommen Mitarbeiter der Behörde zweimal im Jahr in die Camps und überprüfen den Gesundheitszustand der Tiere. In krassen Fällen kann das Amt sogar Tiere beschlagnahmen und aus dem Verkehr ziehen. Ist alles in Ordnung, wird die Lizenz für das Camp verlängert. Verglichen mit anderen Ländern, arbeitet Thailand in dieser Hinsicht auf einem respektablen Niveau.

Drei völlig unterschiedliche Faktoren haben das Leben der Elefanten und ihrer Besitzer in den letzten drei Jahrzehnten maßgeblich beeinflusst: chinesische Touristen, Kampagnen der Tierschützer sowie zuallererst das Verbot des Holzeinschlags 1989, das 6000 Elefanten den Job kostete. Die Tiere, die unbeschäftigt im Wald standen, hatten ihren wirtschaftlichen Wert für die Eigentümer verloren, auch wenn bis zur kompletten Durchsetzung des Verbots letztlich zehn Jahre vergehen sollten.

Was sollte nun mit dem Heer der Arbeitslosen geschehen? Mit den Tieren, mit den Mahuts? Die Alternative hieß Tourismus. In Surin im Nordosten Thailands, wo in jedem November ein großes Elefanten-Festival gefeiert wird, waren die Tiere schon immer für Besucher im Einsatz. Denn in dieser Region gab es kein Teakholz – und damit auch keine Timberelefanten. Chiang Mai kannte Elefantentourismus schon in den Sechzigern, allerdings in deutlich geringerem Ausmaß als heute.

Im Holz hatten die kräftigen Bullen das meiste Geld verdient. Als ihr Job wegfiel, wollte keiner mehr die Bullen haben – zu unberechenbar schienen sie im Umgang mit Menschen. Bis 2010 konnte der Tourismus nicht wirklich kompensieren, was den Elefantenbesitzern seit 1989 alljährlich an Einnahmen entgangen war. Viele Dickhäuter wanderten als Bettelelefanten durch Thailands Städte. Auf der Suche nach vornehmlich ausländischen Gästen, die den mittellosen Mahuts ein paar Bananen abkauften, um damit das Tier zu füttern.

Für sein Buch *Bangkok Noir* (2009) streifte Roger Willemsen drei Monate lang durch Bangkok, in Begleitung des dort lebenden Fotografen Ralf Tooten. Willemsen folgte den Elefanten bis zu ihren Schlafplätzen unter den Betonstelzen der innerstädtischen Highways: «Heute irren sie verloren durch die Metropole, an ihren Schwänzen baumelt ein Katzenauge oder eine CD, die als Rückstrahler fungieren. Manchmal nehmen die Tiere im Vorbeischaukeln einen Außenspiegel mit, kollidieren auch mal mit einem Fahrzeug oder brechen panisch aus. Doch wie, wenn nicht auf den Straßen, erbettelt man täglich die nötigen zweihundert Kilo Futter und mehr pro Tier? Und wie viel kosten obendrauf die Amphetamine, die man den Tieren bisweilen verabreicht, damit sie dem Hauptstadtverkehr gewachsen sind?»

Der Anblick der stolzen Tiere war so traurig, dass die Regierung bald die Almosengänge in den Städten verbot. Heute wären sie nicht mehr nötig. Die Preise für das Mieten und Kaufen der Tiere sind enorm gestiegen, und endlich können auch die Karen von ihren Fähigkeiten und ihren Elefanten erstmals wirklich profitieren. Das verdanken sie vor allem einer chinesischen Filmkomödie.

Lost in Thailand hieß der Streifen, der 2012 in China in die Kinos kam. Mit Einnahmen von über einer Milliarde Yuan war es der bis dahin erfolgreichste chinesische Film aller Zeiten, erfolgreicher noch als *Titanic* (975 Millionen Yuan). Gedreht wurden die meisten Szenen im Norden Thailands, in Chiang Mai und rund um die Backpacker-Hochburg Pai.

Der Erfolg des Films lockte Hunderttausende Chinesen an die Drehorte. Dort knipsten sie Selfies und mailten sie an ihre Freunde daheim. Einige wollten es noch authentischer. In einem Fachgeschäft nahe der University of Chiang Mai kauften sie sich Studentenuniformen, stürmten ungeniert in die Vorlesungen und fotografierten – auch in den Hörsälen war gedreht worden.

Das manchmal ungehobelte Benehmen der Gäste sorgte neben den Einnahmen für viel Unmut bei den thailändischen Gastgebern. Chinas Tourismusministerium gab eine Fibel mit Verhaltensregeln fürs Ausland heraus – aus dem Reich der Mitte wurde das Reich der Sitte. In Chiang Mai sah man viele Chinesen durch die Stadt humpeln, die unteren Extremitäten ganz oder teilweise mit Verbandsmaterial veredelt – Ergebnis des untauglichen Versuchs, im Straßenverkehr Chiang Mais auf Motorrollern den aus China gewohnten Rechtsverkehr einzuführen. Mittlerweile sind statt großer Gruppen immer mehr chinesische Familien und Pärchen unterwegs, Zeichen für eine wachsende Mittelklasse mit wachsendem Budget. 2018 stellten die Chinesen ein Drittel der ausländischen Touristen in Thailand, 10,5 von 38 Millionen.

Allein Chiang Mai verzeichnet über eine Million chinesische Besucher jährlich. So sind die Gäste zu einem bedeutenden Wirtschaftsfaktor geworden. Zum unverzichtbaren Programm der Chinesen gehört der meist eintägige Besuch eines Elefantencamps. Motto: Muss man mal gesehen haben. Die Zahl der Camps rund um Chiang Mai «explodierte». John Roberts, Gründer der Stiftung «Golden Triangle Asian Elephant» nahe der Stadt Chiang Rai, nannte konkrete Zahlen: 2016 gab es in der Provinz Chiang Mai 803 Elefanten in Menschenhand und 58 Camps unterschiedlicher Größe; im Tal von Mae Sapok stieg die Zahl der Camps innerhalb weniger Jahre von sechs auf knapp 20 mit insgesamt etwa 250 Elefanten.

Nun gelten die Chinesen nicht als Erfinder des Tierschutzes. Der Zoo von Yulin warb 2017 damit, sehr seltene Tiere zu präsentieren. Das war kein Etikettenschwindel – präsentiert wurden unter anderem aufblasbare Plastik-Pinguine. Jahre vorher war die Millionenstadt Luohe in die Schlagzeilen geraten, als dort ein Hund als Löwe ausgegeben wurde.

Meiner Meinung nach ist es illusorisch, mehr als eine Milliarde Menschen für Tierschutz zu sensibilisieren. Den meisten chinesischen Besuchern sind daher die Bedingungen für Elefanten in den Camps egal. Das bedeutet nicht zwingend, dass die Tiere dort von ihren Pflegern schlecht behandelt werden. Unter ihnen sind nicht wenige, die früher bei uns als Mahuts gearbeitet und definitiv einiges von meinen Überzeugungen angenommen haben.

«Chinesencamps» nenne ich diese meist kleinen Einrichtungen, bei denen die Chinesen in Bündeln anreisen und dann um einige wenige Elefanten in der Landschaft herumstehen. Sie bewundern die Tiere aus der Nähe und fotografieren. Sobald sich der Elefant bewegt, stieben sie ängstlich zur Seite.

Auch dieses Konzept kann man als Betreiber vernünftig gestalten, und es bringt schnelles Geld. Selbst dann, wenn ein Camp nur zwei oder drei Elefanten anbieten kann. Denn die Nachfrage trifft auf ein limitiertes Angebot – kein Elefant ist mehr ohne Beschäftigung im Norden Thailands. So wurden die Chinesen zu den besten Jobvermittlern für Thailands Arbeitselefanten.

Stehen die Elefanten in den Camps jedoch zu vielen Besuchern gegenüber, ist die Gefahr groß, dass die Tiere kirre werden. Elefanten sind familienorientiert und gewohnt, maximal zehn Artgenossen im Blick zu haben. Plötzlich wuseln aber eine Menge Leute um ein Tier herum, darunter womöglich auch noch ein paar Kinder, die aus Elefantensicht viel zu schnell und zu unkoordiniert sind. Die Tiere sind dann genauso überreizt wie ich, wenn ich meine Tochter früher zum Kindergarten brachte. Plötzlich stand ich zwischen 50 schreienden Kindern – ich würde wahnsinnig, wenn ich das länger als ein paar Minuten aushalten müsste. Auch in unseren eigenen Camps haben wir Kinder zu Gast, und auch da müssen wir oft genug die Elefanten beruhigen.

Wenn also Bilder auf Facebook, Instagram oder anderen Plattformen zu sehen sind, auf denen zehn oder mehr Personen bei einem Elefanten stehen, dann wäre das aus meiner subjektiven Sicht ein Stoppschild für die, die daheim im Internet ein «gutes» Camp suchen.

Wenn Menschen in Massen das schnelle Geld bringen, bleibt keine Zeit mehr für die nötigen Ruhepausen der Elefanten und für eine vernünftige Ausbildung der Tiere und ihrer Mahuts. Die Jüngeren unter ihnen lernen nicht mehr so intensiv wie einst von ihren Vätern und Großvätern, es erscheint unter den neuen Umständen auch gar nicht nötig. So verschwindet in sehr kurzer Zeit über Jahrhunderte gespeichertes Wissen. Vor dreißig Jahren bin ich ins Land der Karen gekommen, um von den Meistern zu lernen. Heute habe ich viele von ihnen überholt. Und das lag nicht nur an meinem Ehrgeiz, immer besser zu werden.

Nur wenige Betreiber in Thailand verfolgen ein ähnliches Konzept wie wir. Unser Ansatz beruht auf der Gleichung 1 Elefant/1 Gast. Dieser Ansatz taugt allerdings nicht zur Blaupause, wenn dreitausend Tiere in Menschenhand einen Job benötigen. Daher gibt es zwangsläufig auch andere Konzepte,

wie zum Beispiel die Show-Camps, in denen die Elefanten malen, Instrumente oder Fußball spielen, Dartpfeile werfen und
Hüte jonglieren.

Ein Phänomen der letzten Jahre sind die sogenannten
Sanctuaries, viele davon rund um Chiang Mai. Für mich ist die
Bezeichnung «Sanctuary» (auf Deutsch je nach Geschmack
«Zufluchtsstätte», «Schutzgebiet», «Tierasyl») in erster Linie
ein Marketingbegriff. Aus Touristensicht lautet die Maßgabe:
Nur gucken, nicht anfassen. Die Tiere sollen sich möglichst
frei bewegen, es gibt keine oder nur ganz wenige Interaktionen
zwischen Mensch und Tier. In diesem Konzept werden auch
die Kälber wertvoll. Früher war ein Kalb eine Last, weil die
Mutter zeitweise nicht zur Arbeit eingesetzt werden konnte;
heute sind die Kleinen keine kostenlose Beigabe mehr, sondern fast genauso viel wert wie die Mütter.

Dabei sehe ich zwei unterschiedliche Motive, aus denen
sich die Betreiber fürs Sanctuary-Konzept entscheiden: Einige wenige von ihnen versuchen, ihre Idealvorstellungen vom
Elefanten auf das Tier zu übertragen; das beißt sich dann
manchmal mit dem realen Wesen des Tieres. Weit öfter jedoch
ist der Sanctuary-Ansatz die Reaktion auf die Kritik von Tierschützern. Deshalb werben die Campbesitzer mit dem Slogan:
«Keine Haken, keine Ketten.» Eine interessante Volte. Wenn
die Existenz auf dem Spiel steht, sind die Grenzen zwischen
Pragmatismus und Opportunismus manchmal fließend. Da
kommt es auch schon mal vor, dass die Kette, mit der ein Elefant über Nacht an seinem Platz gehalten wurde, morgens ver-
graben und nach dem Abmarsch der Touristen wieder hervor-
geholt und den Tieren angelegt wird.

Ein Konzept, das Haken und Kette ausschließt, halte ich für

gefährlich – nicht für die Touristen, sondern für die Mahuts. Erst recht, wenn sie mit Bullen arbeiten. Das kann in 95 Fällen gutgehen. Aber was ist mit den anderen fünf?

Vor einigen Jahren war ich mit meiner Familie im historischen Park von Sukhothai unterwegs; die Stadt liegt südlich von Chiang Mai auf halbem Weg nach Bangkok. Spontan entschieden wir, uns das «Boon Lott's Elephant Sanctuary» in der Nähe anzuschauen. Da wir unangemeldet auftauchten, trafen wir weder die britische Eignerin Katherine Connor an noch ihren thailändischen Ehemann Anont Pimmuen. Katherine gründete das Camp 2009, im Alter von 27 Jahren; Anont, den ich mal flüchtig kennengelernt habe, wirkte als Chefmahut.

Ich kam mit einem Mahut der Anlage ins Gespräch; er stand neben zwei Elefanten, trug keinen Haken. Die beiden Tiere glotzten uns absolut stoisch an. Wenig später rannten drei Elefanten durchs Camp, zwei Bullen und eine Kuh, gefolgt von einem schreienden Mahut, auch er ohne Werkzeug. Es war eine ganz seltsame Situation. Ich hatte einfach nur das Gefühl: Hier stimmt was nicht. Hier wird alles über den Haufen geworfen, was ich für richtig halte. Dennoch war es nur eine Momentaufnahme, zu wenig für ein fundiertes Urteil.

Im Februar 2019 las ich dann in der *Bangkok Post*: «Anont Pimmuen, 38, wurde mit Genickbruch, gebrochenen Beinen und Prellungen am ganzen Körper in einem Maisfeld nahe seinem Sanctuary tot aufgefunden. Unter einem Baum in der Nähe stand Boonchok, 10, ein Elefantenbulle mit einem linken Stoßzahn.» Das Foto zum Text zeigte Katherine neben der zugedeckten Leiche ihres Mannes und im Hintergrund den Bullen. Weiter hieß es: «Anont war der einzige Mensch, der

Boonchok kontrollieren konnte. Der Bulle galt schon immer als sehr reizbar, und an diesem Tag war es auch noch extrem heiß. ‹Anont trug keinen Haken bei sich, sodass er nichts in Händen hatte, um den Bullen zu kontrollieren, als der angriff›, erklärte seine Ehefrau.»

Es kann immer passieren, dass ein Mahut stirbt, auch bei uns. Wir dürfen nicht vergessen, dass wir es mit riesengroßen Tieren zu tun haben. Wir haben einen der gefährlichsten Berufe der Welt. Ich sehe die Notlage vieler Campbetreiber, die glauben, nur dann Geld verdienen zu können, wenn sie die Stimmen der Kritiker besänftigen und den Touristen ein gutes Gewissen vermitteln. Aber das Risiko für die Mahuts steigt.

Mit meiner Meinung stehe ich nicht allein da. Ewa Narkiewicz ist Kommunikationsdirektorin im «Elephant Stay», einer Anlage mit 60 Elefanten in Ayutthaya, die vor Jahrhunderten dem Fang wilder Elefanten diente und heute als «größtes Elefantendorf der Welt» bezeichnet wird. Zum Unfall in Sukhothai schrieb Ewa auf Facebook:

«Die Philosophie ‹Keine Kette, kein Haken› funktioniert nicht. Das ist jetzt der zweite Fall in kürzester Zeit, in der ein so aufgezogener Bulle seinen Mahut getötet hat. Die traditionelle Methode der positiven Verstärkung und der Gebrauch von Werkzeugen müssen für Mahuts Pflicht sein. Wir alle wissen um die Risiken für die, die mit Elefanten arbeiten. Aber gebt ihnen das nötige Training und das Wissen, das in tausenden Jahren gesammelt und angewendet wurde. Und gebt ihnen die Mittel an die Hand, um für Sicherheit zu sorgen.»

Zu diesen Mitteln, und damit sind wir bei meinem eigenen Konzept, gehört der Haken. Er ist, was er ist: ein Werkzeug. Wie der Hammer. Du kannst mit dem Hammer einen Nagel in die Wand schlagen oder jemanden töten – für beide Aktionen kann der Hammer nichts. Ob der Haken im Umgang mit den Tieren mit Bedacht eingesetzt wird, hängt vom Benutzer ab. Missbrauch ist immer Menschenwerk.

Der Haken, bestehend aus einem Holzgriff und einem gebogenen Haken an der Spitze, verlängert die Reichweite des Arms und ermöglicht dem Mahut einen sicheren Weg, dem Elefanten ein Signal zu geben. Vor allem aber dient er zum Führen des Elefanten. Früher wurde der Haken sehr oft zur Bestrafung eingesetzt; das geschieht leider auch heute noch. Aber Missbrauch ist inzwischen eher Ausnahme als Regel. In Notsituationen, bei plötzlichem Lärm etwa oder Kampfhandlungen zwischen Elefanten, ist der Haken auch für die Sicherheit der Touristen unverzichtbar. In solchen Momenten kann der Mahut mit dem Haken die Aufmerksamkeit der Tiere erzwingen.

Und warum sind Ketten nötig? Wir legen auch den Pferden Halfter an und den Hunden Leinen und Halsbänder, zu ihrer und zu unserer Sicherheit. Ausreichend lange Ketten, die Bewegungsspielraum ermöglichen, schützen die Elefanten erst einmal vor sich selbst. Elefanten, die nicht miteinander verwandt sind, sind extrem futterneidisch. Ließen wir sie frei laufen, gäbe es buchstäblich tonnenweise Krach. Gefährliche Einzelgänger werden erst recht mit der Kette von den anderen separiert.

Und was mache ich ohne Ketten in der Musth, wenn die Bullen zu Killern werden können? Wenn ihr Testosteronspiegel auf das Zwanzigfache des Normalwerts steigt und sich sogar ihre Körperhaltung verändert – sie schreiten erhobenen Hauptes einher. Viele werden aggressiv und kämpfen mit den

anderen Bullen. Dann möchte ich jeden, der die Ketten abschaffen will, neben Phu Sii und Phu Chapo stellen, der eine
3,20 Meter und der andere 2,80 Meter hoch. Und ich möchte
sagen: «Geh hin und mach die Ketten los! Aber bring zur Sicherheit ein Gewehr mit.» Natürlich dürfen wir so nicht reden,
da stoßen wir ja die Menschen vor den Kopf.

Ist Phu Sii in der Musth, binden wir ihm die Vorderfüße zu
sammen und ketten ihn an, stellen seine Versorgung mit Wasser sicher, lassen ihn jedoch in der Mitte der anderen Tiere.
Früher haben wir ihn von den anderen getrennt, da wurde er
erst recht verrückt. Natürlich arbeitet er in der Musth nicht
mit Touristen.

Let's talk about Sex. Wenn Phu Sii in der Musth ist, kommt
der jüngere Bulle Phu Chapo, obwohl selbst nicht in diesem
Zustand, so richtig auf Touren. Anfang 2019 deckte Phu Chapo
in wenigen Wochen vier Kühe ein, zwei davon am selben Tag.
Das fand ich toll. Nicht wegen der Potenz; vielmehr deutete ich
sein Verhalten als Signal, dass er sich verhielt wie in der Natur.
Ich will das aber nicht zu hoch hängen – auch in Zoos decken
Bullen Kühe mit Erfolg ein.

Unsere Bullen tragen auch tagsüber die Kette lose am Körper, das schränkt sie in keiner Weise ein. Bei Bedarf, in kritischen Situationen oder bei tierärztlicher Behandlung, können
wir die Kette schnell fixieren. Ketten für die Tiere sind so nötig
wie der Haken für den Mahut. Darüber gibt es für mich keine
Diskussion. Auch wenn ich selbst keinen Haken trage.

Intelligenz hin oder her: Der Elefant in Menschenhand ist ein
Gewohnheitstier. Nur deswegen holen wir unsere Gäste morgens um Punkt neun Uhr an ihrer Unterkunft ab und fahren in

die Camps. Ändert sich der Rhythmus, werden die Tiere konfus. Verhält sich der Mahut heute so und morgen ganz anders, empfinden sie Stress. Elefanten mögen generell keine Überraschungen. Das können Fehlzündungen eines weit entfernten Autos sein, lärmende Dreschmaschinen oder ein bellender Hund.

Beim Aufbau meines Unternehmens habe ich mich von Mahnern und Zweiflern nicht beirren lassen. Die gab es zuhauf. «Das geht so nicht!», hieß es immer wieder. Ich habe mich auf meine Kenntnisse und meine Überzeugungen verlassen. Das heißt nicht, dass ich alles richtig gemacht habe. Aber ich war immer in der Lage, meine Arbeitsweise zu überprüfen. Ich nehme mich selbst nicht so wichtig, aber meinen Beruf sehr ernst.

In meiner Wahlheimat Thailand habe ich mir auch deshalb Respekt erarbeitet, weil ich so bin, wie ich bin. Manchmal musste auch ich mit den Wölfen heulen, aber ich habe mich nie verleugnet oder Grenzen überschritten, die ich mir selbst gesetzt hatte. Über die Jahre traf ich viele Menschen, die mir von den Traditionen der Elefantenhaltung und von den alten Techniken erzählen konnten. Ich habe mir rausgepickt, was zu meiner Philosophie und meinen Erfahrungen passte. Selbst das National Conservation Center in Lampang hat mein Konzept adaptiert. Dort sitzen die «Weißnasen» den Elefanten im Nacken und lernen das Basishandwerk der Mahuts. Ich freue mich, wenn meine Methode kopiert wird – es ist eine Form der Anerkennung.

Die Grundbedürfnisse des Elefanten, ob Kuh, ob Bulle, sind schnell genannt: Fressen und Sex. Die Elefanten in den Camps brauchen eine vernünftige Ernährung und ausreichend Gelegenheit zur Fortpflanzung und zur Aufzucht des Nachwuchses.

Darüber hinaus gibt es natürlich noch andere Kriterien. Meine decken sich weitestgehend mit denen, die Dr. Pakkanut Bansiddhi jüngst beschrieben hat. Der Wissenschaftler vom «Centre of Excellence in Elephant and Wildlife Research» nennt detailliert die Voraussetzungen fürs Wohlergehen der Elefanten in nordthailändischen Camps – auch mit dem Hinweis, dass die Weltöffentlichkeit inzwischen genau hinschaut: «Zum international akzeptierten Standard gehören frisches, variables Futter und sauberes Wasser. Die Tiere sollten in einer natürlichen Umgebung leben können, schattige Plätze inklusive. Sauberkeit, Hygiene, genügend Platz, Ketten von ausreichender Länge und gute medizinische und tierärztliche Betreuung sind für ein gesundes Elefantenleben wichtig. Glückliche Elefanten sind die», sagt der Doc, «die keine Angst haben müssen, unnötig zu leiden.»

Alles beginnt mit der Ernährung. Ein erwachsenes Tier frisst maximal 20 Stunden am Tag und dabei bis zu 250 Kilogramm Pflanzliches. Pflanzen haben weniger Energie, also macht's die Menge. In der Natur finden die Tiere hauptsächlich Bambus, dazu Holzartiges, Rinde, Wurzeln; im Süden Thailands mehr Elefantengras, Mais, Ananasstrünke – ein Futter, das teilweise voller Dünger und Pestizide ist.

Seit Thailands domestizierte Elefanten nicht mehr im Wald übernachten dürfen, stehen alle Camps vor der Herausforderung, ihnen rohfaser- und eiweißreiches Futter zu bieten. Für unsere Tiere haben wir eine Lösung gefunden. Den Farmern sagen wir: Baut nicht Mais an oder Reis, sondern liefert uns Heu. Das besitzt, im Gegensatz zu frischem Gras, viele Nähr-

und Mineralstoffe. Wir geben im Jahr 30 000 Euro allein für Heu aus. Es ist teuer, weil es nur bei Bedarf und nur in der Trockenzeit geschlagen werden kann; schlagen wir es auf Vorrat, verfault es.

Unsere Tiere erhalten drei Arten von Futter: Heu (also getrocknetes Gras), Maishalme und drei Sorten von frischem Gras. Derart hochwertiges Futter wird nur an wenigen Orten im Land produziert, unseres im Dorf Ta Goa Muang im Bezirk Lamphun, etwa 80 Kilometer von Mae Sapok entfernt. Dort bewirtschaften zwanzig Kleinbauern gemeinschaftlich eine Fläche von etwa 48 Hektar (300 Rai). Für eine gesunde, adäquate Ernährung zahlen wir monatlich etwa 250 Euro pro Tier, nur für das genannte Raufutter. Die anderen Camps scheuen solche Investitionen. Mittlerweile können wir – dank unserer Stiftung – Flächen zum Schlagen von Gras zumieten. Nach dem existenziellen und kostspieligen Thema Ernährung fragt übrigens kein Tierschützer.

Allen Zweiflern sage ich: Kommt her, schaut euch unsere Arbeit an! Wer fragt, kriegt eine Antwort. Die Einladung steht, wir haben nichts zu verbergen. Bisher war immerhin eine Organisation bei uns im Camp: Die «World Society for the Protection of Animals (WSPA)»; inzwischen nennt sie sich «World Animal Protection». «Du machst da schon ein gutes Programm», lautete ihr Fazit, «aber wir sind generell dagegen, dass Elefanten im Tourismus arbeiten.» Da kann man nichts machen, so entfällt leider jede Gesprächsgrundlage.

Von den Medien habe ich immer dann profitiert, wenn sich die Journalisten bei uns ein eigenes Bild gemacht haben. Auch ihnen habe ich gesagt: «Guckt es euch an! Und dann schreibt oder sendet, was ihr wollt. Ich lese nicht gegen, ich schaue mir keinen Beitrag an. Ich kann gerne mal einen Faktencheck machen, aber das ist es auch. Und geht auch in andere Camps. Schaut euch an, wie dort gearbeitet wird. Ich habe nicht den tiefen Teller erfunden.»

Das Reiten von Elefanten ist vor allem in den letzten Jahren stark in die Kritik geraten. Ein Blick in die lange Geschichte der Zusammenarbeit zwischen Mensch und Elefant, in der Holzwirtschaft, bei Königsprozessionen etc. zeigt: Der Elefant wurde immer schon geritten. Stets trug er die Last von schweren Gütern oder Körben mit Menschen. Das Reiten ist nicht für den modernen Tourismus erfunden worden. Ob es für die Tiere eine Belastung ist, hängt wesentlich von den gewährten Ruhephasen ab.

Bei unseren Reittouren sitzt der Gast wenige Stunden pro Tag im muskulösen Nacken der Tiere. Das Gewicht stellt für den Elefanten keine Belastung dar. Das gilt auch, davon bin ich überzeugt, für das Reiten im Korb. Es sei denn, du setzt zwei Menschen von meinem Gewicht in den Korb und platzierst ihn auf dem Rücken einer jungen Kuh – das geht nicht. Aber wenn es mit Bedacht und Kenntnis gemacht wird, halte ich selbst das Reiten im Korb für unproblematisch.

Mittags machen wir immer eine Pause. Eine Stunde lang können unsere Tiere fressen, ohne von den Gästen gestört zu werden (umgekehrt gilt das genauso). Außerdem führen wir Dienstpläne für unsere Tiere: Idealerweise sollte jeder Elefant einen oder gar zwei Tage pro Woche frei haben, und meistens klappt das auch. An diesen Tagen besuchen wir mit unseren Gästen die Attraktionen in unserer Umgebung.

Auf allen Touren gibt der Elefant das Tempo vor. Am Wegesrand lockt immer wieder frisches, natürliches Futter, an dem er nicht so einfach vorbeilaufen kann. Also bewegt er sich langsam, den eigenen Bedürfnissen folgend, und richtet sich selbst seine Pausen ein: Mal frisst er hier, mal dort. Wenn Phu Sii frischen Bambus entdeckt, verliert er im selben Moment sein Gehör – für kurze Zeit ignoriert er jedes Kommando seines Mahuts. Wir wechseln unsere Routen ständig, damit sich die Natur von unseren Streifzügen erholen kann.

Es gibt immer mehr Camps, immer mehr Tiere werden gebraucht. Vielerorts müssen die Elefanten mehr arbeiten als zuvor, können sich seltener regenerieren. Das ist es, was sie überfordert, nicht das Reiten an sich. Jede Meldung über einen Elefanten, der «im Dienst» stirbt, plötzlich «durchdreht», Touristen verletzt oder gar tötet, intensiviert eine bereits emotionale Debatte. So war es auch 2016, als ein Elefant tot zusammenbrach, der Touristen im Korb zu den Tempeln von Angkor Wat trug. Wenig später ging ein Tier auf Phuket mit Touristen im Korb durch.

In solchen Fällen erkundige ich mich erst einmal nach den Hintergründen. Jeder Fall ist anders gelagert. Manchmal werden Elefanten eingesetzt, obwohl sie in der Musth sind – das ist ein Spiel mit dem Leben der Touristen und der Mahuts. In Kambodscha hingegen, wo seit vierzig Jahren nicht mehr gezüchtet werden darf, haben die Tiere im Tourismus bereits ein hohes Alter erreicht. Normalerweise müssten sie ihren verdienten Ruhestand genießen. Doch vielleicht hat der Besitzer keine andere Einnahmequelle. Das wäre zwar keine Entschuldigung, trotzdem ist es für die Beurteilung der Situation wichtig zu wissen, dass die meisten Kambodschaner vor kurzem noch von einem Dollar am Tag leben mussten.

Der Tierarzt, der den Tod des Elefanten 2016 untersuchte, nannte «Erschöpfung durch zu große Hitze» als Todesursache: «Es ging nicht einmal Wind, der dem Tier Kühlung verschafft hätte.» Letztlich führte das Unglück dazu, dass die 14 verbliebenen Elefanten rund um die Tempelanlagen ab 2020 keine Touristen mehr tragen sollen – sie kommen in eine Anlage zum Erhalt der kambodschanischen Elefanten.

Wenn wir in unseren Camps ausgebucht sind, werden wir nach Empfehlungen gefragt. Die meisten Camps in unserer Umgebung können wir nicht beurteilen. Bedenkenlos empfehlen können wir allein die «Patara Elephant Farm». Ein Familienunternehmen nahe Chiang Mai, das sich vorrangig den Erhalt der Asiatischen Elefanten zum Ziel gesetzt hat und eine eigene Zucht betreibt. Eigner des Camps ist Theerapat Trungprakan, genannt «Pat», ein sehr guter Freund von mir, dessen verantwortungsvolle Arbeit ich schätze. Pat ist Präsident der «Chiang Mai Elephant Alliance», das ist die Vereinigung der Campbetreiber unserer Region, und er genießt in ganz Thailand bis in die Regierung hinein hohes Ansehen.

Im Patara-Camp leben etwa 60 Elefanten, darunter zehn bis 15 Bullen. Pat bietet ausschließlich Tagestouren an. Dank der vielen Tiere in seiner Obhut kann er wesentlich mehr Gäste aufnehmen als wir, ohne die Elefanten zu überfordern. Er hat in den USA studiert, im Gegensatz zu vielen anderen Betreibern versteht er auch die westliche Denke und damit die Vorstellungen seiner Kunden. Pat achtet die Traditionen und feiert alljährlich ein Ritual aus der Lanna-Zeit: Dann genießen seine Elefanten ein reichhaltiges, fruchtiges Buffet.

Ein wieder anderes Konzept verfolgt John Roberts, den ich ebenfalls sehr schätze. Er kam 2003 nach Thailand und hatte die grandiose Idee, die Luxushotelkette «Anantara» als Partner zu gewinnen. Mit deren Unterstützung im Rücken errichtete John das inzwischen mehrfach ausgezeichnete «Anantara Golden Triangle Elephant Camp & Resort» in Chiang Rai, nahe dem Goldenen Dreieck, wo Thailand, Laos und Myanmar aneinander grenzen. Auch John ließ (und lässt) seine Gäste im Nacken der Tiere reiten. Später gründete er die «Golden Triangle Asian Elephant Foundation» (GTAEF); die Stiftung holte die Bettelelefanten von den Straßen und führte sie zurück in ihre natürliche Umgebung. Heute konzentriert sich die Stiftung darauf, die Mahuts und ihre Elefanten durch gezielte Schulungen mit den veränderten Anforderungen im Tourismus vertraut zu machen – die Touristen sind sensibler geworden für das, was sie sehen und erleben.

In den thailändischen Show-Camps kicken und tanzen die Elefanten, jonglieren Reifen oder Hüte und malen Bilder. Oft begleitet von lauter Musik, dem Klicken der Kameras und dem Applaus der Zuschauer. Selbst das renommierte Thai Elephant Conservation Center, das der Regierung gehört, finanziert sich zum Teil durch Shows. Da ist Kritik nicht weit; ich reihe mich dort jedoch nicht ein.

Selbstverständlich ist Malen nicht artgerecht für einen Elefanten. Aber deshalb ist es noch keine Schweinerei. Nach meiner Erfahrung ist es grundsätzlich besser, Elefanten zu beschäftigen, als sie nur herumstehen zu lassen. Die Beschäftigung muss den Verstand der Tiere fordern, sie darf jedoch nicht widersinnig sein. Ein auf zwei Beinen stehender Elefant ist okay, schließlich deckt er auch auf zwei Beinen. Muss er auf einem Bein stehen, ist das abartig. Bei allem muss gewährleistet sein, dass wir den Elefanten nicht als willenlose Kreatur sehen, sondern als komplexes, hoch sozialisiertes Tier. Aber die Tiere müssen Aufgaben haben, sonst werden sie auch seelisch krank. Das ist meine in dreißig Jahren intensiven Umgangs gewonnene Auffassung.

Man muss nicht alles ausprobieren, nur weil es geht. Doch solange die Einnahmen in ordentliche Behandlung und ordentliches Futter für die Tiere fließen, akzeptiere ich auch Shows. Ruhe ist wichtig für die Tiere, sage ich immer. Doch dann sehe ich Bilder von prunkvollen Prozessionen in Indien, bei denen die Elefanten von Millionen Menschen umgeben sind und trotzdem nicht durchdrehen – da fällt mir dann auch nichts mehr ein. Es gibt nicht nur Schwarz oder Weiß oder Richtig oder Falsch. Keiner hat die Wahrheit gepachtet.

Auch mit all meiner Erfahrung weiß ich nicht, ob den Elefanten Interaktionen mit Menschen schaden oder nicht. Und doch gibt es Leute, die behaupten, der direkte Kontakt schade den Tieren. Ich wüsste zu gerne, woher sie das wissen.

Es ist immer Luft nach oben, es gibt immer Möglichkeiten, besser zu werden. Wir dürfen jedoch nicht vergessen, dass es den Elefanten in Gefangenschaft meist besser geht als ihren wilden Verwandten. Zuletzt ist mir das im Udawalawe-Nationalpark in Sri Lanka aufgefallen. Wie dünn die Wildelefanten dort waren, wie schlecht sie aussahen! Unsere Elefanten im Camp können sich darauf verlassen, dass sie jeden Tag ihr Futter kriegen. In der Natur müssen sie herausfinden, wo es Futter gibt. Wo die Schlafplätze liegen und was sie machen, wenn der Regen kommt, vielleicht sogar bei Nacht, und der Wasserstand in den Flüssen steigt. In der Wildnis ist kein Tag wie der andere. Im Camp wollen wir den Tieren diese Herausforderungen abnehmen, wenn auch nur bis zu einem gewissen Grad.

Bei den domestizierten Elefanten Thailands war die Geburtenrate von 2013 bis 2018 höher als die Sterberate. Ohne das überzubewerten: Es ist ein positives Signal. Für diese Entwicklung gibt es Gründe. Sobald einer unserer Elefanten eine Entzündung, Verdauungsprobleme oder eine Erkältung hat, wird er behandelt und kriegt, falls erforderlich, Medikamente. Das passiert in der Wildnis nicht. Oder wir schicken das Tier ins Elefantenkrankenhaus nach Lampang. Und wenn das nicht hilft, zum Schamanen.

Ich sehe immer wieder mit Freude, was sich in den Gesichtern unserer Gäste abspielt, wenn sie zum ersten Mal direkt vor dem Elefanten stehen. Diese elementare Erfahrung hat schon viele dazu inspiriert, sich für die Zukunft dieses Kolosses zu engagieren. Auch weil wir die persönliche Begegnung damit abrunden, intensiv vom Wesen und Leben der Tiere zu erzählen.

Zum Leben des domestizierten Elefanten – und damit auch in dieses Buch – gehört in Thailand seit Jahrhunderten ein Ritual, das jeden Tierfreund, ja jeden Menschen verstören kann: Phajaan – das Einbrechen der Jungtiere.

«Rational heißt nicht gefühlskalt oder unmenschlich.
Das Emotionale ist nicht die Wurzel der Wahrheit.
Rationalität ist warm, nicht kalt.»

Ian McEwan

Kapitel 25 Phajaan – Traditionen sind zäh

Um das Jahr 2001 herum nahm ein interessierter Thai-Bürger ein Video auf, in dem ein Elefantenkalb in einem Holzverschlag steckte und von Menschen verprügelt wurde. Es war nicht zu erkennen, ob es sich um das Kalb eines domestizierten Elefanten handelte oder um einen Wildfang. Für das Ergebnis, für die Wirkung der Bilder war das auch völlig unerheblich. Dieses Video kursiert noch heute im Netz; es zeigt ein Ritual, in dem der Wille des Elefanten gebrochen werden soll, damit er in Menschenhand leben und arbeiten kann.

Menschen mögen Tiere. Wer bei diesen Bildern nicht mit dem jungen Elefanten leidet, hat ein Herz aus Stein.

Phajaan heißt die Prozedur, die heute als «Einbrechen» bezeichnet wird. Der Begriff benannte ursprünglich die Methode, mit der Wildpferde gefügig gemacht wurden, um vom Menschen geritten werden zu können. Das Phajaan gibt es in dieser Form nur in Nordthailand, die Karen haben es von den Nordthailändern übernommen. In anderen Regionen und Ländern Asiens gibt es ähnliche Zeremonien; dort heißen sie anders und variieren in vielen Details.

Nach der Veröffentlichung des Videos sah sich die Thai-Regierung gezwungen, zumindest zu versuchen, die Prozedur als ungesetzlich zu brandmarken – es gab dafür kaum gesetzliche Grundlagen. Daher forderte die Regierung ihre Behörde «Forest Industries Organisation» auf, den Vorfall zu untersuchen und weniger grausame Trainingsmethoden zu entwickeln. Ursprünglich ging es beim Phajaan vor allem darum, das Kalb von der Mutter zu entwöhnen und ihm in einer Art Taufe den Namen zu geben, den es bis zu seinem Lebensende behalten würde. Entwöhnung in der Natur sieht so aus, dass die Kuh ihr Junges im Alter von etwa vier Jahren verdrischt, damit es nicht mehr säugt. Vielleicht hat das Kalb bereits kleine Stoßzähne, dann tut das Säugen einfach weh. Meistens aber will die Kuh bereit sein für neuen Nachwuchs.

Unverzichtbarer Teil des Phajaan war von Beginn an eine Art Schamane, ein hoch spiritueller Mensch, der nach Ansicht der Karen in die Seele eines Elefanten eintauchen konnte. Er bestimmte, wann das Kalb reif war für die Prozedur und wie sie vollzogen werden sollte. Ein wesentliches Ziel der Entwöhnung war, dass der junge Elefant fortan Menschen auf seinem Rücken duldete.

Bis zum Tag des Phajaan war das Kalb vier Jahre lang neben der Mutter hergelaufen. Nie eingebunden in ihr Training, in irgendeine Art von Ausbildung. Nun wurde es von einem Moment auf den anderen von der Mutter getrennt, was allein schon eine traumatische Erfahrung ist. Wenn die Mutter in der Nähe blieb, wurde zu ihrer Beruhigung oft ein erfahrener Bulle zwischen sie und das Kalb gestellt. Das Kalb fand sich in einem engen Gatter wieder, die Beine mit Seilen fixiert. Plötzlich sollte es Dinge tun, die vorher nie von ihm verlangt worden waren. Das Tier wusste überhaupt nicht, wie ihm geschah.

Und wenn es die geforderten Handlungen nicht ausführte, wurde es geschlagen. Manchmal mit hölzernen Latten, die mit Nägeln gespickt waren. Die Prozedur dauerte täglich zweimal zwei bis drei Stunden, und das vier bis sieben Tage lang. Bis das Kalb den Kommandos gehorchte. Manchmal verschärften Nahrungs-, Wasser- und Schlafentzug den Vorgang.

Auch die früher wild gefangenen Elefanten, die meist schon deutlich älter waren, wurden eingebrochen, damit sie sofort in der Holzarbeit oder – in der jüngeren Vergangenheit – im Tourismus eingesetzt werden konnten. Wilde Elefanten hatten meist Angst vor den Menschen, und es war immer leichter, sie mit Angst auszubilden als mit Vertrauen.

Als ich 1990 nach Thailand kam, um von den Karen zu lernen, war die Zeremonie für mich absolutes Neuland. Ich habe sie dann noch selbst gesehen, und für mich war klar, dass es im 20. Jahrhundert andere Wege geben musste, einem Elefantenkalb zu sagen: Lebe mit mir, arbeite mit mir. Ich stehe dazu, dass es in dieser Zusammenarbeit Regeln und Kriterien geben muss. Ein Elefant in Menschenhand muss an seiner Seite gehen, ohne ihn anzugreifen oder gar töten zu wollen.

Jede Veränderung beginnt jedoch bei mir; erst dann kann ich darüber nachdenken, wie ich andere verändern kann. Daher habe ich schon bald damit begonnen, eigene Trainingsformen zu entwickeln.

Wer als Fremder nach Asien kommt, neigt dazu, die ethischen Maßstäbe seines eigenen Kulturkreises anzulegen. Und je stärker das, was er sieht oder erlebt, seinen eigenen Glaubenssätzen und Werten widerspricht, desto heftiger wird er es anprangern. Sobald du jedoch mit dem Finger auf andere zeigst, hast du als Ausländer in Asien ein Problem. Weil du in vielen Fällen etwas kritisierst, was für die Einheimischen ein selbstverständlicher Teil ihrer Kultur ist. Die Folge sind Gesichtsverlust und Zorn – du zementierst im Endeffekt erst recht das, was du eigentlich ändern willst. Der Elefantenhalter in Nordthailand versteht meist nicht einmal, warum eine Änderung überhaupt nötig sein soll. Ein jahrhundertealtes Ritual wie Phajaan ist, ob es uns gefällt oder nicht, Teil eines Dreiklangs, den die meisten Kritiker aus dem Westen ignorieren: Kultur, Religion, Ethnie. Selbst eine schockierende Zeremonie wie das Phajaan hat eine spirituelle Komponente. Sich von alten Bräuchen zu trennen, macht Asiaten Angst. Das ist in unserer westlichen Welt nicht anders. «Old habits die hard», heißt es, auch der Mensch ist ein Gewohnheitstier.

Um ein für die Karen unverzichtbares Ritual zu ändern, musste ich zunächst einmal dessen Hintergründe kennen. Nur so konnte ich Ansätze finden, die Tradition auszuhebeln. Ich musste die Köpfe und Herzen der Besitzer und Mahuts erreichen, wenn ich im Sinne der Elefanten etwas ändern wollte. Dafür musste ich zwischen unterschiedlichen Fronten und Glaubenssätzen lavieren. Ob die Karen dem christlichen Glauben verhaftet waren oder dem buddhistischen oder aus der animistischen Tradition kamen – keiner hätte mit einem Elefanten gearbeitet, der das Phajaan versäumt hatte. Kein Mahut quält aus Vergnügen, aber es will auch kein Mahut sterben.

Unser Sinan wird in absehbarer Zeit alt genug sein, um mich ganz konkret vor die Frage zu stellen: «Und was passiert jetzt mit mir?» Muss ich den kleinen Bullen in eine Prozedur schicken, die ich in Teilen bekämpfe?

Schon lange vor seiner Geburt habe ich mich gefragt: Wie können wir die tief verankerte Tradition der Karen bestehen lassen und dem Elefantenkalb dennoch die Qual ersparen? Können wir die Karen überhaupt von Veränderungen überzeugen? Eins war immer klar: Der spirituelle Meister gehörte zur Zeremonie dazu. Ihn konnte ich weder wegdiskutieren noch wegzaubern. Ohne «geistigen Beistand» kein Phajaan.

Über die Jahre habe ich meine Methode weiterentwickelt, um jungen Elefanten nicht das Ritual, aber die Gewalt zu ersparen. Auch Sinan wird davon profitieren. Der Grundgedanke ist: Wenn der Elefant am Tag des Phajaan schon ausführen kann, was von ihm verlangt wird, wird er nicht mehr geschlagen. Außerdem bleibt er bei meiner Methode vorher und nachher an der Seite seiner Mutter bei uns im Camp.

Mit Sinan haben wir vom ersten Tag an geübt. Spielerisch. So legte er sich zum Beispiel auf Kommando hin, das war für ihn kein Problem. Als der Kleine heranwuchs, legten sich die Mahuts mal auf seinen Rücken, damit er sich daran gewöhnte, dass da oben Gewicht sein konnte. Für kurze Zeit legten wir ihn hin und wieder an die Kette. Vielleicht stellen wir Sinan im Alter von zwei oder drei Jahren einen zweiten Mahut zur Seite, der ihn weiter «kindgerecht» trainiert.

Auf dem neuen Weg musste ich aus den Fehlern lernen, die wir bei Jack gemacht hatten. Er wuchs bei uns auf; jeder durfte mit dem «drolligen» Kalb spielen. So verlor Jack den Respekt vor den Menschen, sah sie nur noch als Spielpartner an. Schon nach einem Jahr wog er 300 Kilo, da kannst du mit dem Tier nicht mal einfach spielen. Später hat Jack mir einen Stoßzahn in die Brust gerammt; wir konnten ihn nicht mehr kontrollieren. Er war das typische Beispiel dafür, dass etwas neun Mal funktioniert, und beim zehnten Mal reagiert der Elefant völlig anders. Als Jack drei war, mussten wir ihn abgeben. Hätten wir ihn behalten, hätte er uns die Hölle auf Erden bereitet.

Es wird immer etwas Besonderes sein, Bullen aufzuziehen. Mit Sinan spielt keiner; unsere Gäste dürfen ihn nicht anfassen. Manchmal will sich der Kleine an mich anlehnen, dann schiebe ich ihn weg. Sinan spürt die Zurückweisung und dreht sich enttäuscht ab. Er wog schon mit einem Jahr 250 Kilogramm. Ein Jahr später bedeutet Anlehnen Verletzungsgefahr. Wenn der mich überrennt, bin ich tot.

Die Karen verfolgen gespannt, was ich tue – ich tue es ja unter ihren Augen. Und sie sind meinem Weg gegenüber auch aufgeschlossen. Mit einer großen Dosis Skepsis: Wie wird sich der Elefant verhalten, wenn er erwachsen ist und nicht nach der alten Methode eingebrochen wurde? Wenn er 20 oder 30 Jahre alt ist? So lange dauert es, bis wir (auch dann noch ohne absolute Sicherheit) erkennen können, ob meine Methode trägt.

Das ist das Risiko. Wenn irgendwann ein nach meinen Methoden ausgebildeter Elefant einen Mahut oder einen Touristen angreift, werden die Karen sofort sagen: «Siehste! Unsere Tradition war doch besser!» Das bedeutet für mich eine große Verantwortung, denn es geht nicht nur um das Wohl des Elefanten, sondern wesentlich auch um die Unversehrtheit von Menschen. Aber manchmal muss man Entscheidungen treffen, von denen man erst später weiß, ob sie richtig waren.

Durch meine Arbeit hat sich schon einiges geändert. Auch die Karen haben gemerkt, dass sich die Kunden aus dem Westen verändert haben. Nach meiner Einschätzung werden heute bereits fünfzig Prozent der Kälber anders ausgebildet als noch vor ein paar Jahren.

Ich bin überzeugt davon, dass wir etwas verändern können. Auch beim Wildpferd hat es eine Evolution gegeben – vom Einbrechen zum Pferdeflüsterer. Seit 4000 Jahren läuft der Elefant in Menschenhand, da können wir nicht die Grundlagen seiner Haltung in kürzester Zeit ändern. Wir sind auf dem richtigen Weg, aber wir brauchen auch Zeit – warum, habe ich zu erklären versucht. 2002 schon haben wir dafür gekämpft, dass jedem domestizierten Elefanten in Thailand ein Chip mit seinen wichtigsten Daten eingesetzt wird. Auch das wurde nicht von einem Tag auf den anderen umgesetzt – heute ist der Personalausweis für Elefanten selbstverständlich.

Das Motto der Elefantenleute:

«Wir sterben jeden Tag 1000 Tode,

doch es ist noch lange nicht Abend!»

Kapitel 26 Gib mir den Rüssel und vertrau mir!

Als ich 1988 im Berliner Tierpark zu den Elefanten kam, steckte ich in einer tiefen persönlichen Krise. Alles, was wichtig ist im Leben, bereitete mir Probleme: Meine Ehe, die berufliche Orientierung, das Geld – und eine Wohnung hatte ich auch nicht. Ich war 27 Jahre alt zu der Zeit und noch immer der angry young man.

Da haben die Elefanten zu mir gesagt: «Uns interessiert nicht, was da draußen bei dir los ist. Wenn du bei uns bist, musst du ticken wie wir. Lass dich auf uns ein und mach einen ordentlichen Job!»

Es waren die Elefanten, die aus dem zornigen jungen Förster einen normalen Menschen gemacht haben. Sie haben mich gerettet, das sehe ich heute noch so. Der Vertrag, den ich mit ihnen schloss, sah ein Geben und Nehmen vor, und das änderte sich auch nicht, als ich nach Thailand kam. Ich sorgte für das Wohlbefinden meiner Tiere, und sie duldeten dafür mich und meine Gäste in ihrem Nacken und folgten mir durch den Fluss, auch wenn das Wasser hoch stand.

Ich trainiere diese wunderbaren Tiere, also nenne ich mich Elefantentrainer – ein Begriff, der eigentlich aus dem Zirkus stammt, aus einer Ära, in der der Auftritt von exotischen Tieren noch ein beliebtes, völlig unumstrittenes Unterhaltungsangebot war. Elefanten, so heißt es, seien leichter zu trainieren als andere Tiere. Das unterschreibe ich. Im Rahmen ihrer anatomischen Möglichkeiten ist es ihnen angeboren, schnell neue Fertigkeiten zu erwerben. In einem Zirkus gab es vor langer Zeit sogar einen Elefanten, der eine Rolle vorwärts machen konnte. Gesund war das für ihn sicher nicht.

Die Beispiele für ungewöhnliche Elefanteneinsätze sind Legion: 2015 unterstützten sie in Indonesien Feuerwehrleute bei ihrem Kampf gegen Waldbrände, transportierten Menschen und Ausrüstung in abgelegene, teils brennende Gebiete. In Hamburg hielt Hagenbeck schon zur Eröffnung des Tierparks 1907 Asiatische Elefanten. Sie halfen beim Pflügen der Felder und beim Aufbau der Gehege im damals noch preußischen Stellingen. Schon bald gehörten bei Hagenbeck Elefantenreiten und Shows zum Programm – das war die Frühzeit des Elefantentourismus.

Die Riesen sind zwar von Natur aus umgänglich, aber nur gegenüber ihren Familienangehörigen. Auch in unseren Camps gibt es Tiere, die sozusagen Tür an Tür aufgewachsen sind und einander hassen, weil sie nicht derselben Familie entstammen. Es kommt aber auch vor, dass nicht verwandte Tiere einander sympathisch sind. Daher ist es oft ein Glücksspiel, ob es in einer Gruppe passt oder nicht. Das macht die Haltung so schwierig. Ich habe den Elefanten lange und intensiv im direkten Kontakt studiert, habe oft die großen Bullen genommen. Selbst die Thais und die Karen nennen mich heute «Ajahn Chang», Elefantenprofessor. Aber dafür gibt es keine Urkunde, keinen Meisterbrief.

Tierpfleger, das ist ein Lehrberuf, den habe ich gelernt. Ob ich mich nun Pfleger nenne oder Trainer: Die Grundlagen sind identisch. Hingabe, Intuition, Entschlossenheit und ein gewisses Maß an Selbstaufgabe gehören dazu. Die Arbeit muss eine Herausforderung sein und Freude machen. Darüber hinaus lag es immer an mir allein, welches Niveau ich anstrebte, wie gut ich mein Handwerk beherrschen und wie viel Leidenschaft ich einbringen wollte. Schubladendenken kannst du vergessen – jeder Tag stellt den Trainer vor neue Situationen, erfordert neue Lösungen. Die erfolgreichsten Tiertrainer haben von der Natur gelernt und sie weitestgehend imitiert. Schaue ich mir heute den Bodo Förster im Tierpark Berlin an, sehe ich einen jungen Kerl mit magerem Wissen und fettem Ehrgeiz. Gefordert von schwierigen Elefanten-Damen wie Frosja oder Dashi. Gelassenheit kommt erst mit der Erfahrung, ich aber war ungeduldig. Das Rüstzeug meiner älteren Kollegen reichte mir nicht; sie konnten mir kaum fundiertes Wissen mit auf den Weg geben. Weil sie allein von ihrer persönlichen Erfahrung lebten. Daraus resultierten Regeln wie: «Geht nur zu zweit zu den Tieren!» Natürlich haben wir uns nicht daran gehalten. Damals gab es zum Thema Elefantenhaltung nur ein paar Standardwerke, die waren Pflichtlektüre. Wollte ich mehr wissen, musste ich mir die Informationen irgendwo zusammenkratzen. Internet und Dr. Google hätte ich mit Freuden begrüßt, doch deren Zeit war noch nicht gekommen.

Kam ein neuer Elefant in den Tierpark, lief das ziemlich simpel ab. Über einen Tierhändler erhielten wir einen siebenjährigen Bullen direkt aus Myanmar. Mein erster Burmese, ein Wildfang. Ankhor hieß er. Nach der Quarantäne in Rotterdam kam Ankhor zu uns, versehen mit einem Beipackzettel. Darauf standen zehn Kommandos. Das erste las sich «Metlof» («Hinlegen»). Drei Tage lang stand ich vor dem Tier und sagte «Metlof». Keine Reaktion. Bis mir jemand mitteilte, das Kommando werde «Melo» ausgesprochen. Sofort legte er sich hin. Seinen Spitznamen aber hatte der Bulle weg: Mettwurst. Mettwurst steht heute im Prager Zoo, ein Riese mittlerweile.

Jedes neue Tier verändert die Chemie in einer Gruppe. Ankhor kam als Halbwüchsiger; die Kuh Astra war ein Stück älter und mochte den jungen Bullen nicht. Der hat Astra dafür permanent zusammengehauen, bis sie zum Bullenhasser wurde. Das war so ein Fall, wo die Sozialisierung nicht klappte. Es bleibt die größte Herausforderung in Zoos und Camps, die Elefanten zu «vergesellschaften». Dafür zu sorgen, dass sie halbwegs friedlich miteinander umgehen. Das gelingt dann besser, wenn es ein integratives Leittier gibt. Bei uns im Camp war das immer Mae Gaeo II.

Schon früh hatte ich das Talent, völlig unterschiedliche Tiere sozial kompatibel zu machen. Mit zwölf Jahren habe ich einen Wellensittich mit einer weißen Maus vergesellschaftet – der Vogel hieß Robby, die Maus Aribert, sie lebte im Käfig des Sittichs. Beide vertrugen sich, was so von der Natur nicht unbedingt vorgesehen war. Mein Talent trägt heute noch. Elefanten aus verschiedenen Familien zu vergesellschaften, ist nicht einfach. Aber das kriege ich gut hin.

Elefanten brauchen klare Ansagen. Jede Form des Trainings ist eine Form der Konditionierung. Es geht nicht um Zirkusnummern oder darum, wie sie das Holz zu schieben haben. Es geht darum, dass das Zusammenspiel mit Touristen so naturnah wie möglich geschieht.

«Tauch in den Elefanten ein!», sagte mir damals im Tierpark der Russe Sascha. Ich verstand ihn so, dass ich tief in das Gehirn eines Elefanten eintauchen musste, um so seine Seele zu erreichen. Immer in dem Bewusstsein, dass ich nie genau wissen würde, was in seinem Kopf vorgeht. Das klingt nach Magie und ist nichts, was man im Handumdrehen lernen könnte. Und so lerne ich nun seit dreißig Jahren mit und von den Elefanten, im täglichen, direkten Miteinander.

Ich habe über 200 Elefanten trainiert, so viele wie nur wenige «Weiße». Da die meisten Tiere durch Zeitverträge an unser Unternehmen gebunden waren, kamen nach einem Jahr oder zweien die nächsten. Und wieder war alles ganz anders. Hast du den 97. Elefanten trainiert, denkst du vielleicht: «Jetzt weiß ich, wie es geht. Ich habe genug Erfahrung und kann einen Elefanten lesen.» Das garantiert leider nicht, dass ich mein Gegenüber in jedem Moment richtig lese. Und dann, beim 98. Elefanten, geht schief, was zuvor immer geklappt hat.

Dass jeder von uns Trainern ein- oder zweimal im Monat vom Elefanten fliegt, ist Berufsrisiko. Der Bauer ist früher mit der Hand in den Heuschneider geraten, wir fliegen halt vom Elefanten runter. Meist dann, wenn wir nicht voll konzentriert sind. Auf einer unserer längeren Touren hat sich unser Mahut Kasem bei einem solchen Sturz den Finger abgehackt. Irgendwas ist eben immer. Bei dieser Tour war eine deutsche Ärztin mit von der Partie. Wir haben die Nadel mit der Flamme eines Feuerzeugs sterilisiert, die Wunde mit Alkohol gereinigt, Kasem ein Stück Holz zwischen die Zähne gesteckt, und die Ärztin hat den Finger wieder angenäht.

Wenn wir schon Elefanten in Menschenhand halten, sollten wir anständig miteinander umgehen. Das geht nur über Vertrauen und Respekt. Elefanten begrüßen sich mit den Rüsseln. Mein Rüssel ist die Hand. Ich sage zum Elefanten: «Gib mir den Rüssel und vertrau mir.» So können wir auf Augenhöhe zusammenarbeiten. Erziehe ich mit Angst, mit Strafen oder Schlägen mit dem Haken, wird das Tier irgendwann eine Gegenreaktion zeigen. Und die wird definitiv hochaggressiv sein. Wenn man mit Schmerz ausbildet, wird zumindest einer von zehn Elefanten irgendwann kippen und sich wehren.

Es gibt aber auch die Situationen, in denen ich dem Elefanten bedeuten muss: Bis hierhin und nicht weiter!

Hoch entwickelte Tiere neigen dazu, Dinge auszuprobieren und Grenzen zu überschreiten. Doch alle Tiere, die in Menschenhand gehen, müssen bestimmte Kriterien und Regeln einhalten – Pferde, Hunde, Elefanten. Ein Elefant kann, wegen seiner Größe und seines Gewichts, auch ohne Absicht zur Gefahr für uns Menschen werden. Überschreitet er eine Grenze, muss ich dazwischengehen. «Spinnst du?», sage ich dann etwa. «Denke nach!» Der Elefant merkt, dass er ein Problem hat, und Probleme mag er nicht. Auch ich darf innerhalb meines Ansatzes bestimmte Grenzen nicht überschreiten, sonst erschüttere ich sein Vertrauen. Ein Tier, das sich im Spiegel erkennt, hat ein Bewusstsein, es weiß, was es ist.

Es gibt Trainer oder auch Mahuts, die ausrasten, wenn etwas nicht klappt. Die sogar gewalttätig werden. Einen Elefanten zu trainieren, ist jedoch etwas völlig anderes, als ihn zu quälen. Aber wir sprechen von Menschen, das kann ich nur wiederholen, wir alle machen Fehler. Aber wir sollten daraus lernen.

Dass wir Menschen intelligenter sind als Elefanten, gibt uns nicht mehr Macht, nur mehr Verantwortung. Das Tier muss mich als Partner sehen, es darf sich nicht betrogen fühlen. Dabei ist es völlig egal, ob ich ein Macho bin oder ein Weichei. Ich darf mich nur nicht verstellen. Der Elefant muss sich auf mich und seinen Mahut verlassen können. Darauf, dass er zu

festen Zeiten sein Wasser bekommt und sein Futter. Und dass
er danach nicht zwölf Stunden bei Hitze im Kreis laufen muss.
Für meine vielfältigen Anforderungen brauchen die Tiere
einen klaren Kopf. Sie dürfen weder ängstlich sein noch konfus. Wie jede Beziehung, so ist auch meine zu den Elefanten
ein Balancieren zwischen Nähe und Distanz. Bei diesen Riesen
nutzt mir meine Physis nichts. Ich kann nur meinen Verstand,
meine Kenntnisse und mein Einfühlungsvermögen einsetzen.
Und ich muss Grenzen akzeptieren.

Die Elefanten im Tourismus sind trainiert, aber eben nicht
zahm. Das müssen auch unsere Gäste wissen. Laufe ich mit
ihnen durch den Wald, bin ich ständig auf Sendung, um kri-
tische Situationen schon im Ansatz zu erkennen. Ich verlasse
mich auf die Mahuts, keine Frage. Aber ich versuche dennoch,
möglichst alle Elefanten im Blick zu haben.

Nun stell dir vor, du bist Gast in unserem Camp und stehst
vor dem Elefanten. Schaust ihm in die Augen. Versuchst zu
ergründen, was hinter seiner markanten Stirn vorgeht. Wenn
du wirklich an diesem Tier interessiert bist, ist die direkte, die
persönliche Begegnung der beste Weg. Du kannst beim Elefanten prinzipiell alles berühren. Bei Pferden ist das anders –
wenn du hinter dem Pferd stehst, tritt es vielleicht nach dir
aus. Du kannst hinter dem Elefanten stehen. Aber du solltest
ständig sprechen, damit er immer weiß: Da ist jemand. Der
Schwanz eines Elefanten ergibt evolutionär keinen Sinn. Aber
mit ihm haut er weg, was er im Rückraum als Bedrohung empfindet. Und wenn du nicht mit ihm redest, dann kann schon
mal die Rute geflogen kommen. Trifft sie deinen Kopf, ist auch
eine Gehirnerschütterung drin.

Es ist völlig egal, was du dem Elefanten erzählst. Sprache sollte im Umgang mit Elefanten nicht überbewertet werden. Ob ich mit ihm Russisch spreche, Deutsch, Thai oder Esperanto, ist nicht so wichtig. In manchen Situationen ist es sogar besser, gar nichts zu sagen. Wichtiger ist, dass das Tier weiß, was du willst – und das hängt eher von Tonfall und Gestik ab. Auch als Gast kannst du dem Elefanten die Hand hinhalten, als vertrauensbildende Maßnahme. Aber berühre ihn bitte nicht an der Rüsselspitze, das mag er nicht. Elefanten, die Angst voreinander haben, schieben sich immer das Hinterteil zu. Dann sind sie nicht verletzbar, dann ist der Kopf geschützt und mit ihm der Rüssel. Dessen Spitze ist extrem empfindlich; wenn du sie berührst, zieht das Tier den Rüssel weg. Auch wir Menschen berühren uns eher nicht an der Nase.

Du kannst mit Elefanten sprechen, aber du kannst ihnen nicht einreden, was sie zu tun haben. Das entscheiden sie selbst. Zumindest in meinem Konzept. Als wir zum Beispiel wieder mal T-Shirts für unsere Gäste mit den Fußabdrücken unserer Elefanten und dem Schriftzug «Leave a footprint» fertigten, wollten Mae Boonsin und Mae Boontong ihre Füße partout nicht in die Schale mit der Silikonmasse stellen. Mae Boonsin wurde gar panisch. Sie wurde früher an den Füßen gefoltert. Ich weiß, was sie erlitten hat; wir werden weder von ihr noch von anderen einen Fußabdruck erzwingen.

Tiere, die gebrochen wurden oder gefoltert, erreichst du nur über Gefühle. Bei jüngeren Elefanten geht das schneller, bei älteren wie Mae Gaeo II dauert der Prozess länger. Mehr Lebensjahre können auch bedeuten: mehr Schmerz. Wie bei uns Menschen.

Der Geruchssinn dominiert beim Elefanten, dann erst kommt das Tasten. Der Sehsinn ist eher schwach ausgeprägt; die Kommunikation über Laute bzw. per Infraschall ist bei der asiatischen Art nicht so wichtig wie beim Afrikaner. In der afrikanischen Steppe können sich die Tiere über viele Kilometer hinweg Töne übermitteln, in Thailand bilden Hügel und Wälder natürliche Barrieren. So ist es hier in erster Linie der Rüssel, durch den der Elefant die Welt wahrnimmt.

Wen wundert's bei diesem Organ, das bis zu 135 Kilogramm schwer werden kann und im Laufe der Evolution aus Oberlippe und Nase entstand. Damit erkennt der Elefant schon am Kot seinen natürlichen Feind, den Tiger. Problematisch wird es, wenn ein Tier keinen Eigengeruch hat, eine Giftschlange zum Beispiel. Dann zündet der Elefant Stufe zwei, geht hin und tastet. So haben auch wir einen Elefanten durch Schlangenbiss verloren.

Die jeweilige Rüsselhaltung ist ein Signal an die Artgenossen, aber auch für mich. Kampfhandlungen oder Rangduelle bei Bullen beginnen damit, dass die Tiere mit den Rüsseln ringen. Wenn es ernst wird, rollen sie die Rüssel nach hinten auf den Kopf, um die Spitze vor Verletzungen zu schützen und im selben Moment doch Dominanz zu demonstrieren. Den Rüssel nach hinten auf den Kopf zu legen, kann jedoch auch eine Geste der absoluten Entspannung sein. Die Gestik eines Elefanten ist sehr komplex, die jeweilige Bedeutung ergibt sich oft nur aus dem situativen Zusammenhang. Den zu erkennen, ist nicht immer einfach.

Wenn du im Camp vor dem Elefanten stehst, liest er dich im selben Moment auch. Bist du eine Bedrohung? Gibt es jetzt Stress? Oder ist alles in Ordnung? Unsere Elefanten wissen

sehr wohl, dass du der Gast bist und ich oder Natalie oder Roger nicht. Die Tiere schauen auf dich herab, doch sie riechen
dich von unten, durch den Rüssel. So registrieren sie auch dich
und die anderen Gäste, wenn ihr euch bei uns zur Begrüßung
unter die Tiere setzt: Boah, was riecht der schlecht! Oha, die da
vorne, das kann doch nur Conditioner sein! Und der da, das ist
doch nicht wahr! Der hat sich mit Moskitospray eingesprüht!
Mit Pestiziden!

Wir Menschen wissen, wie das ist, wenn wir jemanden
nicht riechen können. Und doch erwarten wir von den Elefanten freundliches Verhalten, wenn ihnen unser Geruch stinkt.
Ich dusche nicht, bevor ich auf Tour gehe. Die jungen Kühe
brauchen etwas Zeit, bis sie feststellen: Aha, der riecht wie der
Bodo. Manchmal wechsel ich das T-Shirt drei Tage lang nicht.
Einen Tag aber, es war arschkalt, erschien ich bei den Tieren
mit frisch gewaschenem Shirt und einer Jacke, auf der sich
leichter Wohlgeruch ausbreitete, vom Waschmittel vielleicht.
Die Mae Khami hat sofort reagiert – sie war verunsichert.

Elefanten zu führen ist keine Frage der Kraft. Es könnte also
deutlich mehr weibliche Mahuts geben, doch Frauen sind in
diesem Beruf sehr selten, weil der veränderte Körpergeruch
während der Menstruation die Elefanten irritiert.

In kritischen Situationen, als letztes Mittel berühren Trainer und Mahuts verschiedene, sehr empfindliche Punkte am
Körper eines Elefanten. Man nennt sie «fatal points». In der
Akupunktur würde man von Druckpunkten sprechen; eine
Berührung dieser Nervenendpunkte ist unangenehm und löst
einen unmittelbaren Reflex aus. Wie wenn dir der Arzt mit
dem Hämmerchen aufs Knie haut. Einer dieser Punkte sitzt im

Ohr. Wenn wir einen Elefanten reiten und er greift uns an, stecken wir ihm den Haken ins Ohr, dann weiß er: Komm wieder in die Spur! Das Gefühl ist unangenehm, aber kein intensiver Schmerz. Wenn einem Elefanten jedoch der Haken über Tage täglich ein paar Mal ins Ohr gehauen wird, ist das Folter. Die Dosis macht das Gift.

Als Mae Boonsin 2013 zu uns kam, hat sie ohne Pause gebrüllt wie am Spieß. Sie war voller Angst. Wir haben ihr erst einmal einen gleichaltrigen Bullen zur Seite gestellt, dessen Gegenwart die Kuh beruhigen sollte – so wie es die Elefanten auch in der Natur machen. Offensichtlich war Mae Boonsin in jungen Jahren an verschiedenen Stellen gefoltert worden. An den Füßen sahen wir die Stelle, wo sich eine Kette ins Fleisch gefressen hatte – an dieser hatte die Kuh allem Anschein nach immer wieder gezerrt. Sie muss jedoch auch mit dem Haken im Ohr gefoltert worden sein. Denn sie mochte es nicht, wenn ich ihr die Zunge ins Ohr steckte – eine Methode, die ich mir in den neunziger Jahren bei Mahuts in Laos abgeschaut habe. Auch Elefanten fassen sich mit den Rüsseln in die Ohren. Ich wüsste keinen Trainer sonst, der diese Technik anwendet. Stecke ich einem ängstlichen oder aggressiven Elefanten die Zunge ins Ohr, erhalte ich umgehend eine Reaktion. Sie kann aggressiv ausfallen, oder aber das Tier hört mir genau zu. Genauer kann ich es leider nicht erklären. Mae Boonsin jedenfalls wurde sofort ganz aufgeregt und fing an zu «sprechen». Sie gab Töne von sich, die sagen sollten: Lass das, ich mag das nicht.

Doch warum kann ich meinen Beruf so ausüben, wie ich das tue, wenn auch ich nie weiß, was wirklich im Kopf des Elefanten passiert? Ich spür's einfach, das ist alles, was ich dazu sagen kann. Wenn ich mich zu einem Elefanten setze und ihm zuhöre, bin ich kein Mensch. Manchmal spüre ich den Schmerz eines verletzten Elefanten körperlich. Und schlage ich mich mit einer Situation herum, für die ich keine Lösung finde, liege ich nächtelang wach. Hin und wieder muss ich aufpassen, dass ich nicht zu sehr in den Elefanten eintauche und nachher womöglich noch meiner Tochter Elefanten-Kommandos gebe. Ich bin schließlich immer noch Bodo Förster und nicht Mae Gaeo.

Kommt ein neuer Elefant ins Camp, versuche ich, seine Seele einzuschätzen. Zu spüren, ob er zu uns passt. Ich schaue ihm erst in die Augen, die kann ich lesen, und dann fasse ich ihm mit der Hand in die Augen. Das machen die Elefanten auch untereinander.

Elefanten mögen keine Überraschungen. Als Roger das Coverfoto für dieses Buch geschossen hat, war Mae Gaeo II meine Partnerin. Für sie eine ungewohnte Situation – allein mit Roger und mir, keine Gäste. Ich habe ihr angesehen, dass sie erstaunt war: Was soll das denn jetzt? Und ich habe gesagt: Alles in Ordnung, mach dir keinen Kopf. Da war sie entspannt. Natürlich hat sie nicht wörtlich verstanden, was ich gesagt habe. Aber der Tonfall hat sie beruhigt.

Ich habe immer versucht, neue Techniken zu lernen, neue Erfahrungen in meine Arbeit zu integrieren. Doch mein Beruf war nie eine Einbahnstraße. Ich habe Elefanten ausgebildet, aber auch sie haben mich ausgebildet, meine Persönlichkeit mit geformt. Mein Viehzeug hat mich Demut gelehrt und Wahrhaftigkeit.

Neugierig wie ich bin, interessierten mich immer auch Themen wie Geschichte, Politik, Kultur, das ist noch heute so. Auch auf dem Weg lernte ich etwas über Elefanten. Was ich heute kann und weiß, ist eine Mischung aus allem, was ich in meinem Leben gelernt, gesehen, erlebt und erfahren habe. Nicht auf intellektuelle Art. Ich bin kein Wissenschaftler, ich weiß immer noch nicht, wie viele Knochen ein Elefant hat.

Da ist so vieles in mir gespeichert, das muss manchmal einfach raus. In beliebiger Reihenfolge, ohne Rücksicht auf das Fassungsvermögen der Gäste. «Du bist der einzige Mensch», hat mir mal jemand gesagt, «der die alten Germanen, thailändisches Unternehmensrecht, das thüringische Rezept für ‹Arme Ritter› und die Rolle der Elefanten bei der Eroberung Singapurs durch die Japaner in einem einzigen Satz unterbringt.» Unnützes Wissen, denke ich dann. Doch meine Zuhörer finden es unterhaltsam, es erspare ihnen das Googeln und Wikipedia. Behaupten sie.

Mit dem Buch *Jumbo auf dem Drahtseil* von Gerhard Zapff versank ich Mitte der achtziger Jahre erstmals in der Welt der Elefantenmänner. Stieß auf berühmte Namen wie Rolf Knie. Das Buch liegt noch heute auf meinem Schreibtisch.

Schon damals war der Kreis der Elefantenleute nicht sehr groß. Aber so klein wie heute war er noch nie. Wenn wir uns treffen, setzen wir uns auf ein paar Gläser zusammen und erzählen uns Anekdoten. Unsere Arbeit lassen wir außen vor. Wir sind von Haus aus Einzelkämpfer, da ist keine Einigkeit herzustellen. Jeder arbeitet nach seinem eigenen Konzept; jeder findet an seinem Platz andere Bedingungen vor. Wichtig ist nur, dass jeder seine Arbeit nach den Bedürfnissen der Elefanten ausrichtet und nicht nach den eigenen. Wir sind für die Tiere da und nicht umgekehrt. Es existiert eine Art Netzwerk der «elephant men», aber ich bin da nicht involviert. Wenn es

um Details geht, reicht mein Englisch nicht – und Details können wichtig sein.

Im Westen gibt es nur ganz wenige Elefantentrainer, die
mehr als zwanzig Jahre mit den Tieren arbeiten. Viele sind
dann fertig und durch. Dieses Eintauchen, dieses Reinfallen
in das Tier, die beständig hohe Konzentration, das alles beeinflusst die Psyche und geht auf die Knochen. Und manchmal
heißt die Endstation Trunksucht.

Der größte Elefantenmann in Europa ist für mich Karl
Kock. Mein Lehrer, mein Vorbild. Karl ist in seiner Seele so un-
glaublich schön! Aber er kann auch ein echter Stiesel sein. Ein
klassischer Freak, aber auf hohem Niveau. Nach seiner letzten
Station im Serengeti-Park Hodenhagen ging er 2019 in Rente.
Mit 83 Jahren, nach 68 Jahren mit Elefanten!

Auf ähnlichem Niveau arbeitete Wolfgang Nehring, auch
er ein Vorbild und ein wichtiger Mensch für mich. Wolfgang
trainierte Elefanten von Arabien bis Singapur.

Es war eine große Ehre für mich, dass er 2008 seinen 60. Geburtstag bei uns in Mae Sapok gefeiert hat. Über 100 Elefantenleute aus aller Welt reisten an; der Zoodirektor von Singapur
fuhr mit Limousine und Butler vor.

Schon vor langen Jahren trainierte Wolfgang mit Erfolg die
«Rüsselbrücke»: Zwei Elefanten verschränkten in zweieinhalb
Metern Höhe ihre Rüssel miteinander, und Wolfgang lief von
einem Kopf zum anderen über die verschränkten Rüssel. Ich
kann in Worten nicht ausdrücken, wie extrem das gegenseitige
Vertrauen zwischen Mensch und Tier bei dieser Übung sein
muss. Als die verschärften Sicherheitsvorkehrungen in deutschen Tierparks auch den Krefelder Zoo erreichten, durfte
Wolfgang nur noch im geschützten Umgang mit seinen Tieren

arbeiten, nicht mehr im direkten Kontakt. Das hat er nicht ver-
kraftet; er trank danach viel. 2011, mit 63 Jahren, wurde er in
Rente geschickt. Fünf Jahre später starb er.

In Asien war Dr. Preecha Phuangkum mein «Ajahn», mein
Professor. Eben jener Dr. Preecha, der 1990 in Lampang einem
langhaarigen Besucher aus Berlin die Tür öffnete und unbeeindruckt den Spruch über sich ergehen ließ: «I'm Bodo Förster from East Germany and I want to ride elephants.» Unser
Kontakt hält bis heute.

Zu den Großen unserer Zunft rechne ich auch Martin Smith,
John Roberts und Dan Albert Koehl, die ich an anderer Stelle
schon erwähnt habe. Koehl? Da war doch noch was! Erst 2009
habe ich Dan persönlich getroffen – den Schweden, dessen
Postkarte 1988 mein Leben in eine komplett andere Umlauf-
bahn schickte.

Nicht jeder Tag ist ein Sonntag in unserem Beruf, aber die
Sonntage vergisst du nicht. Wenn mir unsere Gäste an den Lippen hängen, genieße ich das durchaus. Doch das ist nichts gegen das Glücksgefühl, das mich im Tierpark vor dreißig Jahren
flutete, als Frosja mich oben in ihrem Nacken akzeptierte. Was
mir da durch Kopf und Körper schoss, das kann sich keiner
vorstellen. Sie vertraute mir!

Doch auch in solchen Situationen ging es nie nur um mich.
Es ging immer auch um den Elefanten, es war immer eine Beziehung, die auf Gegenseitigkeit beruhte.

Mae Gaeo II haben wir gekauft, weil sie nicht viel Geld
kostete. Sie war das, was man einen Problemelefanten nennt.
Das kann bedeuten, dass das Tier von den Vorbesitzern gefoltert wurde. Bei uns hat Mae Gaeo dann erst einmal die Kälber

verhauen und nach jedem getreten, der in ihre Nähe kam. Es dauerte ein halbes Jahr, bis sie sich beim Baden erstmals auf die Seite legte. Das war auch so ein Moment. Sie gab mir zu verstehen: «Alles klar. Ich bin angekommen. Du bist keine Bedrohung für mich. Von jetzt an gehen wir zusammen.» Die Tiere wissen, wann sie sich sicher und zu Hause fühlen, davon bin ich überzeugt.

Wie sehr mir die Kuh vertraute, habe ich Jahre später in einer Notsituation erlebt. An einem Tag hatte ich einen einzigen Elefanten für fünf Gäste. Zwei Bullen waren in der Musth, und Mae Gaeo hatte eine schwere Entzündung im Fuß. Einen Tag lang habe ich mit mir gerungen und dann mit allem gebrochen, was ich jemals gemacht hatte. Ich habe Mae Gaeo ohne Kette in unsere Krankenstation geholt und behandelt, vor unseren Gästen. Ich bin ihr in die Wunde rein mit der Spritze – die hat bei Elefanten ja eine furchterregende Größe –, obwohl ich sah, dass Mae Gaeo voller Schmerz war. Und doch hat sie nur kurz gebrüllt und gezuckt, ist nicht einmal zwei Meter zur Seite gegangen. Das Wichtigste war, dass es ihr nach meiner Behandlung besserging.

Es gibt eben Tage, an denen die Gesundheit unserer Tiere Priorität hat und der Gast ungeplant zurückstehen muss. Und es gab an diesem Tag keinen, der dafür kein Verständnis gehabt hätte. Ich fand es legitim, auch mal den Schmerz zu zeigen – unsere Gäste sollen nah an der Realität bleiben. Sie haben so mit Mae Gaeo gelitten – sie haben nicht einmal fotografiert.

Elefanten waren für mich nie Statussymbol. Auch ohne sie wäre ich immer noch Bodo Förster. Aber in den Momenten der absoluten Euphorie kann es passieren, dass wir Elefantenmänner überdrehen. Dann lassen wir den Macho in uns von der

Kette, ein Schuss Narzissmus ist auch dabei, und wir trommeln uns auf der Brust herum: Hey, wir arbeiten jeden Tag mit dem größten Landsäuger der Erde! Wir müssen doch die Größten sein! Dann wird es Zeit, dass dich jemand wieder einfängt. Bei mir waren das immer meine Freunde und meine Partnerinnen. «Nun werd nicht wunderlich», sagte Lia früher in solchen Momenten; heute kriege ich von Jana auf die Ohren.

Es gibt auch Phasen, in denen mein Job einsam macht. Erst recht, wenn man wie ich in einem fremden Land arbeitet, mit einer fremden Mentalität und einer fremden Sprache. Öffentlich bekommen wir Trainer inzwischen eher Kritik als Anerkennung. Aber auch im umgekehrten Fall würde ich mich fragen: Wer kann denn meine Arbeit wirklich beurteilen? Wer kann wirklich einschätzen, wie ich mit den Elefanten umgehe? Und wie viele Leute maßen sich dennoch ein Urteil an!

Die Menschen, die sich ein Urteil erlauben können, sind die Elefantenbesitzer, die Mahuts. Inzwischen bringen sie die schwierigen Fälle aus unserem Tal zu mir, wenn sie nicht mehr weiterwissen. Da kann es vorkommen, dass ein Mahut im Knast sitzt und sich sonst keiner an seinen Bullen herantraut. Wenn die Karen mich dann fragen: «Bodo, kriegst du dieses Tier wieder hin?», ist das die größte fachliche Anerkennung, die ich mir denken kann.

Es gibt schwierige Elefanten, und es gibt schwierige Momente mit Elefanten. Und dann stehe ich halt vor dem größten Landsäuger, das ist ja mehr als nur ein Wort! Ein Elefant kann mir mit einer einzigen Bewegung das Genick brechen – und das weiß er. Da kann ich in Situationen geraten, in denen ich mit Kräften arbeiten muss, die über das normale Maß hinausgehen. In denen eben nur die Intuition zählt. In denen ich dieser Gabe vertrauen muss bis zur Arroganz. Auch ich bin dann voll mit Adrenalin und habe keine Zeit, darüber nachzudenken, ob das, was ich tue, nach Meinung anderer richtig ist oder falsch. Es geht mir immer um den Elefanten, und ich wünsche mir einfach, dass mir die Menschen darin vertrauen.

Der Elefant bleibt genetisch ein wildes Tier – wenn er in seiner Seele komplett frei wäre, würde er wieder wild. Das deutet er auch in Gefangenschaft immer wieder an. Nicht aus Vergnügen – er hat seine Gründe.

So blieb es in drei Jahrzehnten auf Du und Du mit den Tieren nicht aus, dass ich es mit schwierigen Fällen zu tun hatte. Am Beispiel des Bullen Phu Yai möchte ich schildern, wie ein solcher Fall konkret aussehen kann und wie viel du mit Vertrauen erreichen kannst.

Phu Yai lebte in einem Sanctuary und war Tag für Tag von 30 Touristen umgeben. Mit seinen sieben Jahren steckte der Bulle mitten im elefantösen Flegelalter – er entdeckte seine Männlichkeit. Seit seinem zweiten Lebensjahr hatten ihn die Menschen angetatscht und ihm gesagt: «Du bist so niedlich, du bist so schön!» Irgendwann hatte Phu Yai die Faxen dicke und gab zu verstehen: «Ich bin nicht mehr niedlich. Ich bin ein Elefant!»

Er ging auf seinen Mahut los, der fiel hin, Phu Yai ging weiter auf ihn drauf, verletzte den Mahut schwer. Nicht weil der ihn schlecht behandelt hätte – es gab einfach zu viel Hektik in seinem Camp, zu wenig Ruhe und keine geregelten Abläufe. Die Attacke war nur das Zeichen, dass der Elefant nicht mehr klar war im Kopf und daher durchdrehte. Wenn Bullen in dieser

Form angreifen, wollen sie töten. Sie schlagen, bis Ruhe ist. Das ist die höchste von drei Stufen der Aggression bei Elefanten. Auf dem niedrigsten Level wollen sie dir nur bedeuten: «Geh mir mal aus dem Weg», dann schieben sie dich mit dem Rüssel beiseite. In der mittleren Stufe geben sie dir vielleicht volles Ballett einen mit dem Rüssel – und schon ist sie da, die Gehirnerschütterung.

Phu Yais Angriff auf seinen Mahut aber entsprach Stufe drei, deshalb kam der Besitzer zu mir und bat mich, den Bullen zu übernehmen: «Bodo, wir können ihn nicht mehr halten.» Ich sollte Phu Yai kaufen, doch dazu fehlte mir das Geld, ganz abgesehen vom Restrisiko: Kriege ich ihn wieder klar? Nimmt der Bulle seinen neuen Mahut an? Es gibt nämlich nicht viele Mahuts, die die Qualität haben, gezielt mit Bullen arbeiten zu können. Viele haben Angst, das ist nur natürlich. Wir haben Phu Yai dann geleast, als unseren dritten Bullen neben Phu Sii und Phu Chapo.

Phu Yai arbeitete zu der Zeit in einem Camp, das nur fünf Kilometer von uns entfernt stand. Er sollte am 31. März zu uns kommen und die Strecke laufen. Es war heiß an dem Tag, und nach 600 Metern drehte er um, lief weg, ehe er erneut seinen Mahut angriff. Am nächsten Morgen geschah das Gleiche. Das Tier war voller Angst. Da haben wir ihn auf einen LKW geladen und zu uns gefahren.

Dort habe ich mich erst einmal zu ihm gesetzt. Das ist nicht ganz ohne, denn es hätte passieren können, dass der Elefant mich ablehnt und angreift, selbst wenn sein Mahut dabei ist. Auch das habe ich schon erlebt. Sehe ich, dass ein Bulle die Augen weit offen hat, setze ich mich erst mal nicht dazu. Ich will ja nicht sterben.

Sitze ich jedoch neben dem Elefanten und sehe, dass er die Situation nicht als Stress empfindet, verbringe ich einfach nur Zeit mit ihm. Ich mache etwas, was er nicht kennt: Ich höre ihm zu. Und dann erzählt er seine Geschichte.

Mein erster haptischer Kontakt erfolgt mit der Hand: Ich fasse ihn an. Auch Elefanten untereinander fassen sich an, fast ständig. Und ich rede mit ihm. Nicht mit Worten, allein mit meiner Stimme, mit Lauten. Ich arbeite mit einer Mischung aus den Techniken, die ich in ganz Asien beobachtet habe. Sie gehen auf tausend Jahre Wissen zurück. Für meine Herangehensweise brauche ich den direkten Kontakt; ich halte nichts von Konzepten, die einen Zaun zwischen mich und das Tier stellen.

Ich blieb zwei Tage und Nächte bei Phu Yai, schlief auch bei ihm. Am Tag liefen wir mit ihm und gingen baden. Er sollte sich bei uns zu Hause fühlen, geborgen. Ich habe Phu Yai ein wenig trainiert, um herauszufinden, was er kann und was nicht. Am dritten Tag habe ich dann den ersten Gast auf ihn draufgesetzt. Manche nennen das Leichtsinn, aber das sehe ich anders. Ich muss dem Elefanten vertrauen, und er muss spüren, dass er mir vertrauen kann. Basis meines Vertrauens ist die Überzeugung, dass der Elefant eine Persönlichkeit hat und eine Persönlichkeit ist. Dabei arbeite ich aber nicht mit Belohnung, gebe ihm keine Banane, kein Zückerli. Denn das führt auf Dauer dazu, dass das Tier nur noch nach dem Prinzip Belohnung agiert. In der Natur gibt's auch kein Zückerli als Lohn. Da gibt's maximal ein Brummen der Mutter oder der Tante: Schön, dass du da bist. Im Camp bin ich die Belohnung für die Tiere. Denn ich sorge für ihr Futter, für ihre Sicherheit, für ein Leben ohne Angst.

Ich habe Phu Yai vor den Augen unserer Gäste trainiert, das mache ich bewusst so. Dann kann ich ihnen mein Konzept erläutern und die Geschichte des Elefanten erzählen. Warum er sich so oder so verhält, warum er seinen Mahut attackiert hat. Obwohl Phu Yai nun ganz normal mit Gästen laufen konnte, war er auch im nächsten halben Jahr immer mal wieder etwas ängstlich, oder er ging sogar durch. Das ist kein schöner, aber ein wichtiger Moment. Würde ich dem Bullen jetzt einen Schlag versetzen, weil er einen Fehler gemacht hat, verlöre er nicht nur sein Vertrauen in mich. Er wüsste überhaupt nicht mehr, wo es langgeht. Also habe ich ihm ganz ruhig zugehört und gemerkt, dass etwas nicht stimmt mit ihm. An solchen Tagen haben wir ihn dann nicht eingesetzt, bis er wieder bereit war.

Hätten meine Versuche nicht gefruchtet, hätte ich Phu Yai neben einen erfahrenen Bullen oder neben zwei große gestellt, wie es in der Natur auch passiert: Lernen von den Alten.

Wenn die Arbeit mit Elefanten von gegenseitigem Respekt geleitet wird, von Akzeptanz und von Liebe, führt sie zu extrem starken Bindungen zwischen den Tieren und ihren Pflegern. Und die Elefanten sind durchaus in der Lage, ihr Vertrauen auf alle Menschen auszuweiten, denen sie begegnen – solange es nicht enttäuscht wird.

«James Dean war kein wirklicher Rebell – nicht in dem Sinne, dass er seine Eltern zurückwies oder sagte: ‹Lasst mich in Ruhe! Ich will mit euch nichts zu tun haben!› Er sagte eher: ‹Hört mir zu!›, ‹Hört mich, liebt mich!›»

Natalie Wood

Kapitel 27 Es bleibt in der Familie

Die Sonne scheint in Nordthailand, der 25. November 2012 gewährt auch dem Mitteleuropäer angenehme Temperaturen. Meine Mutter sitzt am langen Tisch draußen vor der White House Lodge. Ganze dreißig Kilometer entfernt von Lampang, wo für mich genau 22 Jahre zuvor alles begann. Tische und Stühle stehen an diesem Sonntag in Mae Sapok zwar auf sandigem Grund, doch was die Försterin sieht, ist nicht auf Sand gebaut: die Zentrale des Unternehmens Elephant Special Tours, idyllisch gelegen, 40 Angestellte, professionell geführt.

Den Eingang flankieren das Schwarz-Rot-Gold der Flagge Deutschlands, das Rot-Weiß-Blau der Fahne Thailands und das gelbe Tuch des thailändischen Königshauses. Meine Flügel haben mich nach Thailand getragen, doch mit den Wurzeln bleibt Deutschland mein Vaterland, und Thüringen bleibt meine Heimat – vielleicht haben wir diese Begriffe nur einfach den falschen Leuten überlassen.

Ich bin kein Buddhist geworden in Asien, respektiere jedoch selbstverständlich die Kultur meines Gastlandes und die unserer Karen-Mitarbeiter, respektiere ihre Bräuche, ihre Werte. Auch der Förster sitzt am langen Tisch, mein Vater. Den

Platz zwischen Christa und Herbert behauptet der Chef der Firma, und das bin ich. Die Haare ungewohnt kurz, Schnauz-, Kinn- und Backenbart mal silber, mal grau, mal schwarz. Wir reden nicht viel, uns verbindet eine gelassene Harmonie. Ich habe wenige Tage vorher die Fünfzig erreicht, und in diesem Moment, Chef hin oder her, bin ich vor allem Sohn.

Wenn meine Mutter von mir, ihrem Erstgeborenen, spricht, sagt sie «unser Großer». In diesen zwei Wörtern schwingen all die Sorgen mit, die ich ihr als wilder Bengel gemacht habe; leise, aber gut hörbar klingt die Liebe durch, die eine Mutter für ein schwieriges Kind empfinden kann. Ganz fein justierte Ohren hören die riesige Erleichterung heraus, dass der Junge nun doch noch angekommen scheint. Nach einem Leben der Extreme, voller Umwege und Sackgassen, reich an Erfahrung und Verlust, der Pleite oft näher als der angenehmen Sicherheit eines gefüllten Kontos. Und manchmal gar dem Tode nahe – der Preis für die stete, achtlose Ausbeutung des eigenen Körpers.

Meine Eltern atmen durch, und sie atmen auf. Ihr Sohn hat aus dem Nichts im Fernen Osten etwas aufgebaut, was so noch keiner vor ihm gemacht hat. Sie wissen um den langen Weg dahin und haben die Rückschläge nicht vergessen. Vor allem sehen sie, dass ihr Junge von Menschen umgeben ist, die ihn mögen und sich um ihn kümmern – so wie er sich natürlich auch um sie kümmert.

Mein Vater, mittlerweile 73 Jahre alt, raucht, hustet und schweigt zumeist. Vielleicht denkt er in diesen ruhigen Minuten an den jugendlichen Rebellen im eigenen Haus. An die Stunden, da er und ich die Samthandschuhe zur Seite warfen und unsere Diskussionen mit dem verbalen Säbel führten. Wie viel Kraft diese Kämpfe gekostet haben! Ihn und auch mich.

Herbert und Christa genießen die Schönheit des Tals von Mae Sapok und das Zusammensein mit ihrem Ältesten. Vier Wochen lang, so lange war ich zuletzt mit ihnen zusammen, bevor ich das Haus mit 15 verließ.

Am frühen Nachmittag treffen sieben ehrenwerte Männer ein, an den kurz geschorenen Haaren und den safran- oder orangefarbenen Roben unschwer als buddhistische Mönche zu erkennen. Es sind die Äbte und dienstältesten Mönche der Tempelklöster in den umliegenden Tälern. Sie finden sich ein zu einer Zeremonie, die den Namen Suep Chata trägt und nicht einmal explizit buddhistisch ist, sondern brahmanischen Ursprungs. Doch unabhängig davon glauben die Menschen in unserer Region an die spirituellen Kräfte der Mönche bei diesem Ritual, das die Verdienste der Alten und Kranken würdigt. Ein langes Leben soll ihnen beschieden sein, den älteren Karen in meinem Leben und meinen Eltern. Mag ich auch in unserem Tal durchaus Gutes bewirkt haben, so ist das doch vor allem das Verdienst meiner Eltern, die mir bestimmte Werte vermittelt haben.

Im größten Raum der Lodge verfolgen, auf dem Boden sitzend, etwa vierzig Personen die Zeremonie. Christa und Herbert sitzen auf Stühlen unter einem Gestell, das aussieht wie ein Indianerzelt im Werden, ohne Plane noch: Lange Holzstangen laufen pyramidenförmig in der Spitze zusammen, sie symbolisieren ein langes Leben. Weiße Baumwollbänder verbinden die Stangen mit den Mönchen und den Menschen, für die dieser Tag gedacht ist.

Die Mönche rezitieren ihre Gebete, Räucherstäbchen und Kerzen werden entzündet, Teller mit Opfergaben stehen bereit, Tierfiguren aus Ton auch, Betelnüsse, fermentierte Tee-

Herbert, Bodo, Christa – die Försters

blätter, eine ganze Staude grüner Bananen und gar Zigaretten, deren spirituelle Kraft den meisten Anwesenden bis zu diesem Moment fremd war.

Meine Mutter hat die Hände gefaltet, vielleicht betet sie. Ein Mönch bindet weiße Baumwollschnüre um ihre Handgelenke. Herberts Gesichtsausdruck ist schwer zu deuten. Stoisch könnte passen. «Als Kind habe ich einen Weltkrieg überstanden», denkt er wohl, «da werde ich auch aus dieser Veranstaltung heil rauskommen.» Dass er als Atheist überhaupt mitmacht, weiß ich zu schätzen. Bei einer christlichen Zeremonie hätte er sich wohl schwerer getan.

Zum Finale bin ich an der Reihe. Auch ich binde meinen Eltern die Baumwollschnüre ums Handgelenk, gebe meiner sichtlich bewegten Mutter einen Kuss, während Herbert weiterhin guckt wie einst Buster Keaton: unbewegt ins Ungefähre. Dann ist es vorbei. Die Mönche stärken sich mit grünem Tee, einer raucht heimlich im Schatten eines Baumes, die gemisch-

te Gemeinde wandert gemessenen Schrittes nach draußen:
Essen ist fertig.

Zum Nachtisch gibt es Erinnerungen. Wer könnte diese Art
Dessert besser servieren als eine Mutter, die nichts vergessen
hat? Was früher mal Schrecken war und blanke Aufregung, liefert nun Stoff für Anekdoten. Motto: Ende gut, alles gut. Doch
den Weichzeichner nimmt Christa nicht in die Hand.

«Bodo war unser erstes Kind, für die Omas der erste Enkel,
der Star der Familie», erzählt sie interessierten Zuhörern. «An-
binden durfte man den nie. Kaum konnte er laufen, war er auch
schon unterwegs.» Grenzen testen, die Welt erkunden, Unruhe
verbreiten, von klein auf. «Irgendwann wurde es Gewohnheit,
ja Gesetz», erinnert sich meine Mutter, «wenn es irgendwo in
der Natur brannte, wenn irgendwo auch nur Rauch aufstieg,
dann bin ich mit dem Handwagen los und einem Eimer Wasser.
Ich wusste: Das konnte nur unser Großer gewesen sein.»

Irgendwann am frühen Abend nimmt mein Vater mich zur
Seite und sagt: «Bodo, ich bin stolz auf das, was du geleistet
hast!»

Herbert ist 2017 gestorben. Lungenkrebs.

Das Leben ist Veränderung, sagte der Buddha schon 500 Jahre
vor Christus. Da konnte er die Umwälzungen unserer Epoche
nicht einmal ahnen. Doch er war halt erleuchtet. Veränderungen waren die einzige Konstante in meinem fernöstlichen
Leben. Aber wer hat schon sein Büro im Dschungel? In der
wunderbaren Natur Nordthailands habe ich die meiste Zeit
verbracht, mit den Elefanten an meiner Seite. Für sie habe ich
Verantwortung übernommen und für viele Menschen dazu.
Unsere Firma ist der größte Arbeitgeber des Bezirks. Als

Elefantenmann erfahre ich in meiner Branche über Grenzen hinweg eine erfreuliche Wertschätzung und vor meiner Haustür die Anerkennung der Karen, meiner Lehrmeister. Ich war Talkgast im deutschen Fernsehen und Protagonist so mancher Reportage in Zeitungen und Magazinen. Mehr als einmal nannte man mich den «Elefantenflüsterer». Ich mag den Begriff allerdings nicht. Ich bin ein Elefantenmann, aber ich bin kein Elefantenflüsterer. Denn ich nehme den Begriff wörtlich. Es gab und gibt in der hinduistischen und buddhistischen Kultur Menschen, die mit Tieren reden können. Siddharta Gautama war der Erste. Doch bin ich Buddha? Ich habe eine bestimmte Fähigkeit, mit Tieren umzugehen, und ich kenne auch Menschen, die mit Tieren sprechen können – ich kann das nicht. Einmal sagte ich zu unseren Gänsen im Garten der Lodge: «Geht rein!» Dann sind die in den Stall gegangen. Unsere Gäste haben mich angeschaut, als hätte ich ein Wunder vollbracht. Dabei wunderte sich keiner mehr als ich.

Nicht weit von Mae Sapok entfernt steht ein einsamer Waldtempel, da kannte ich vor 25 Jahren einen Mönch, der konnte mit Affen reden. Um fünf Uhr morgens kamen die Gibbons aus ihrem Schlafquartier in den Bäumen und setzten sich für zwei Stunden zu ihm. Der Mönch hatte nicht viel zu essen, teilte das wenige aber mit den Tieren. Ich saß mal daneben und spürte deutlich eine Verbindung zwischen dem Anführer der Affen und dem Mönch. Plötzlich zerrten die Affen an mir herum. Sie interessierten sich für meine Körperbehaarung – Asiaten haben keine. Als die Gibbons wieder im Wald verschwunden waren, legte sich der Mönch hin und schlief, er war damals schon fast hundert Jahre alt. Und wenn er schlief, lag eine Katze auf seinem Bauch, und neben ihm stand ein Huhn. Das mag

für Westler nach esoterischem Bullshit klingen; ich empfinde
das ganz anders.

Heute darf ich sagen: Ja, ich habe meinen Traum in Thailand verwirklicht. Radikal sogar. Ich hatte immer das Gefühl,
keine Wahl zu haben. Vielleicht gehöre ich zu denen, die einfach ihr Ding machen müssen: Andere spielen Gitarre, basteln
Skulpturen aus Schrott, wieder andere demonstrieren gegen
Diktatoren – und ich laufe eben mit Elefanten durch den
Wald.

Man kann ja meckern über mich, aber ich bin immer vor-
neweg marschiert. Immer. Und ich habe nie aufgegeben. Nie.
Deshalb bin ich heute manchmal auch so müde.

Ich blicke mit sehr gemischten Gefühlen zurück. Ich hatte
den Hunger und die Freude, den Spott und die Sorgen. Ich
habe die guten Zeiten genossen und konnte mit den schwierigen umgehen. Ich wollte alles und habe alles bekommen, mehr
als nur einmal: die Abenteuer in der Ferne, das Zusammenleben mit den Tieren, die Liebe und das Glück einer Familie
obendrauf.

Aber auf wessen Kosten habe ich diese Fülle gelebt, wenn
ich ehrlich bin? Wer hat den Preis dafür gezahlt?

In erster Linie wohl meine Frauen und meine heute erwachsenen Kinder. An dieser Erkenntnis führt kein Weg vorbei. «Du warst immer für alle da. Für deine Angestellten und
deine Tiere. Nur für uns nicht», sagten sie zu mir. Diesen Vor-
wurf konnte ich nie entkräften. Deshalb ist mir heute so viel
daran gelegen, es mit Jana und Sinah besser zu machen.

Die Familie war mir immer wichtig, gelebt habe ich oft das
Gegenteil. Ich war getrieben von meinen Zielen. Chaos und
wirtschaftliche Sorgen gehören dazu, wenn du in der Fremde

etwas völlig Neues auf die Beine stellst. Und dann waren da ja auch noch die Elefanten. Auch die hatte ich Tag und Nacht im Kopf. Mache ich alles richtig? Welches Tier ist gerade schräg drauf? Mein Beruf ist so familienfeindlich wie der eines Fußballtrainers in der höchsten Klasse. Du trainierst die Mannschaft, schaust dir Videos an, du besprichst dich mit deinem Trainerteam. Du wägst Strategien ab, verwirfst die eine Taktik und spielst die nächste durch. Selbst wenn du mal bei deiner Familie bist, bist du mit dem Kopf woanders.

Den Aufbau eines Unternehmens für und mit Elefanten konnte ich weder lernen noch studieren. Es zählte nur die gelebte Erfahrung – auch die, immer mal wieder mit dem Rücken zur Wand zu stehen. Das hält wach. Denn wenn du als Expat in Thailand denkst: «Jetzt habe ich es geschafft!», bist du ganz schnell weg vom Fenster. Die Gefahr, mich zurückzulehnen, bestand allerdings selten. Da waren die Tiere, da war die Firma. In der Summe zu viel, um auch noch ein ausreichend präsenter Vater oder Ehemann zu sein.

Mein Traum ging in Erfüllung, doch ich kam nicht ungeschoren davon. Ich habe nie gesund gelebt, immer Raubbau an meinem Körper getrieben. Irgendwann schlägt das Imperium zurück. Schon früh, 1990, im Camp der Karen nahe Lampang, als ich mit steinerner Miene dieses scharfe Zeug namens Larb gegessen habe, das ist rohes Hackfleisch vom Büffel mit viel Blut und einigen Innereien: rohe Leber, rohe Nierchen, dazu als Sättigungsbeilage ein Stück Pansen. Das alles schön gewürzt mit reichlich Chilipfeffer. Zehn Tage lang hatte ich Durchfall, bis alles wund war.

Erst 2012 konnte ich den Spieß einmal umdrehen. Zu meinem 50. Geburtstag reisten meine Karen-Mahuts Silar und

Sinchai mit mir nach Deutschland. Ich lud sie ein auf eine Lage Bismarckheringe. Nach exakt einem Bissen sagten beide, das Gesicht vor Ekel verzerrt: «Das kriegen wir nicht runter.» Sie haben es dennoch tapfer weiter versucht. Wir hatten vereinbart, dass sie in Deutschland keinen Reis bekommen würden – mit der Begründung, der sei zu teuer. Was natürlich Quatsch war, aber das wussten die beiden ja nicht. Nach zwei Tagen klagten sie: «Ohne Reis sterben wir.» So fühlten sie sich tatsächlich. Am Morgen des dritten Tages machte sich Jana bei Wind und Wetter auf den Weg, um Reis fürs Frühstück zu besorgen. Außerdem brachte sie ein Kilo trockenen Chili mit – unser kleiner Vorrat war längst aufgebraucht. Ohne Chili fanden Silar und Sinchai jedes Gericht einfach nur geschmacklos. Unfassbar, was die da reingepfeffert haben.

Doch zurück in die Neunziger, da wurde meine Krankenakte um einige Einträge bereichert: Enzephalitis, Dengue-Fieber, Malaria. Im September 2008, ein halbes Jahr nach der Geburt unserer Tochter Sinah, erkrankte ich schwer. Nierenversagen. Die Ärzte fanden die Ursache nicht. Wir alle hatten Angst, dass ich Sinah anstecken könnte, womit auch immer.

Ich erholte mich nur langsam, nahm dafür aber rasant zu. Ich koche gerne, noch lieber esse ich. Unsere Firma wurde größer, ich fetter. 150 Kilogramm waren schließlich selbst für meine Körpergröße zu viel. Auf normale Art nahm ich nicht mehr ab. Daher ließ ich mir 2013 in Chiang Mai ein Magenband einsetzen. Es soll das natürliche Hungergefühl unterdrücken. Bei der Operation wird ein Silikonband um den oberen Magenteil geschlungen und so eine sehr kleine Magentasche geformt. Füllt sie sich beim Essen, meldet der Magen: Es reicht – ich bin satt! Elefanten reite ich wegen des Magenbandes allerdings nicht mehr – nach einer Stunde bleibt mir die Luft weg.

Für alle, die es nicht wissen: Der medizinische Standard in Thailands privat betriebenen Krankenhäusern ist sehr hoch, auch nach unseren westlichen Maßstäben. Mein Eingriff erfolgte an einem Donnerstag. Vor der Operation hatte ich unserem Guide David versprochen, ihn am folgenden Montag beim Dezembertreck zu begleiten. Doch meine Familie und die Ärzte bestanden darauf, dass ich im Krankenhaus blieb. Ich rief Mahn an: «Du bist mein jüngerer Bruder, also hol mich hier raus!» Am Sonntag bin ich mit seiner Hilfe abgehauen, am Montag habe ich mich in das Begleitfahrzeug des Trecks gesetzt und bin die Berge hoch. Nach drei Tagen sagte der kleine Bodo in mir: «Jetzt ist es genug!» Ich kollabierte, mein Herz blieb stehen. Ich musste reanimiert werden; irgendwann pumpte das Herz wieder.

Trotz der Komplikationen war das Magenband eine der besten Entscheidungen meines Lebens. Ich nahm sofort 60 Kilo ab. Habe nur noch das Notwendigste gegessen. So sah ich allerdings auch aus, schlanker war ich nie. Dünn trifft es noch besser, also haben wir das Magenband wieder aufgemacht. Prompt nahm ich 20 bis 30 Kilo zu. Wenn das kein Jo-Jo-Effekt ist!

Im selben Jahr ortete der Arzt 27 Wucherungen in meinem Darm. Das machte mir dann doch Angst. Schon mein Großvater und mein Vater waren an Darmkrebs erkrankt. Hinzu kamen bei mir in dieser Zeit immer mal wieder heftige Entzündungen der Nebenhoden. Der Grund dafür war eine schwere bakterielle Vergiftung über Jahre hinweg. Wahrscheinlich hatte sie schon 2008 für mein Nierenversagen gesorgt. 2015 wur-

de mir ein Hoden operativ entfernt. Keine schöne Erfahrung
für einen Mann, aber was sollte ich machen? Die Alternative
hieß Lebensgefahr.

Studien behaupten: Frauen kämpfen für eine Sache, Männer
um einen Status. Demnach bin ich offenbar eine Frau. Ich
definiere mich nicht über Statussymbole, Äußerlichkeiten,
Macht oder Hierarchie. Erfolg ist für mich, was den Elefanten
nützt. Unsere Gäste beurteile ich weder nach ihrem Job noch
nach ihrer Position im zivilen Leben. Bei Mode und Marken
bin ich schmerzfrei – wenn mir nicht gerade eine Prinzessin
einen Preis verleiht.

Mit der Zeit habe ich gelernt, dass die Form manchmal
wichtiger ist als der Inhalt. Bin ich mit Gästen und Elefanten
im Wald unterwegs, spiele ich meine Rolle: Bodo, der Extro-
vertierte. Dabei bin ich zutiefst introvertiert. Aber ich akzeptiere gewisse Regeln, und das ist dann Teil meines «Erfolges».
Ich setze das Wort ganz bewusst in Anführungszeichen, denn
ich habe unsere vielen Niederlagen nicht vergessen.

Ich höre unsere Gäste lachen, wenn ich mich als introvertiert bezeichne. Wie passt das auch damit zusammen, dass mir
wenig peinlich ist beziehungsweise nichts? Volle Fahrt voraus:
Meine Art kann Menschen auch verletzen. Ich schere mich
um wenig, schon gar nicht um politische Korrektheit. Muss
ich mich zwischen Rücksicht und Pointe entscheiden, hat die
Rücksicht einen schweren Stand. Meine Zuhörer finden das
oft erfrischend. Bis auf die, die gerade unfreiwillig in meine
Schusslinie geraten sind.

Für die Asiaten bin ich eigentlich zu groß, zu laut, zu offen-
siv. Doch es dauert nie lange, bis sie mich akzeptieren oder gar

mögen. Gerade weil ich so bin, wie ich bin. Ich verstelle mich nicht. Bin ihnen gegenüber direkt, aber nicht respektlos, passe mich meinem Gastland an und nicht umgekehrt.

Dreißig Jahre nach meiner ersten Ankunft im Land des Lächelns sage ich noch immer: Ich liebe Thailand und stehe für viele seiner Werte. Thailand hat vieles richtig gemacht und ist, bei allen Problemen, ein gutes Land. Und das nicht nur, weil es mir ermöglicht hat, meinen Traum mit den Elefanten zu leben.

Obwohl sie sich von mir mehr Präsenz erhofften, haben mir meine Nächsten vielleicht abgenommen, dass es mir mit meinem Traum ernst war. Dass sich nicht immer alles nur um mich und mein Ego drehte. Da muss Verständnis gewesen sein – anders kann ich mir nicht erklären, dass wir heute mehr denn je das sind, was ich ideal finde und jetzt auch weniger egozentrisch leben kann: Ein echter Familienbetrieb. Das ist doch eine Sensation!

Mein Roger führt heute das Unternehmen, das nun unseres ist. Er ist in meiner Nähe und mein Nachfolger, das habe ich mir immer gewünscht und das ist für mich die größte Ehre überhaupt. Dabei sind wir zwei völlig unterschiedliche Charaktere, was im Alltag ständiges Diskutieren und Zusammenraufen bedeutet. Auch lasse ich nicht von einer Sekunde auf die andere komplett los.

«Wir ziehen an einem Strang», sagt Roger immer, «betätigen dabei aber unterschiedliche Hebel. Doch wir wissen, wofür wir es tun – wir wollen die Elefanten in eine sinnvolle Zukunft führen. Ich finde unsere Arbeit total wichtig. Es ist ein Wahnsinnsprojekt, eine geniale Sache!»

Wir sind wirklich sehr unterschiedlich. Innerlich bin ich ein extrem dankbarer und zufriedener Mensch. Ich mache das, was ich am besten kann, und ich mache Menschen glücklich, die unsere Gäste sind. Aber nach außen verbreite ich permanente Hektik und Unruhe. Ich bin nie zufrieden, ständig von neuen Ideen getrieben. «Kannst du nicht ein Mal, nur ein einziges Mal Ruhe geben? Ein Mal aufhören zu meckern?», fragt Roger manchmal.

Im Gegensatz zu ihm war mir das Wirtschaftliche nie so wichtig. Er geht methodischer an die Sache heran, vernünftiger als ich. Er treibt die Professionalisierung unseres Marketings voran, stärkt die Plattformen, auf denen uns unsere potenziellen Gäste finden. Ich hingegen habe es nicht so mit detaillierten Konzepten: In manchen Situationen muss man einfach auch mal machen! Es sieht also ganz nach dem üblichen Vater-Sohn-Konflikt aus, der zur Übergabephase eines Unternehmens gehört.

Als Jana (zu großen Teilen) und ich 2014 die 14-jährige Yaya kauften, zeigte mir Jana mit dieser besonderen Geste, dass sie mir zur Seite steht. In meinem Job, in meinem Engagement, in der Zukunft. Wir haben Yaya nur deshalb gekauft und nicht gemietet, weil Roger mein Nachfolger wurde und unsere Tochter Sinah auf die Welt kam. Meine Kinder werden mit den Elefanten alt werden.

Wenn alles gutgeht, lebt unser kleiner Bulle Sinan 70 Jahre. Dann ist Roger 107, ich wäre 125, das wird eng. Selbst meine jüngste Tochter Sinah wäre dann 79. Aber du kannst nicht alles bis zum Ende denken, du musst auch mal anfangen. Wer weiß schon, wie Thailand in dreißig Jahren aussieht, wenn im stabilen Deutschland in zehn Jahren nicht einmal die Rente sicher ist? Sollten wir mal nicht mehr da sein für unsere Elefanten, gibt es ganz klare Abmachungen, wohin sie kommen.

Meine Tochter Sinah

Mein neues Domizil, mein Wohnhaus in Mae Sapok, habe ich inzwischen bezogen. Es steht auf Betonstelzen, zwischen denen ebenerdig die neue Firmenzentrale entstehen wird – ich wohne dann buchstäblich auf der Arbeit. Es ist abzusehen, dass der Mietvertrag für die White House Lodge ausläuft. Wir müssen uns von dem schönen Ort verabschieden, wo unsere Geschichte anfing.

Als Jit vor vielen Jahren als Gärtner bei uns anfing, habe ich zu ihm gesagt: «Jit, eines Tages werden wir einen eigenen Garten haben. Einen, der uns gehört.» Den haben wir nun auf dem neuen Grundstück. Jit steht vor mir, seine Augen leuchten. Ich konnte meine Versprechen fast immer halten. Es dauerte oft nur länger als erhofft.

In der Bonner Schule meiner Tochter wurden die Kinder vor einiger Zeit gefragt: «Was gefällt dir an deinem Vater besonders?» Und Sinah sagte doch tatsächlich: «Papas Entschlossenheit.» Da musste der Papa aber kämpfen, dass ihm die Augen nicht feucht wurden.

Und wenig später, ich werde es nie vergessen, kam meine Zehnjährige nach Hause und sprudelte heraus: «Unsere Lehrerin hat uns heute gefragt, was wir einmal werden wollen.»

«Und was hast du geantwortet, Sinah?», fragte ich sie. «Irgendwas mit Instagram? Ärztin? Managerin? Sportlerin? Berühmt?»

«Elefantenführerin», sagte sie.

Sie hat doch den ganzen Wahnsinn von klein auf erlebt! Trotzdem oder auch gerade deshalb sieht sie ihr künftiges Leben bei den Elefanten. Wie Roger, wie Jana. Wir haben uns als Familie entschieden, unser Leben auch über Generationsgrenzen hinweg den Elefanten zu widmen. Das macht mich demütig und glücklich.

«Ich habe einen guten Job gemacht als Designer,
aber gemessen an unseren globalen Problemen
ist der Beruf des Designers nutzlos.
Nützlich ist, was Leben rettet, sonst nichts.»

Philippe Starck

Kapitel 28 Die Herausforderungen der Zukunft

Können wir die Zukunft beeinflussen und gestalten? Die Zukunft der Elefanten und die unseres Unternehmens? Manche Herausforderung ist bereits Gegenwart und erfordert neue Antworten. Das Individualkonzept von Elephant Special Tours ist fast ausgereizt. Wenn man mit Tieren arbeitet, stehen hinter den Zahlen der Bilanz keine Tafeln Schokolade im Supermarktregal, sondern Lebewesen und deren Existenz. Die Anzahl der Touristen, das ist unsere Einschätzung, wird sich kaum erhöhen. Da erscheint es sinnlos, weitere Elefanten zu kaufen oder zu mieten.

Wir haben zwölf erwachsene Tiere und vierzig Angestellte mit Krankenversicherung und allem, was sonst noch zum sozialen Paket gehört. Ein Elefant kostet im Monat (Ankauf oder Miete plus Unterhalt) zwischen 3000 und 5000 Euro. Das heißt, wir müssen jeden Monat zwischen 30 000 und 40 000 Euro erwirtschaften, Personal eingeschlossen.

Wir wissen nicht, mit welchen Restriktionen der Elefanten-Tourismus künftig leben muss. Wir können nicht ausschließen, dass das Reiten von Elefanten – ob im Korb oder im Nacken – eines Tages nicht mehr angeboten werden darf. Wichtig ist, dass das Reiten mir und den Mahuts nicht verboten wird, denn für uns ist es elementar wichtig. Das Reiten im Nacken erleichtert für Tier und Trainer das Training – wenn der Elefant mich oben spürt und ich zugleich seine Bewegungen spüre, bin ich Teil des Tieres, wir sind dann eine Einheit, auch mental. Und es schützt mich vor einem Angriff mit dem Rüssel, denn der Elefant greift nicht mit dem Rüssel nach oben, er schmeißt mich höchstens runter.

Sollten die Touristen eines Tages nicht mehr reiten dürfen, würden wir Campbetreiber vermutlich nicht gefragt. Dennoch müssen wir für den Fall eine Antwort parat haben und adäquate Lösungen anbieten.

So stehen wir in dieser Zeit aus diversen Gründen vor dem größten Umbruch seit Firmenbestehen. Wie kann ein Weg aussehen zwischen unserem individuellen Ansatz und dem Massentourismus? Priorität bleibt auch in Zukunft, unseren Elefanten einen ausgeglichenen Tages- und Lebensrhythmus zu ermöglichen. Früher habe ich gesagt: «Sollte ich im Lotto gewinnen, müssten meine Elefanten nicht mehr im Tourismus arbeiten.» Der Meinung bin ich heute nicht mehr. Eine im Wortsinn gesunde Mischung aus Einsatz und ausgiebigen Ruhephasen entspricht den Ansprüchen der Tiere am ehesten – immer unter der Voraussetzung, dass die Arbeit gut gemacht wird. Touristen sind, wenn sie ihr Erlebnis guten Gewissens genossen haben, für unser Unternehmen glaubwürdige Botschafter und Multiplikatoren. Und ich kann noch so schöne Vorstellungen haben, wie ein gutes Leben für unsere Elefanten aussieht – es muss Menschen geben, die dieses Leben finanzieren.

Wir haben immer davon gelebt, anders zu denken als andere

und ungewöhnliche Wege zu gehen. Rogers Lebensgefährtin Nadja, studierte Psychologin, hat jüngst unser Angebot um die erste Anti-Stresstour bereichert, bei der sich die Teilnehmer ein Stück von der Gelassenheit der Elefanten abschneiden können. Und warum sollten wir nicht Kaffee aus Elefantenkot produzieren und verkaufen? Es gibt «Elefanten-Kaffee» schon auf dem Markt, wegen seines hohen Preises wird er «schwarzes Elfenbein» genannt. Dung produzieren unsere Elefanten nun wirklich reichlich, und Kaffeebohnen fressen sie auch. Beim Verdauungsprozess verlieren die Bohnen ihre Bitterstoffe; der komplette Prozess bis zur wohlschmeckenden Tasse Kaffee ist komplex, aber auch für uns machbar.

In der Vergangenheit haben wir mehr als einmal Entscheidungen getroffen, die nicht sofort Profit brachten. 2016 entschieden wir uns dagegen, in das Geschäft mit den chinesischen Touristen einzusteigen. Ich stand immer für Wahrhaftigkeit und nicht für die Jagd nach dem schnellen Geld. Sonst wäre ich nach dem Boom der letzten Jahre längst Millionär.

Was wir oft vergessen: Die meisten Touristen in Thailand stellen immer noch die Thais. Die Mittelschicht ist keineswegs arm. Es mag paradox klingen, dass wir überlegen, wie wir die Einheimischen in unsere Projekte einbinden können. Schließlich ist der Elefant ihr Nationaltier, ihr ureigener Schatz! Und doch ist er für sie oft exotischer als für uns. In ihren Köpfen fest verankert und präsent, im täglichen Umgang nicht. Viele Thais haben erst einmal Angst, wenn sie einem Elefanten begegnen. Seit 300 Jahren arbeiten die Thais nicht mehr mit Elefanten, das machen nur noch die Karen im Norden und die Kui in der nordöstlichen Provinz Surin.

Das National Conservation Center in Lampang begrüßt

täglich Hunderte Thais als Besucher. Das Interesse der Einheimischen ist also da, das müssen wir nicht wecken. Unsere Stiftung wird sich auf diesen Markt konzentrieren. Mit einer Website in der Landessprache, mit Tagestouren für Familien oder Schulgruppen bringen wir ihnen «ihren» Elefanten wieder nahe. Auch in Thailand verlieren immer mehr Menschen den Kontakt zur Natur. Mit unserer Arbeit haben wir auch einen Bildungsauftrag, und besonders für die Kinder kann es durchaus aufregend und inspirierend sein, den Tieren ziemlich nah auf die Pelle zu rücken. Wir sehen es bei den Gästen unserer Tong-Bai-Tour im Stiftungscamp; sie dürfen die Elefanten weder berühren noch reiten. Doch sie genießen die pure Nähe. Und die Elefanten sind anwesend und haben trotzdem frei. Die Preise für die Einheimischen werden sich an deren Einkommen orientieren und angemessen niedrig sein – aber auch diese Seite muss sich rechnen. Die so erwirtschafteten Gelder würden direkt in die Stiftung fließen.

Wir haben außerdem mit dem Bau eines Elefantenkrankenhauses begonnen. Für unsere Tiere allein wäre das nicht nötig, aber wir haben gut 250 Elefanten in unserem Tal. Nachhaltigkeit heißt auch, über den eigenen Tellerrand hinauszuschauen. So werden auch unsere Wettbewerber vom Hospital profitieren – aber vor allem ihre Elefanten. Es gibt zwar schon das sehr gute Krankenhaus in Lampang, und nach thailändischer Gesetzgebung ist die medizinische Behandlung der Dickhäuter kostenlos. Doch wir wollen den Tieren aus unserer Region nicht länger die dreieinhalbstündige Fahrt auf dem LKW zumuten.

Wenn das Hospital steht, wollen wir eng mit der veterinärmedizinischen Abteilung der Universität Chiang Mai kooperieren, wo die Elefanten-Tierärzte ausgebildet werden. Vorerst kommen die Tierärzte einmal im Monat in unser Camp, vorrangig zur Blutabnahme und zur Hormonbestimmung der schwangeren Kühe.

Unser Ansatz bleibt ganzheitlich und ruht auf vier Säulen: Elephant Special Tours, Tong-Bai-Stiftung (Thailand), Tong-Bai-Verein (Deutschland) und Elephant Vision (ein Think-Tank, der noch aktiviert werden muss und sich mit der Zukunft der Elefanten beschäftigen wird). Alle Säulen werden künftig noch stärker als zuvor wirtschaftlich und konzeptionell einem einzigen Ziel zuarbeiten: unseren Elefanten. Ich werde primär die Stiftung und den Verein betreuen und als Botschafter des Asiatischen Elefanten wirken.

Unser Spagat besteht darin, langfristig zu denken und zugleich den nächsten Monat zu überstehen. Bis heute kann unser Unternehmen weder in Thailand noch in Deutschland einen Kredit aufnehmen. Die Thais sagen, dass unsere Gäste schließlich auf ein deutsches Konto überweisen, und die deutschen Banken sagen, eure Firma steht in Thailand.

Unter diesen Bedingungen sind Investitionen nicht einfach. Unser neues Hauptquartier wird 1,5 bis 2,5 Millionen Baht kosten – das ist viel, weil wir diesen Betrag aus dem laufenden Geschäft stemmen müssen. Andererseits ist unser Unternehmen schuldenfrei, das hat auch Vorteile.

Auch in Zukunft betreiben wir ein Projekt für die Elefanten, das von einheimischen ebenso wie ausländischen Touristen finanziert wird. Das Vorsorgekonzept für unsere eigenen Tiere steht. Was aber können wir mit unseren limitierten Mitteln für die gesamte Spezies tun?

Die Zucht bedrohter Wildtiere ist unter Tierschützern umstritten. Wir müssen uns entscheiden. Noch sind wir beim Elefanten nicht so weit wie beim Sumatra-Nashorn, von dem es nur noch 80 Exemplare gibt. Das ist Alarmstufe eins. Indonesien hat ein nationales Zuchtprogramm für das Sumatra-Nashorn installiert, dessen Bemühungen von internationalen Tierschutzorganisationen geleitet und unterstützt werden. Ist Zucht erst dann opportun, wenn es ums nackte Überleben geht? Müssen wir es beim Elefanten so weit kommen lassen?

In Vietnam, wo nicht gezüchtet wird, können wir fast mit bloßem Auge verfolgen, wie der Elefant sich verabschiedet. Ich bin davon überzeugt, dass Elefanten in Menschenhand neue Populationen aufbauen und bestehende erhalten können. Auf dieser Basis wollen wir aus eigener Kraft, will sagen: aus eigener Zucht Familienverbände aufbauen. Eine funktionierende Herde mit verwandten Tieren, die unabhängig vom Tourismusgeschäft existieren kann. Das ist unsere Vision, das wird die größte Herausforderung der nächsten Jahre sein. Aber da reden wir über fünfzig, sechzig, siebzig Jahre! Das Ziel heißt, in unserer Fachsprache, 3:8 – drei Bullen, acht Kühe.

Intern haben wir das Thema intensiv und wie immer kontrovers diskutiert. Selbst Jana fragte mich: «Warum willst du züchten? Du weißt doch, wo die Tiere irgendwann enden. In irgendeinem Camp, wo sie malen oder Fußball spielen müssen.» «Genau das will ich vermeiden», habe ich gesagt, «ich werde alles tun, damit wenigstens unseren eigenen Kälbern diese Zwänge erspart bleiben. Sie sollen bei ihren Müttern bleiben, naturnah aufwachsen und leben können.»

Unser Phu Sinan soll die Speerspitze sein, deswegen heißt er ja so. Mit ihm haben wir endlich die Chance, dem Vorbild der Natur so nahe zu kommen wie nur möglich.

Geduld ist gefordert, er ist ja noch klein. Seit seiner Geburt am 30. Dezember 2017 wächst er in die bestehende Herdenstruktur hinein; durch den ständigen Kontakt zu seiner fürsorglichen Mutter Yaya und den spielerischen Umgang mit seinem Mahut lernt er, seine wachsenden Kräfte einzuschätzen. Bei unseren Ausflügen in die natürliche Umgebung kann er sich von den anderen Elefanten abschauen, was es heißt, im Fluss zu baden, welches Futter der Wald im Angebot hat und wie man bergauf und bergab läuft. Das alles im eigenen Entwicklungstempo seines neugierigen Wesens.

Sollte Sinan im Alter von dreißig Jahren feststellen, dass er eigentlich Einzelgänger ist, dann hoffe ich, dass wir ihn finanzieren können, ohne dass er im Tourismus arbeiten muss. Es war von Beginn an ein wesentlicher Zweck unserer Stiftung, dass die Kälber und die Alten nur so viel arbeiten müssen, wie es ihren Kräften und ihrer Gesundheit entspricht.

In unserer Elefantengruppe entwickeln sich langsam die ersten Beziehungen zwischen einzelnen Tieren; je stärker ihre sozialen Bindungen sind, desto einfacher wird der Aufbau einer funktionierenden Herde. Wir haben nicht die Mittel, den Prozess mit dem punktuellen Zukauf von Müttern und Kälbern zu beschleunigen. Wir wollen auch die Mütter und Kälber nicht mehr irgendwann trennen – ein Unding, da gebe ich den Tierschützern recht. Die Vorstellung, Familienverbände aufzubauen, hatte ich schon länger. Aber wegen der kurzfristigen Verträge mit den Elefantenbesitzern war das nicht möglich. Ich war total abhängig von ihnen. «Warum nehmen wir nicht alle Elefanten von einer einzigen Familie?», habe ich oft gefragt. Aber das lag einfach nicht im Interesse der Besitzer. Die Frage ist: Haben wir das Wissen überhaupt noch, das wir brauchen, um so ein Projekt zu stemmen? Ich war immer Trainer, Unternehmer, Chef, Gartenarchitekt. Meine einheimischen Mitarbeiter haben auf das gewartet, was ich sagte. Es hat Vorteile, Boss zu sein. Aber für unsere künftigen Pläne müssen die Impulse aus vielen Quellen strömen. Vor nicht langer Zeit arbeiteten wir mit Wissenschaftlern zusammen, um die Wahrscheinlichkeit von Zuchterfolgen zu erhöhen. Wieder einmal gingen dem Vorhaben viele interne Diskussionen voraus. Und dann blieben die Versuche aus verschiedenen Gründen erfolglos, wir haben viel Geld verbrannt. Und wieder gab es Leute, die sich in ihrer Skepsis bestätigt fühlten. Aber wenn wir keine Fehler machen dürfen – wie sollen wir dann lernen und weiterkommen?

Und dann, ich wage es kaum zu erzählen, gibt es da noch ein Pilotprojekt, das bisher nur in meinem Kopf existiert. Eine Utopie. Einen Namen hat sie schon: Elefantasialand. Zwei oder drei eigene Herden – eine könnten wir für die Zweitagestour einsetzen, eine für die lange Tour. So könnten wir noch gezielter auf die Seele der Tiere eingehen. Ob und wie wir diese Idee mit Leben und Inhalt füllen können, wissen wir erst in zwanzig oder dreißig Jahren. Ob ich das dann noch erlebe, ist zweitrangig.

Warum würde ich selbst dann nicht auf Touristen verzichten, wenn die Utopie Realität würde? Im Zusammenspiel mit Menschen werden unsere Elefanten anders eingebunden. Die Tiere wissen am Montagmorgen ganz genau: «Gleich kommt der Bodo wieder um die Ecke oder der Roger. Hoffentlich haben sie nicht geduscht!» Die Elefanten müssen auf unsere Gäste achten und auf ihre Mahuts. So werden sie mental gefordert. Das halte ich auch nach dreißig Jahren noch für eine gute Sache. Ich will sie nicht zu reinen Begaffungsobjekten degradiert sehen.

Wenn ich mir heute etwas wünschen darf, dann dies: dass Sinan mit seiner Mutter zusammen aufwächst und nicht irgendwann von ihr getrennt wird. Dass er selbst mal Vater und Großvater wird und seine Nachkommen begleiten kann. Dass er heute und auch in sechzig Jahren noch ein Leben führen kann, das getragen wird von Achtung, Würde und Respekt. Dass wir mit ihm arbeiten dürfen, in der Tradition der einheimischen Mahuts, gemischt mit den Vorstellungen, die Menschen wie ich von außen einbringen.

Sinan ist der Anfang von dem, was wir erreichen können. Da liegt noch ein weiter Weg vor uns. Doch ich denke, dass ich bei allen Umwegen etwas aufgebaut habe in Thailand, das Zukunft hat. Ich habe mir zwanzig Jahre lang den Arsch aufgerissen und alles riskiert. Mittlerweile sind wir frei von existenziellen Sorgen. Da wäre es doch dumm, nicht auch den nächsten Schritt zu gehen und uns neu aufzustellen für eine erfolgreiche Zukunft.

Heute bin ich erst einmal unendlich dankbar für jeden Gast, der uns besucht und unsere Leidenschaft geteilt hat. Ich liebe meine Frau Jana und will mit ihr alt werden. Mein Job ist es, sie und meine Kinder zu beschützen und mit unserem Team auch die Tiere, die mir anvertraut werden und mir vertrauen. Unsere Elefanten.

«Mit jedem Elefanten,
der aus der Welt verschwindet,
erlischt ein Märchen.»

Hubert Weinzierl im Buch «Stiller Rückzug der Giganten»
(Autor: Palani Mohan)

Kapitel 29 Von Mae Boonsin bis Phu Sii: Unser Elefantenteam

Und das sind sie – unsere Elefanten:

Mae Gaeo II

Mae Gaeo ist in unserem Camp Leitkuh, Oma und Quatschtante. Sie neigt tatsächlich dazu, mit Murmeln und Grummeln auf sich aufmerksam zu machen. Wahrscheinlich wurde die alte Dame in jungen Jahren in Burma gefangen und dann im Holz eingesetzt. Eine deutlich erkennbare Schusswunde an ihrem Vorderbein ist nur ein Zeichen dafür, dass sie in ihrem Leben Schlimmes durchgemacht hat und von Menschen misshandelt wurde.

Umso mehr freuen wir uns, dass sie sich in unserem Camp nach schwierigem Start so gut erholt hat und nun ein gutmütiger, wenn nicht sogar der gutmütigste Elefant überhaupt bei uns ist. Mae Gaeo ist ein gutes Beispiel dafür, dass man auch in späten Lebensjahren noch das Vertrauen eines Elefanten gewinnen kann.

Yaya (Mae Kamphan)

Yaya ist seit August 2014 in unserem Camp. In den beiden Elefantendamen Salia und Mae Boonsin hat sie schnell Freundinnen gefunden. Yaya ist neugierig und für den jungen Bullen Phu Sinan eine sehr fürsorgliche Mutter – bei seinen Abenteuern hat sie den Kleinen stets gut im Blick.

Phu Sinan

Die «Speerspitze» ist das erstgeborene Kalb von Yaya. Für ihn ist, das hat er mit den Menschenkindern gemein, kein Tag wie der andere. Seine Kräfte wachsen so schnell wie sein Gewicht, die Auswirkungen muss er noch einschätzen und dosieren lernen, was seinen Mahut in manchen Momenten vor ungeahnte Herausforderungen stellt.

Phu Chapo (ehemals Chum Chang)

Phu Chapo ist der ältere Bruder von Salia und Vater von Sinan. Obwohl der 18-jährige Bulle nicht allzu groß ist, strotzt er vor Kraft und Energie. Aktuell etabliert er sich sehr einsatzfreudig als Deckbulle – nicht nur bei unseren Kühen, sondern auch bei denen in anderen Camps der Region. Gleichwohl ist Phu Chapo noch sehr verspielt und liebt das Baden im Fluss; ansonsten steht er seinen ausgewachsenen Artgenossen in nichts nach. Keiner gehört so lange zu unserem Elefantenteam wie Chapo.

Mae Mowa

Die Mittdreißigerin Mae Mowa ist seit November 2016 in unserem Camp; dank großzügiger Spenden von Abigail A. und Claude H. konnte sie langfristig an unser Projekt gebunden

werden. Ihr Rufname ist Nong Gee, was «Die Schöne» bedeutet. Die Kuh hat ein ausgeglichenes, ruhiges Wesen und fügt
sich hervorragend in unsere Herde ein. Wegen ihres kräftigen
Körperbaus und ihrer Gemächlichkeit wird sie bei uns «der
Panzer» genannt. Viele staunen über diese gewaltige Kuh und
glauben gerne, was ihr Mahut oft erzählt: dass Mae Mowa
Zwillinge erwartet. So entstehen Gerüchte.

Mae Boonsin

2013 haben wir mit Spenden der Tong-Bai-Stiftung die Kuh
Mae Boonsin gekauft. Sie kam aus schlimmen Verhältnissen,
war zwergenwüchsig und total traumatisiert. Uns blieb allein
die Hoffnung, ihr helfen zu können. Bis zu ihrer Ankunft lebte
sie meist allein im Wald. Inzwischen hat sie im Camp viele
neue Freunde gewonnen, genießt das Zusammenleben mit ihren Artgenossen im Herdenverbund und ist eine echte Persönlichkeit geworden. Sie kann sich frei entfalten und ihre einst so
schwache Muskulatur wieder aufbauen.

Vor fünf Jahren hätte Mae Boonsin nach dem Decken nicht
aufgenommen. Doch seit einiger Zeit wissen wir, dass sie Mutter wird. Ist das nicht schön? Bei solchen Erlebnissen kann
ich einfach nicht verstehen, wie jemand Elefantenhaltung in
Menschenhand pauschal verurteilen kann.

Mae Boontong

Mae Boontong ist – auch wegen ihres fortgeschrittenen Al-
ters – ausgesprochen ausgeglichen. Ursprünglich kam sie aus
Burma, wo sie in einem Holzfällerlager eingesetzt wurde.
Daher liegt ihr das Holzschieben besonders gut. Sie inspiziert
jeden Gast mit einem prüfenden Blick und ist bei unseren

Ausritten stets neugierig und aufgeschlossen. Als «alte Dame» legt sie Wert auf ein besonders gemütliches Lauftempo – sie ist entspannt und wirkt zugleich unglaublich entspannend auf unsere Gäste.

Mae Boontong ist ein «Menschenelefant» und mittlerweile so eine alte, schrullige Tante, dass man sie nicht mehr wirklich mit den übrigen Tieren sozialisieren kann. Deshalb haben wir Mo Pado gekauft; sie hat genügend Kraft, um sich auch gegen ältere Tiere durchzusetzen.

Mo Pado

Die 40-jährige Mo Pado ist unser jüngster Neuzugang. Auch sie konnten wir nur dank der Spenden von großzügigen Elefanten-Freunden erwerben. Mo Pado ist eine imposante Erscheinung, sie war über viele Jahre als Timber-Elefant aktiv; im Tourismus ist sie erst seit drei Jahren im Einsatz. Sie hat sich sehr gut eingewöhnt und versteht sich besonders mit Mae Mowa und Phu Yai prächtig. Den kleinen Bullen Phu Sinan hingegen ignoriert sie bei seinen Spielereien komplett.

Salia

Salia war das erste Kalb, das im Camp von Elephant Special Tours geboren wurde. Sie kam 2006 zur Welt und lebt Seite an Seite mit ihrem großen Bruder Phu Chapo. Die Geschwister gehören der Familie Tomali, aus der auch unsere zwei Campchefs stammen, die Mahuts Dag und Sinchai. Ein sehr ausgeglichenes und kommunikatives Wesen macht Salia zur ersten Wahl für junge Gäste.

Mae Kami

Sie ist seit Mai 2017 bei uns im Camp. Groß und von moderatem Temperament, hat sich die Kuh recht schnell in die Herde eingewöhnt. Sie hatte bereits Kälber geboren, bevor ihr jüngstes Baby im Februar 2019 bei uns auf die Welt kam. Als erfahrene Mutter kümmert sich Mae Kami sorgsam und entspannt um ihre kleine Tochter. Sie kommt mit allen Elefanten gut aus, freut sich aber als Mittdreißigerin, in Mae Mowa eine gleichaltrige Freundin gefunden zu haben.

Phu Yai

Mit seinen neun Jahren ist unser Neuankömmling einer der Jüngsten unserer Herde, glänzt aber durch stattliche Größe und die längsten Stoßzähne, sodass er seinen Namen verdient (Yai bedeutet «groß»). Inzwischen schaukelt Phu Yai ausgeglichen und selbstbewusst durch die Wälder und Flüsse; beim Baden im Fluss tobt keiner wie er.

Mae Bunga

Bereits 2016 bereitete uns diese Mittzwanzigerin viel Freude; nun ist sie nach einer halbjährigen Auszeit wieder in unserem Camp. Sie hat einen aufgeweckten Charakter und scheut auch nicht vor Rangkämpfen mit anderen Kühen zurück. Mit viel Power und Fleiß gehört sie zu den starken Damen unserer Herde.

Phu Sii

Der mit Abstand größte Elefant unserer Herde: 3,20 Meter hoch und über vier Tonnen schwer. Der mehr als 50 Jahre alte Bulle wurde früher im Holzeinschlag eingesetzt und kennt somit alle Tricks beim Arbeiten mit den Stämmen. Leider wurden ihm vor einiger Zeit die Stoßzähne gestohlen. Phu Sii ist ein gutmütiger Koloss mit unendlich viel Energie und wunderschöner Hautfärbung. Am Sex zeigt er wenig Interesse und fällt daher als Deckbulle aus.

«Es gibt immer noch ein Zeitfenster. Die Natur kann gewinnen, wenn wir ihr eine Chance geben.»

Jane Goodall

Kapitel 30 Eine Reise mit offenem Ausgang

Die Entscheidung darüber, ob wir den Asiatischen Elefanten retten können, fällt nicht im Westen. Nicht in Europa und nicht in Amerika – sie fällt in Asien. Dort, wo Mensch und Elefant einen Weg finden müssen, in friedlicher Koexistenz zu leben. Wenn es denn einen Weg gibt.

Wie oft schon haben wir etwas erst vermisst, als es endgültig weg war? Vielleicht müssen wir wirklich erst in den Schmerz hineingehen und uns eine Welt ohne Elefanten vorstellen, um uns darüber klarzuwerden, ob wir ihn überhaupt wollen in unserem Leben, in unserer Welt. Es ist voll auf unserem Planeten. Wir Menschen werden immer mehr. Das verändert unsere Lebensbedingungen und die der Elefanten. In Asien werden sie immer weniger. Und müssen sich trotzdem mehr denn je ihr Revier mit uns teilen.

Vielleicht verändert dieses Buch unsere Vorstellungen vom Elefanten. Durch einen realistischeren Blick wird er nicht plötzlich ein anderes Tier. Er behält seine Größe, und er behält unsere Liebe. Wir können auch weiterhin das Niedliche, das Menschelnde bei Disney genießen, auch Romantik und Träume haben ihren Platz. Solange sie uns nicht dauerhaft den Blick für das vernebeln, was in der Realität geschieht.

So vielen Menschen liegt das Schicksal der Giganten am Herzen. Sie alle müssen wir mitnehmen auf unserer Reise – es bleibt eine Reise mit offenem Ausgang. Fatalismus bringt uns nicht weiter. Wir können Dinge und Haltungen verändern, und wir haben schon einiges verändert. Aber wir können den Asiaten nicht einfach unsere Weltsicht aufzwingen und über Nacht abschaffen, was dort jahrhundertelang gängiges Verständnis war. Tierschützer fragen mich: Welches Leben wartet auf deinen kleinen Sinan? Siebzig Jahre in Ketten? Diese Fragen sind suggestiv, aber erlaubt und legitim. Elefanten in Menschenhand, muss das sein? Was kann ich dem entgegensetzen? Vielleicht dies: Da draußen in der Wildnis ist einfach kein Platz mehr für alle. Was soll denn da geschehen mit den 3500 domestizierten Elefanten allein in Thailand? Auch diese Frage ist legitim. Auf seriöse Antworten bin ich gespannt.

Vielleicht müssen wir, die wir mit Elefanten im Tourismus arbeiten, durch diese Phase extremer Forderungen gehen. Vielleicht brauchen wir den Druck von links und von rechts, von den radikalen Tierschützern und den staatlichen Stellen. Um irgendwann gemeinsam die Mitte zu erreichen, die nach Buddha der Pfad der Weisheit ist. Vom mittleren Pfad lebt dieses Buch. Vom Versuch, Realität und Emotion zu vereinen.

So ernst die Lage des Elefanten ist: Wir geben nicht auf! Wie wir künftig mit dem Elefanten umgehen, wird viel darüber aussagen, wie wir Menschen mit der Natur umgehen und letztlich mit uns selbst.

Unser guter Wille, unsere Empfindsamkeit und unser Engagement werden den Elefanten nur retten, wenn wir die Bedürfnisse von Elefanten UND Menschen akzeptieren und die Bedingungen für eine friedliche Koexistenz schaffen.

Was wir aus meiner Sicht brauchen, ist die konzertierte Aktion von Politik, Campbetreibern, Elefantenbesitzern, Wissenschaftlern, Tierschützern und Tierfreunden. Ebenso wie Respekt vor den Menschen, die mit und von den Elefanten leben. «Unsere Hoffnung sind die Kinder», sagt Jane Goodall. Unsere Kinder können den Unterschied ausmachen, auch für die Zukunft der Elefanten. Wenn sie die Gelegenheit erhalten, sich zu informieren und dort praktisch zu arbeiten, wo die Tiere leben.

Wir Menschen sind nicht die einzigen Lebewesen mit Persönlichkeit. Warum nehmen wir uns immer so wichtig? Warum reden wir immer über das, was uns trennt? Warum reden wir nicht endlich wieder über das, was uns vereint? Das ist unsere große, vielleicht unsere einzige Chance. Dass wir trotz unterschiedlicher Auffassungen wieder den Dialog suchen, den Zusammenhalt.

Auch nach dreißig Jahren bin ich noch voller Freude und voller Demut, dass ich mit dem Elefanten zusammenleben darf.

Er ist ein großer Lehrer.

Dank

Viele liebe Menschen haben mich auf meinem Weg begleitet und unterstützt, nicht alle können hier erwähnt werden – doch ihr seid alle in meinem Gedächtnis.

Zuerst geht mein Dank an meinen Freund und Co-Autor Bernd Linnhoff. Er hat mich zu diesem Buch überredet und musste dann damit leben, meine frei flottierenden Gedanken und mein Leben in eine strukturierte Form zu bringen.

Zwei Menschen möchte ich besonders hervorheben: Meinen Vater Herbert Förster – ich vermisse dich so sehr.

Und meine Jana, die mir die beste Freundin, liebste und größte Kritikerin auf diesem Weg war und ist.

Mein Dank gilt meiner Familie, meiner lieben Mutter Christa Förster, meinen Kindern und meinem Enkelkind, meinen lieben Schwestern nebst Anhang, den Schleifreisenern und unserem ganzen großen Clan. Ohne euch würde es mich in dieser Form nicht geben – was immer das heißt!

Das Wichtigste für mich war und ist, zur richtigen Zeit am richtigen Ort die richtigen Leute zu treffen! Es war mir eine Ehre und mein großes Glück, viele dieser Menschen in Thailand kennenzulernen. Die Birgit, die so geduldig mit mir ist, die Natalie, welche mich jeden Tag ertragen musste, meinen Mahn, die unglaubliche Seng, die Tomalis: Silar, Sinchai und Dag! Und viele, viele mehr!

Lieber Didi, wo immer du auch bist ... Du wirst immer in meinem Herzen sein, viele Menschen haben dich nicht vergessen.

Meine Freunde muss ich hier erwähnen – danke für alles: Arne und Geli, Ondre, Steffen und Jana, meine Kerstin und ihre Familie, Inge und Tina; mein Seelenverwandter und Mitkämpfer der ersten Stunde: Daniel; Patric, der bei den ersten Elefantenrunden an meiner Seite war.

Lieber Ralph aus Berlin: Auch wenn wir uns heute nicht mehr sehen, weil ich es vermasselt habe – ich habe dich nicht vergessen. Du hast an mich geglaubt, als es niemand tat!

Mein besonderer Dank gilt auch:

Ajahn Dr. Preecha, Beate Förster, Lia Förster, Barbara Appenfelder, Dan Albert Koehl, Ingolf Kastirke, Wolfgang Nehring, Oliver Wurm und Klaus Dose.

Julia Suchorski vom Rowohlt Verlag und unserer Lektorin Ulrike Gallwitz danke ich für eine von Beginn an tolle Unterstützung und kompetente Begleitung.